基礎通信理論

著者

John Pearson

譯者

王　　誌　　麟

東華書局印行

國家圖書館出版品預行編目資料

基礎通信理論 / John Pearson 著 ; 王誌麟譯.
--初版.--臺北市：臺灣東華，民 86
　面 ；　公分
參考書面：面
含索引
譯自：Basic communication theory
ISBN　957－636－880－4 (平裝)

1. 通訊工程－哲學，原理

448.701　　　　　　　　　　　　　　　86006509

本書經原出版公司授權獨家翻譯，非經出版者同意，本書任何部分或全部，不得以任何方式抄錄發表或複印。

版權所有・翻印必究

中華民國八十六年七月初版
中華民國八十九年九月初版(四刷)

基礎通信理論

定價　新臺幣參佰元整
（外埠酌加運費匯費）

著　者　John　　　Pearson
譯　者　王　　　誌　　　麟
發行人　卓　　鑫　　淼
出版者　臺灣東華書局股份有限公司
　　　　臺北市重慶南路一段一四七號三樓
　　　　電話：(02) 2311-4027
　　　　傳真：(02) 2311-6615
　　　　郵撥：0 0 0 6 4 8 1 3
　　　　網址：http://www.bookcake.com.tw
印刷者　昶　順　印　刷　廠

行政院新聞局登記證　局版臺業字第零柒貳伍號

序

　　本書的目的是要幫助大學生了解在通訊系統中用來調變信號的基本概念及使用方法。

　　這個計畫是要將所有的──解釋、描述,及數學──盡可能地清楚及簡單地敍述出來,當有需要時藉此逐步地建立複雜性而不是一頭栽進去。本書的核心為調變的三大領域──類比、鍵控及數位──包括調變及解調的主要方法以及在一開始所描述的基本概念。本書材料似乎很自然地要求對於何謂通訊系統及它們如何工作有一初步的認識。這需要考慮到所使用的語言、定義及數學,以及特別是會對學生造成困惑的信號表示法,亦即術語。所有這些自然地指向引入類比的傅立葉方向及轉換函數。

　　一個經常碰到的問題為決定在一個主題上何時應打住。鍵控調變即是一個快速成長的主題,它包含了各樣的實務並且牽連到數位技術,特別是多階的 PSK。對於這些,信號衰減的重要性、成因及解決方法,意謂著引入 ISI 及雜訊,亦即似乎有需要對基本概念作一釐清。

　　這些皆來自於筆者於英格蘭倫敦大學,先在 Chelsea 學院，後在 King 學院中，在十多年間對於大學生及研究生的授課。作者寫了(並且大部份重寫)筆記以提供學生本課程應包括什麼材料清楚及正確的記錄。這些筆記如今已重寫並增加內容而成就本書。

正如同所有作者一樣，不管認不認識，本書也要感謝許多人以促成其出版。特別要感謝 Eric Houldin 提供機會讓我找到並改進我自己的教學方法；並感謝 Neville Mathews，我從他那裏拿了"筆記"放進本書中且仍可在本書中找到其影子；還要感謝我的學生及同事，他們校閱了所有或部份的稿件。同時也要感謝同事們，這些年來持續不斷地指正我一些並不完全了解的觀念(例如負頻率)，還要感謝 Hamid Aghvami 及其他在 King 學院中通訊研究群的同事，他們提供了一個令人振奮的工作環境。

也要將感謝歸予我的內人及家人，他們忍受了我不在的幾個星期——我忙於文書處理及文書處理高手，他們將我從一完全無知帶入如同大學的殿堂。但也許最令人注意的是我獨自存活下來——它真是一件令人不可置信的艱難工作。

所以，我親愛的讀者，希望你們能發現本書是有用及有趣的。

JOHN PEARSON

頭字語及縮寫

A/D	類比到數位轉換器
ADC	類比到數位轉換器
ADPM	應變式差異脈波調變
ADPCM	應變式差異脈波編碼調變
a.f.	音頻
a.f.s.k.	鍵控音頻移 (VHF 的基頻帶)
AM	振幅調變
a.m.	振幅調變的 (信號)
AWGN	加成的白色高斯雜訊
ASK	鍵控幅移系統
BBC	英國國家廣播公司
BCD	二位元編碼的十位數 (信號)
BER	位元錯誤率
BJT	雙接面電晶體
BP	帶通 (濾波器)
BPCM	二元脈波編碼調變
bps	每秒的位元數
BPSK	鍵控雙相移系統
BT	英國電訊
B/W	頻寬
B/W	黑白 (電視)

CB	國內的頻帶 (無線電信)
CCIR	URSI 的國際無線電信諮詢委員會
CCITT	URSI 的國際電報及電話諮詢委員會
CCW	逆時針
CDM	分碼多工
CEPT	歐洲郵政及電信會議
CODEC	編碼/解碼
CVSDM	連續可變的斜率差異調變
c.w.	連續波 (信號)
DAC	數位到類比轉換器
D/A	數位到類比轉換器
DPCM	差異脈波編碼調變
DSBSC	雙邊帶抑制載波
DSBWC	雙邊帶含載波
d.s.p.	數位信號數理
FDM	分頻多工系統
FDMA	分頻多點系統
FET	場效電晶體
FM	頻率調變
f.m.	頻率調變的 (信號)
FSK	鍵控頻移系統
f.s.k.	鍵控頻移 (在 HF 中直接到射頻)
HF	高頻 (無線電信廣播頻帶)
HP	高通 (濾波器)
i.c.	積體電路
i.f.	中頻
ISI	符號間的干擾
ITU	UNO 的國際遠端通信連盟
LF	低頻 (無線電信廣播頻帶)
LP	低通 (濾波器)
LPF	低通濾波器
L–R	左-右 (立體聲)

LSB	下邊帶
M-...	第 M-階信號 (例如 M-QAM)
M-ary	M 階 (信號)
M-level	多階 (信號)
M-PAM	多階相位及振幅調變
M-PSK	多階鍵控相移系統
M-QAM	多階四相振幅調變
OOK	開-關鍵控
NBPM	窄頻帶相位調變
NF	奈奎 (頻) 率
NICAM	靠近瞬時的伸縮複合音頻
NRZ	不歸零
NTSC	美國的國家電視標準委員會
PAL	相位間隔線
PAM	相位及振幅調變
PAM	脈波振幅調變
PAM	脈波類比調變
PCM	脈波編碼調變
PDH	Plesiochronous 數位體系
PDM	脈波期間調變
PISO	並列進──串列出
PLL	相鎖迴路
PM	相位調變
PM	脈波調變
p.m.	相位調變的
PPM	脈波位置調變
PSK	鍵控相移系統
P/S	並列進──串列出
PTM	脈波時間調變 (＝PDM)
PWM	脈波寬度調變 (＝PDM)
QAM	四相振幅調變
QPSK	四相鍵控相移系統

r.f.	射頻
RTTY	無線電傳打字
Rx	接收器
SDH	同步數位架構
S/H	抽樣及保持
SIPO	串列進──並列出
S/N	訊號雜訊比 (功率)
$(S/N)_Q$	階化訊號雜訊 (功率) 比
S/P	串列進──並列出
SSB	單邊帶
SSBSC	單邊帶抑制載波
TDM	分時多工系統
TDMA	分時多點系統
TF	(電壓) 轉換函數
TV	電視
Tx	發送器
UHF	超高頻 (TV 廣播頻帶)
URSI	ITU 的國際無線電信科學聯盟
USB	上邊帶
VCO	電壓控制振盪器
VFCT	聲音頻率載波通話法
VHF	非常高頻 (無線電廣播頻帶)
VSB	殘邊帶 (TV 信號)
VTF	電壓轉換函數
WBFM	寬頻頻率調變
WBPM	寬頻相位調變
WDM	分波多工系統
ΔM	差異調變
ΔPCM	差異脈波編碼調變
9-QPRS	9 階四相部份反應
16-QAM	16 階四相振幅調變
64-QAM	64 階四相振幅調變

目　錄

序 ……………………………………………………………… iii

頭字語及縮寫 ………………………………………………… v

1・簡　介　　　　　　　　　　　　　　　　　　　　1

　1.1　通訊系統 ………………………………………… 1
　1.2　電　信 …………………………………………… 3
　1.3　設計上需要考慮的事情 ………………………… 4
　1.4　結　論 …………………………………………… 7

2・正弦曲線　　　　　　　　　　　　　　　　　　　9

　2.1　簡　介 …………………………………………… 9
　2.2　正弦的表示式 …………………………………… 9
　2.3　時域曲線圖 ……………………………………… 10
　2.4　頻域頻譜 ………………………………………… 11
　2.5　旋轉相量──指數表示法 ……………………… 12
　2.6　靜止相量 ………………………………………… 14
　2.7　複數指數表示法──負頻率 …………………… 15
　2.8　公式總結 ………………………………………… 17
　2.9　結　論 …………………………………………… 17
　2.10　習　題 …………………………………………… 18

3・傅立葉級數　　21

3.1　簡　介……………………………………21
3.2　週期及非週期信號………………………21
3.3　傅立葉級數的一般形式…………………23
3.4　對稱性的簡化……………………………24
3.5　一些實例…………………………………27
3.6　公式總結…………………………………35
3.7　結　論……………………………………36
3.8　習　題……………………………………36

4・傅立葉轉換　　39

4.1　簡　介……………………………………39
4.2　傅立葉轉換………………………………40
4.3　一個直接的例子…………………………41
4.4　經由對稱性的簡化………………………44
4.5　時間位移的脈波…………………………47
4.6　調變的脈波………………………………47
4.7　單位脈衝 $\delta(t)$…………………………48
4.8　經由微分的簡化…………………………50
4.9　經由重疊定理來簡化……………………52
4.10　反轉換：$V(\omega) \to v(t)$………………54
4.11　功率及能量頻譜…………………………56
4.12　有用公式總結……………………………61
4.13　結　論……………………………………62
4.14　習　題……………………………………62

5・電壓轉移函數　　67

5.1　簡　介……………………………………67

5.2	簡單的例子	68
5.3	轉移函數表示法	70
5.4	轉移函數的時域及頻域表示法	75
5.5	摘　要	76
5.6	結　論	77
5.7	習　題	77

6・信號及調變　79

6.1	簡　介	79
6.2	基頻信號的類型	79
6.3	基頻及頻寬用語	80
6.4	基頻頻寬計算	82
6.5	調變的需要	85
6.6	調變形式的分類	86
6.7	使用調變的優點	87
6.8	類比調變──一般性	88
6.9	數位調變──一般性	89
6.10	摘　要	89
6.11	結　論	90
6.12	習　題	90

7・振幅調變理論　93

7.1	簡　介	93
7.2	振幅調變的形式	93
7.3	"全"振幅調變	93
7.4	雙邊帶抑制載波 (DSBSC) 調變	98
7.5	單邊帶調變	100
7.6	摘　要	102
7.7	結　論	104
7.8	習　題	104

8・振幅調變器 107

- 8.1 簡　介 …………………………… 107
- 8.2 平方律二極體調變 ……………… 107
- 8.3 平衡調變器 ……………………… 109
- 8.4 片段式線性調變器 ……………… 110
- 8.5 截波調變器 ……………………… 111
- 8.6 可變超電導調變器 ……………… 112
- 8.7 使用平衡調變器調變 …………… 116
- 8.8 在高功率的調變 ………………… 119
- 8.9 摘　要 …………………………… 120
- 8.10 結　論 …………………………… 120
- 8.11 習　題 …………………………… 120

9・振幅解調 123

- 9.1 簡　介 …………………………… 123
- 9.2 波封檢波 ………………………… 123
- 9.3 決定元件之值 …………………… 124
- 9.4 平方律二極體檢波 ……………… 127
- 9.5 同調解調 ………………………… 129
- 9.6 同調解調中相位及頻率誤差的效果 … 130
- 9.7 摘　要 …………………………… 131
- 9.8 結　論 …………………………… 132
- 9.9 習　題 …………………………… 132

10・頻率調變理論 135

- 10.1 簡　介 …………………………… 135
- 10.2 FM 的一般原則 ………………… 135
- 10.3 以單一正弦基頻的頻率調變 …… 137

10.4	窄頻帶頻率調變 (NBFM)	139
10.5	寬頻帶頻率調變 (WBFM)	141
10.6	WBFM 頻寬	149
10.7	頻帶頻率之調變	150
10.8	公式總結	150
10.9	結　論	151
10.10	習　題	152

11・頻率調變器　　157

11.1	簡　介	157
11.2	電容器可調電路	157
11.3	電壓控制振盪器	160
11.4	多諧振盪器	161
11.5	VCO 積體電路	163
11.6	阿姆斯壯法	166
11.7	摘　要	168
11.8	結　論	169
11.9	習　題	169

12・頻率解調　　173

12.1	簡　介	173
12.2	鑑別器	174
12.3	簡單的解調器	176
12.4	可調電路相位偏移	178
12.5	比例檢波器	180
12.6	直角檢波器	184
12.7	穿越零值檢波器	186
12.8	鎖相迴路	186
12.9	摘　要	189
12.10	結　論	189

12.11 習　題‥‥‥‥‥‥‥‥‥‥‥‥‥‥‥‥‥‥‥‥‥189

13・相位調變　　193

13.1 簡　介‥‥‥‥‥‥‥‥‥‥‥‥‥‥‥‥‥‥‥‥193
13.2 一般性的分析‥‥‥‥‥‥‥‥‥‥‥‥‥‥‥‥‥193
13.3 窄頻帶相位調變‥‥‥‥‥‥‥‥‥‥‥‥‥‥‥‥194
13.4 寬頻帶相位調變‥‥‥‥‥‥‥‥‥‥‥‥‥‥‥‥195
13.5 PM 及 FM 之比較‥‥‥‥‥‥‥‥‥‥‥‥‥‥‥196
13.6 PM 的使用‥‥‥‥‥‥‥‥‥‥‥‥‥‥‥‥‥‥197
13.7 PM 的產生及解調‥‥‥‥‥‥‥‥‥‥‥‥‥‥‥197
13.8 摘　要‥‥‥‥‥‥‥‥‥‥‥‥‥‥‥‥‥‥‥‥199
13.9 結　論‥‥‥‥‥‥‥‥‥‥‥‥‥‥‥‥‥‥‥‥199
13.10 習　題‥‥‥‥‥‥‥‥‥‥‥‥‥‥‥‥‥‥‥‥199

14・二元(鍵控)調變　　201

14.1 簡　介‥‥‥‥‥‥‥‥‥‥‥‥‥‥‥‥‥‥‥‥201
14.2 二元基頻‥‥‥‥‥‥‥‥‥‥‥‥‥‥‥‥‥‥‥201
14.3 方法摘要‥‥‥‥‥‥‥‥‥‥‥‥‥‥‥‥‥‥‥202
14.4 一個歷史上的小註‥‥‥‥‥‥‥‥‥‥‥‥‥‥‥202
14.5 使用的領域‥‥‥‥‥‥‥‥‥‥‥‥‥‥‥‥‥‥203
14.6 鍵控幅移系統‥‥‥‥‥‥‥‥‥‥‥‥‥‥‥‥‥204
14.7 鍵控頻移系統‥‥‥‥‥‥‥‥‥‥‥‥‥‥‥‥‥206
14.8 FSK 的使用‥‥‥‥‥‥‥‥‥‥‥‥‥‥‥‥‥‥210
14.9 鍵控相移系統‥‥‥‥‥‥‥‥‥‥‥‥‥‥‥‥‥211
14.10 多階 PSK‥‥‥‥‥‥‥‥‥‥‥‥‥‥‥‥‥‥‥214
14.11 摘　要‥‥‥‥‥‥‥‥‥‥‥‥‥‥‥‥‥‥‥‥216
14.12 結　論‥‥‥‥‥‥‥‥‥‥‥‥‥‥‥‥‥‥‥‥217
14.13 習　題‥‥‥‥‥‥‥‥‥‥‥‥‥‥‥‥‥‥‥‥217

15・取　樣　　　　　　　　　　　　　　　219

15.1　簡　介……………………………219
15.2　取樣動作…………………………219
15.3　取樣信號…………………………220
15.4　取樣分析…………………………222
15.5　疊　化……………………………223
15.6　取樣及保持………………………226
15.7　摘　要……………………………228
15.8　結　論……………………………228
15.9　習　題……………………………228

16・脈波類比調變　　　　　　　　　　231

16.1　簡　介……………………………231
16.2　脈波振幅調變 (PAM) ……………231
16.3　脈波寬度調變 (PWM) ……………233
16.4　脈波位置調變 (PPM) ……………234
16.5　發生及還原………………………235
16.6　摘要及結論………………………237
16.7　習　題……………………………237

17・脈波編碼調變　　　　　　　　　　239

17.1　簡　介……………………………239
17.2　爲何數位化？……………………239
17.3　得到一個 PCM 信號 ……………240
17.4　PCM 頻寬…………………………242
17.5　量化雜訊…………………………242
17.6　壓擴法……………………………243
17.7　差異調變…………………………247

— xv —

17.8 摘　要 …………………………………… 250
17.9 結　論 …………………………………… 251
17.10 習　題 …………………………………… 252

18・PCM 傳輸的誤差　　　255

18.1 簡　介 …………………………………… 255
18.2 數位信號傳輸中的誤差 ………………… 255
18.3 雜訊"語言" …………………………… 256
18.4 符號間干擾 ……………………………… 261
18.5 結　論 …………………………………… 266

19・多工系統　　　267

19.1 簡　介 …………………………………… 267
19.2 分頻多工 ………………………………… 267
19.3 分時多工 ………………………………… 269
19.4 多工體系 ………………………………… 270
19.5 TDM 發展 ……………………………… 271
19.6 其他方法 ………………………………… 274
19.7 摘　要 …………………………………… 274
19.8 結　論 …………………………………… 274
19.9 習　題 …………………………………… 275

參考書籍 ………………………………………… 279

索　引 …………………………………………… 281

1　簡　介

1.1 通訊系統

　　分辨人及其他動物的一個主要特徵，就是人可以用一個非常高程度的複雜性及速度來與其同伴溝通。David Attenborough 將其最後的電視影集地球上的生物（Life On Earth）命名為"人類：強迫的傳達者"——而這絕不是誇大之語。

　　但是在動物中，溝通卻是行為的主要部份。沒有了它，敵人及競爭者無法予以警告；牛馬等獸群無法展現其團體的行為；交配無法發生。然而，大部份的溝通尚處於本能的階段（例如，以野獸的遺臭來標示其勢力範圍，在交配時展現其羽毛，鳥聲，鹿群的臀部標示等等）；甚至在較高等的哺乳動物中有限範圍的聲音信號也屬於這個範圍。

　　相對的，人類的生存及支配依賴辨認個體的能力及在狩獵時的團隊合作；討論複雜的概念及行動；尤其是在傳遞經驗上。一旦人類已發展其大部份的腦部能力，致使其語言及，最終地，書寫分別成為即時的交通及永久記憶的方式後，這些方法都成為可能的。

　　任何一個通訊系統都必須有上述的技巧，才是有用的。它們包括有三部份，如圖 1.1 所示。

語　言
　　這是人類所使用的最簡單的通訊系統，同時顯而易見的有這三個主要部份。
　　其一為**發送端**——當人講話時，將思想轉換成肌肉的運動，此運動操作一個傳送器（聲帶及發音系統），將其轉換成**傳輸介質**（空氣）的壓力振動。這些壓

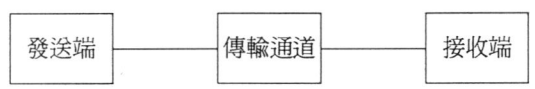

圖 1.1　通訊系統的基本部份

力振動成為一個**信號**向外傳送，經由**傳輸通道**（空氣）到達**接收端**（聽者），在那裏一個**接收器**（耳鼓膜等）將壓力振動首先轉換回運動，再來為電的信號及最後為思想。這樣，聽者已植入了說話者所傳達的**信息**及**資訊**進入他（她）的腦中。

通訊系統的其他部份也以這個明顯的例子來說明如下。

編　碼

說話者的信息是以接收者可以了解的語言來傳遞。若語言為東非、剛果的共用語言斯華希里（Swahili）語，則只有少數人可以將此信息解碼，並只收到極少的資訊。摩斯碼（Morse code）是一個簡單的工程例子。

雜　訊

當不要的隨機信號加入原始信息中代表聽者在解碼上將有困難。嘗試在一個派對中與站在對角線的人說話，你將會了解上面這句話的意思。雜訊將發生在系統中的任一部份。在這派對中，雜訊進入傳輸通道，但它也可由發送者產生（呼吸的氣喘聲）或由接收者產生（耳鳴）。

失　真

在這裏信號已被改變但沒有被加入任何東西。這改變也許很大以致接收者不能正確地將信息解碼。試著對一個空曠的大廳說話。一些聲音頻率將會共振，迴音將產生，而造成時間上的延遲及衰減，這些造成信號的頻譜嚴重失真而致不可辨識。失真通常發生在傳輸通道，雖然它可以在任何地方發生（例如，若說話者有很重的腔調）。

因此，一個較完整而有一般代表性的通訊系統可以如圖 1.2 所表示者。

現在讓我們專注於本課程所要探討的通訊系統種類。

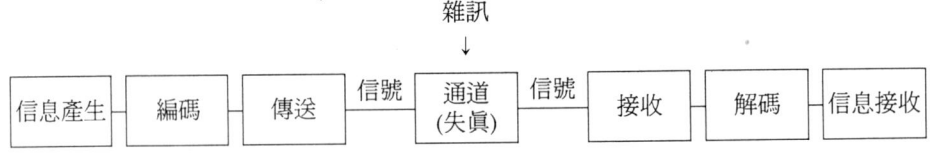

圖 1.2　通訊系統的組成

1.2 電　信

1.2.1 遠距通訊

　　首先我們只討論可以讓我們傳送資訊遠超過人類聲音可達到的距離的通訊方法。在嘈雜的派對中，手勢或讀唇也許對一些簡單的溝通有用。攜帶記憶的或書寫的信息總是可行的，且幾世紀以來，信息可以被傳遞的最大速度就是疾馳的快馬（例如，Paul Revere、Ghent-to-Aix，及 Pony Express 等著名事件），但是它通常都較慢（如同在 Thermopylae）。

　　即使在那時有一個快得多的方法來傳遞信息──視覺。幾世紀以來，這些方法的確非常簡單（例如，以大篝火預先告知西班牙無敵艦隊的入侵）。原住民的煙火信號又更進一步，如同旗幟一樣，但最先進的技術當為反光信號機及手旗信號。實際的文字可以被傳遞，雖然以現代的標準來看是出奇的慢。但由於快速地長距離傳送資訊的需求非常大，政府於是在重要通路的小山頂上興建大量的木製手旗信號塔。一個著名的例子發生在英國，拿破崙一世戰爭期間，當時英國海軍總部即建立了一條從倫敦到英國南部軍港的通訊網。其座落在倫敦附近的 Putney Common 至今仍被稱為電報山丘。

　　直到十九世紀電的信號被使用，才可以說我們已接近了本課程所要探討的信號形式。會有這樣的演變全然是由於鐵路的發展，它需要讓操作者預先知道一列火車已經沿著鐵軌而來。他們藉由電報機來達成這個目的，電報機使用沿著銅線的電流脈波及在端點的各式各樣的機電指示器。傳輸基本上是立即的，但一次只有一個字母或一個數目。這使得即使是最短的信息也跟手旗信號一樣慢。當然，它可包括較長的距離且適當的編碼（如摩斯）可以加快速度。

　　但在 1869 年發明的電話，標示了真正的突破。在那時似乎是一個奇蹟。你現在可以跟遠在數哩遠的某人既容易又快速的交談，就好像你就站在他們旁邊一樣（當然也包括雜訊、失真及損壞等）。藉由使用中繼站、交換器及多工器，大而複雜的網路可以建立起來，最終包括了海底電纜。本課程大部份內容將可應用到這些有線系統及其發展。

　　無線通訊則為此突破畫上句點。它始於 1895 年，當時 Hertz 用共振迴路中的火星塞間隙作了一些實驗。他傳送了近微波的頻率。許多人（如 Lodge、Popov、Kelvin）試圖應用這些新的電磁波來提供電信服務，但最後只有 Marconi 成功。Marconi 一開始由英國海軍總部支持以與海上的艦隊進行通訊。他成立了 Marconi 無線電報有限公司，且全靠努力工作，發展出一龐大的火星塞發射機，1901 年 12 月 1 日此機器在沒有任何放大器情況下，使用非常長的波長信號向大西洋彼岸傳送信號。

自此，兩個主要領域——硬體及軟體誕生。在硬體方面，主要的改進為放大器的引進（真空活塞，一段很長時間之後改為半導體）；使用較高的頻率；天線設計上的改進（及傳播原理的了解）；光纖與光纜，以及衛星的使用。軟體的改進主要與調變及編碼方法的發展有關，這可用來降低頻寬、功率的要求，與改進傳輸的速度、範圍及可靠性。此為本書所要探討者。

1.3 設計上需要考慮的事情

通訊系統的基本部份是非常簡單的。嘗試建立實用的系統以完成某些工作達到某些規格要求時，即增加複雜性。因此需要考慮許多因素：

1. 範圍。
2. 功率。
3. 成本。
4. 頻寬。
5. 速率。
6. 可靠性。
7. 方便性。
8. 正確性/品質。

以下為詳細的描述。

1.3.1 範　圍

當愈多的資訊要傳遞時，想要沒有錯誤信息的發生是愈困難的。

長距離的有線聯結需要中繼站，且在低頻時效果很好。然而，在高頻時需要特殊的纜線——同軸的、波導式的（及現在的光纖）。

陸上的無線電聯結在不同目的需要不同的頻率。視線可及範圍之聯結用微波；長距離離子層通訊用 HF；不同的短距離應用可用 VHF；UHF 可提供電視大的頻寬；當地的廣播可用中波等等。

衛星聯結可用在大及小的陸上距離，但總是要較長的路徑及伴隨而來的衰減及雜訊的問題。

1.3.2 功　率

在發送端需要的功率愈少，則需要愈簡單及較便宜的發射裝置（但在接收端則需要較為複雜的裝置）。當其他因素允許時，發射功率總是保持在最小。我們可以拿 Marconi 的峯值功率百萬瓦與早期衛星使用的毫瓦來作一個比較。

其他的一些相關因素為，較高的頻率經由天線產生較高比例的輻射功率（$\propto f^2$）；為了可以使用較便宜的接收器（如在無線電廣播中）也許需要保持一個高的輻射功率；脈波編碼技術增加了準確性，並且使很微弱的信號仍可在雜訊中被還原（如太空探測器）；方向性天線增加輻射功率的有效使用（如在微波聯結中）；多工系統使更多系統可以相同的功率來傳送。

1.3.3 成　本

這一點很顯然地在達到所需要的系統規格下，成本是愈低愈好。何謂經濟的端視應用而定。例如，它是值得花上好幾百萬英鎊來為穿越大西洋通訊設立陸上衛星接收站（如 Goonhilly），但它卻不值得花上一百英鎊在印度的一戶人家屋頂上裝設天線，只為了接收由衛星來的電視教育節目。成本幾乎與嚴格的軍事規格無關，例如在核子彈道飛彈上的導引系統，它已成為大眾商業系統的主要因素，例如 CB 無線電。在發展系統時大部份的精力都是在作同樣的事情，只是比較便宜（例如，用光纖而非微波）。

1.3.4 頻　寬

除非接收到的信號中至少包含一小範圍的頻率——頻寬（一個不會變化的單一載波頻率不能告訴你什麼，除非發射器是開的），否則我們將不會收到任何資訊。但使用超過所需要的頻寬將增加成本及複雜性。單一頻道越窄，則同一聯結的頻寬上可同時傳送更多的頻道。因此可觀的精力耗在如何降低頻道的頻寬，而能同時保持可接受的資訊的品質。通常兩者之間需要達成一個妥協。

例如，在電話的頻道上，使用單邊帶技術可降低一半的頻寬，並使剩下的頻寬大到足以辨認聲音。這個結果就是一個電話的標準 4 kHz B/W 聲音頻率頻道。另一方面，在虛擬的 100% 準確性要求下（如同許多數據傳輸要求一樣），則必須使用數位技術。這些比其他的調變技術需要較大的頻寬，但這是可接受的，因為可以使用更高的載波頻率。此為現在轉移至光纖通訊的一個原因。

1.3.5 速　率

　　即時的傳輸是很平常的（如電話、電視）。如果傳遞資訊越慢，雖省下了頻寬但卻浪費更多時間。這也許是可接受的且較便宜（如電傳打字及傳真），所以也常使用。另一方面，越快傳送資訊將需要較大頻寬但花費較少時間。這也許是必須的（如高速數據）或甚至更便宜（如租用 BT 線路的時間），所以也被使用。

　　再一次，調變及編碼方法的使用將可設計出一個系統的最佳使用性能──特別是數位方法。

1.3.6 可靠性

　　若你的信號收到時有錯誤發生，這對你而言有多嚴重呢？這些大部份在前面已討論過了，但仍值得在這裏將其摘要出來。很顯然地，設備的可靠性是其中之一但並不是這裏所指的。我們所指的是在一個工作系統中造成信號衰減的因素。我們的目標是要用最便宜及最簡單的系統來產生一個可接受的複製信號。一個電話頻道是一個很好的例子，它不是一個複雜的系統，且在不需要完全的準確下有可接受的品質。窄頻寬、低頻率及大量的多工系統可被使用。

　　數位的數據串列顯然需要較大的準確性及必須有較大的頻寬。但甚至在這裏一個非常低的錯誤率（例如十萬分之一）也可以藉由編碼技術而達到。似乎在頻寬及準確性兩者之間有一取捨。

1.3.7 方便性

　　此點包含了眾多的因素，其中在技術上最嚴格的要求為新系統必須與使用中的舊系統相容。一個大家都知道的例子為當電視由黑白變為彩色時，它必須同時保有相同的頻寬，且與現存的黑白電視相容。同樣的情形也發生在直播衛星系統。最近的例子則為電話系統的數位化。

　　方便性在其他方面隨著各樣便利的網路成長而來（他們必須是數位的）；盡可能地使用較大及較完整的積體電路（也許固定調變方法的內容）；對量產的容易性及較便宜的維修（模組化設計）的需求；等等。

1.3.8 正確性/品質

　　我們在前面已看到了在這方面的一些考慮點了。一般而言，與原始信號相比，所接收到的資訊越正確，則通訊系統就必須越複雜也越昂貴。因爲並沒有絕對地要求將信號在接收器上復原到比它所要達到的目的更精確，因此在經濟程度上可作調整。舉語音信號爲例。在這裏正確性是相當主觀的東西，最好用品質這個名詞來描述。且它是我們每天打電話或聽收音機時自然而然就會考慮到的；我們知道我們所聽到的是可了解的及可辨認的但非完美的。所接收到的聲音在品質上所考慮的接受度，導致不同目的系統規格不同的量的要求。標準的 4 kHz 電話通道的頻寬前面已經提過，但在無線電，3 kHz 或更小的頻寬對 HF 通訊已足夠使用。另一方面，至少 15 kHz 對 VHF 無線電是必須的，以重製可接受的音樂品質。相對的，數位信號需要較高的準確性，部份原因爲一位元的漏失將可導致比漏掉一小段類比信號還更嚴重的誤差，另一原因爲數位數據通常是無用的，除非眞的非常準確（如要求位元錯誤率小於百萬分之一）。

1.4 結　論

然而這些一般性的前言已足夠了，且其也許相當引人注意。在本書的後面，我們的目的是要對各種不同的調變方法作一詳細的探討，無論在其基本原理，或者實際的操作及使用。大部份爲數學上的，至少在開頭時，所以我們第一個工作就是要來建立所使用的數學語言。

2 正弦曲線

2.1 簡　介

　　本章將定義本書中所使用的數學語言，且主要是與正弦曲線有關及其相關的各種型式。我們可以選擇一些數學或圖解方式來表示，端視不同的情況而定。因此必須對每一種表示法有非常清楚的定義與了解。

　　我們所考慮的有以下六方面：

1. 正弦的表示式——方程式。
2. 時域圖形——曲線。
3. 頻域圖形——頻譜。
4. 旋轉向量的表示——"眞的"指數型式。
5. 靜止的向量表示——時間移走。
6. 複數指數型式——負頻率。

因爲其他項目可以由前一項推得，故這些項目最好按照其順序來解釋。

2.2 正弦的表示式

　　一個隨時間以角頻率 $\omega_0\ (=2\pi f_0)$ 正弦地改變的電壓（寫成 $v(t)$ 或 v）有振幅 V_0 且在 $t=0$ 時有一初始相角 θ_0。這些可以表示成

$$v(t) = V_0 \cos(\omega_0 t + \theta_0)$$

注意，上式也可寫成 $\sin(\omega_0 t + \theta_0)$，因爲它們只有 $\pi/2$ 的相位差 ($\cos\theta = \sin(\theta + \pi/2)$)。但我們選擇用餘弦型式，因爲它在數學的分析上較爲直接。

2.3 時域曲線圖

v 對 t 的作圖得到一個容易了解的正弦圖形,如圖 2.1 所示。這是一個相當基本的概念,現在得到一個更正式的名稱為**時域表示式**。

注意 $+\theta_0$ 強度如何在時軸上造成一個 $-\theta_0/\omega$ 秒的負位移。

我們將會在非正弦的週期波形上發現它的用處。這些週期波可由不止一個的正弦波組合而成。這個方程式看起來令人相當困擾,但其圖形卻是非常地簡單,如下面例子所示(圖 2.2):

$$v = V_0 \cos \omega_0 t - \frac{V_0}{3} \cos 3\omega_0 t$$

組成方波的正弦波的前面幾項,合併起來就可以清楚地看出來——試著增加 $(V_0/5) \cos 5\omega_0 t$ 這一項。注意,若在 X 處 $t=0$,則同樣的函數可由 $V_0 \sin \omega_0 t + (V_0/3) \sin 3\omega_0 t$ 得到。

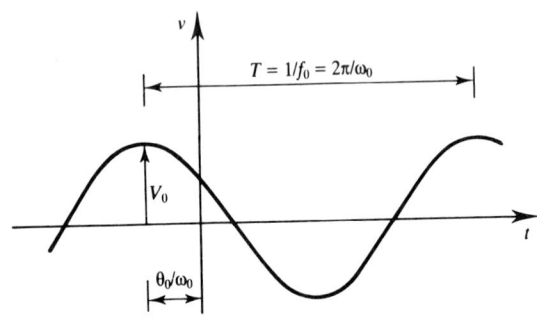

圖 2.1 時域表示法

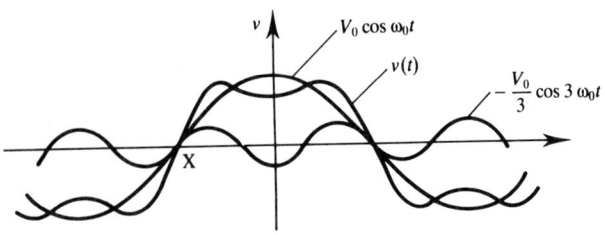

圖 2.2 方波的建立

2.4 頻域頻譜

每一個正弦曲線都有一個特定的頻率（ω 弳度每秒或 f 赫茲（Hz）），及特定的振幅（v）及初始相位（θ）。V 及 θ 可各別地對 ω（或 f）作圖，而結果即為一個頻譜——或兩個頻譜——振幅及相位。此即**頻域表示法**。以下面的電壓為例

$$v = V_1 \cos(\omega_1 t + \theta_1) + V_2 \cos(\omega_2 t - \theta_2)$$

其振幅頻譜在圖 2.3。

其相位頻譜如圖 2.4 所示。

這又是一個相當熟悉的概念。當用來表示一串諧振相關的正弦曲線（如方波），或其頻譜是連接的（亦即所有頻率都有）但振幅是遞減的非週期函數，如圖 2.5 所示，它是相當有用的。但所有的正弦曲線必須先以餘弦表示以確保其相位關係可以正確地畫出。

如果一個正弦表示式不包含 θ 項，可以用一個單一振幅頻譜表示，而負振幅只要簡單地向下畫為負即可。例如，圖 2.2 的頻譜可以圖 2.6 表示。

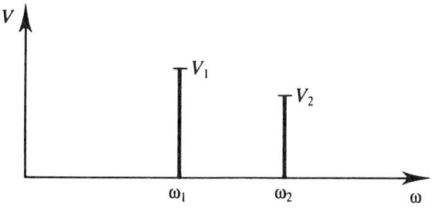

圖 2.3　振幅頻譜

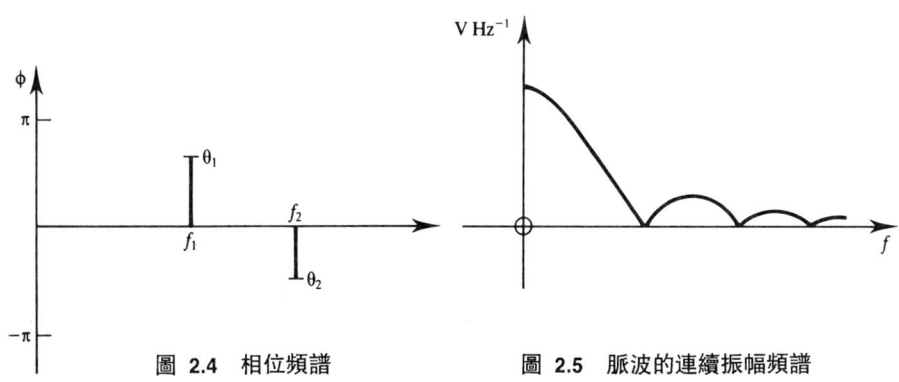

圖 2.4　相位頻譜　　　　圖 2.5　脈波的連續振幅頻譜

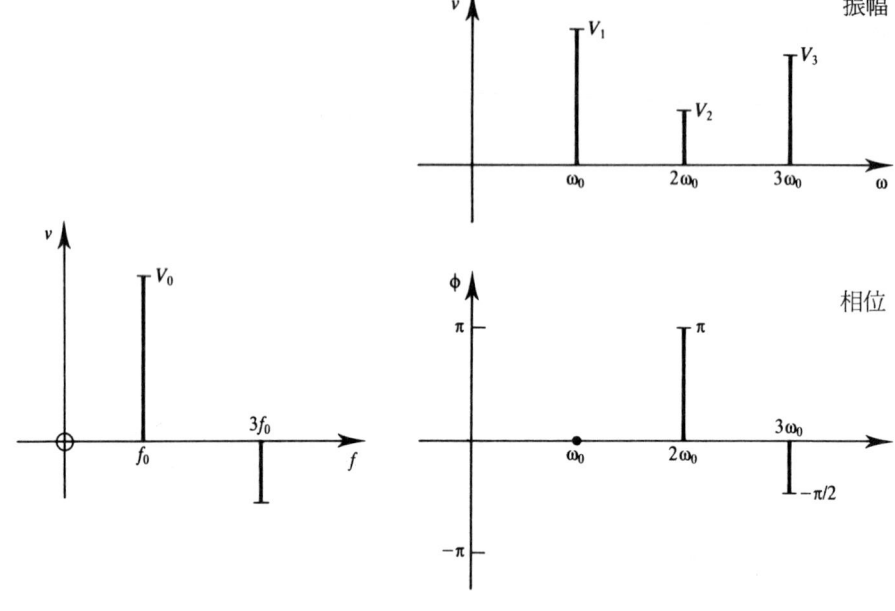

圖 2.6 所有 $\theta=0$ 的單一頻譜　　圖 2.7 當正弦表示爲餘弦時的頻譜

但必須注意兩件事。若 $\theta \neq 0$ 且有振幅爲負時,表示式必須有 π 的相位改變(嚴格地說,應爲 $\pm n\pi$,下面我們將看到)以得到完全正確的相位頻譜。同時,所有正弦項必須表示成餘弦項。例如,

$$v = V_1 \cos \omega_0 t - V_2 \cos 2\omega_0 t + V_3 \sin 3\omega_0 t$$

變成

$$v = V_1 \cos \omega_0 t + V_2 \cos (2\omega_0 t + \pi) + V_3 \cos (3\omega_0 t - \pi/2)$$

利用

$$-\cos\theta = \cos(\theta + \pi) \text{ 及 } \sin \theta = \cos(\theta - \pi/2)$$

圖 2.7 即爲此式的圖形。

2.5 旋轉相量──指數表示法

以圖形表示正弦曲線的一個基本方式爲,將其視爲一個以定角速度逆時針繞

著固定於原點的定長度線段在 x 或 y 軸的投影。此線段長度即為正弦的振幅。x 軸上的投影量為餘弦而 y 軸上的為正弦,如圖 2.8 所示。

此旋轉線段與一向量非常相似,它有大小及方向,但此"方向"為數學上的而非空間上的,因此以**相量**稱之。同時,因此線段在移動,故其全名為**旋轉相量**。注意,它是逆時針旋轉,因為在複數平面角度是由正實數軸以反時針方向來度量的。圖 2.8 為以下簡單式的表示

$$v = V_0 \cos(\omega_0 t + \theta_0)$$

且只要很清楚的了解它代表相量的餘弦投影,則 v 可寫成

$$v = V_0 \angle (\omega_0 t + \theta)$$

但還沒結束。數學上,v 現在是正弦及餘弦成份的**向量**和,故其可改寫成

$$\bar{v} = V_0 \cos(\omega_0 t + \theta_0) + V_0 \sin(\omega_0 t + \theta_0)$$

或

$$v = V_0 \cos(\omega_0 t + \theta_0) + j V_0 \sin(\omega_0 t + \theta_0)$$

因為 j 造成 π/2 的相位變化($j^2 = -1 \equiv \pi$ 相位變化,故 $j \equiv \pi/2$ 相位變化)。同時,因為 $\exp j\theta = \cos \theta + j \sin \theta$,我們得到

$$v = V_0 \, \text{Re} \, \{\exp[j(\omega_0 t + \theta_0)]\}$$

同樣地,若很清楚地知道是取指數的正弦或實數部份,則可以僅寫成

$$v = V_0 \exp[j(\omega_0 t + \theta_0)]$$

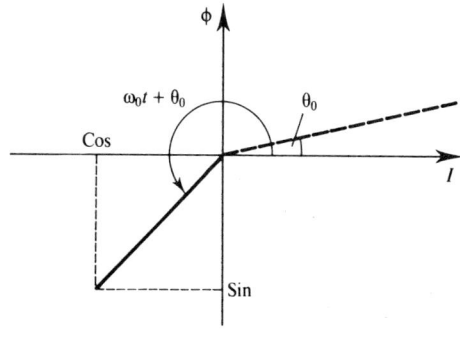

圖 2.8 旋轉相量

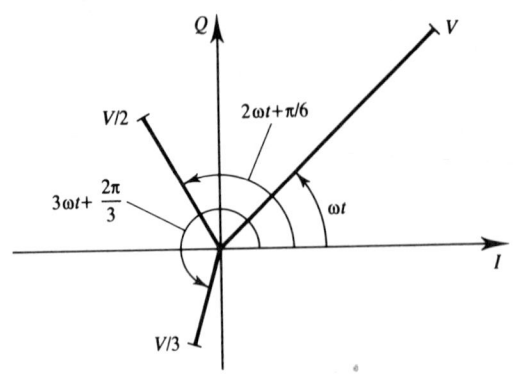

圖 2.9　一些在不同頻率的旋轉相量

［注意，若寫成 $v=V\sin\omega t$ 表示其他人取指數的虛數部份。］最後一個方程式在分析通訊系統上特別有用，因為許多運算牽涉到與其他指數的積分（如傅立葉轉換），但在假設 ω 可以為負及正的情形下，它通常意指全複數指數（如同 2.6 節）。它並不像上面的"實數部份"那麼有用，因其只是一些有限的數學運算──加法與減法運算。你將會發現兩種型式都使用會造成困擾及損失，而我們不希望在本書中也有這種情況。

旋轉相量圖本身的用處也是有限的，但有顯示不同頻率的相量的優點。例如，可以利用它們來畫如圖 2.9 所示的電壓：

$$v=V\cos\omega t+\frac{V}{2}\cos(2\omega t+\pi/6)+\frac{V}{3}\cos(3\omega t+2\pi/3)$$

2.6　靜止相量

旋轉相量在 $t=0$ 時的特殊例子是更為有意思的，因為它將初始的相位常數（θ）表示得非常清楚，且更重要的是，表示出不同相量間 θ 的相對值。這在所有的相量都是同頻率時是特別有用的，因為在任何時間 t 其相對關係均為固定的。因此稱為**靜止相量**，並可在**靜止的相量圖**上清楚地表示出來，如圖 2.10 所示的電壓

$$v=V\cos\omega t+\frac{V}{2}\cos(\omega t+\pi/6)+\frac{V}{3}\cos(\omega t+\pi/3)$$

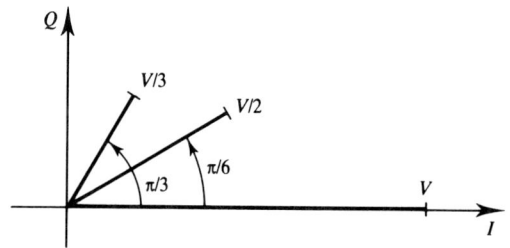

圖 2.10　靜止的相量表示法

　　這種表示法是相當適於說明當實際上真有一小量的頻率差的二個相量，如後面將介紹的 AM 及 FM。此時，一個相量（載波）保持固定，而另一個則繞著它緩慢地旋轉（參見圖 7.4）。

2.7　複數指數表示法──負頻率

　　藉由使用尤拉（Euler）公式

$$\exp j\theta = \cos \theta + j \sin \theta$$

可輕易地證明下式

$$V_0 \cos(\omega t + \theta) = \frac{V_0}{2}\{\exp[j(\omega t + \theta)] + \exp[-j(\omega t + \theta)]\}$$

這就是一個正弦電壓的全**複數指數表示法**。可改寫而產生負頻率的概念，如下所示：

$$V_0 \cos(\omega t + \theta) = \frac{V_0}{2}\{\exp[j((+\omega)t + \theta)] + \exp[j((-\omega)t - \theta)]\}$$

換言之，一個餘弦可以表成二個複數指數的和，一個為正頻率的函數而另一個為負頻率。這在分析所有的通訊系統上是非常有用的數學概念（除我們即將用到的一個簡單入門系統外）。跟時間一樣，頻率成為一個正常的雙邊函數，有正負值且互相對稱。唯一的麻煩是每個人都太習慣於頻率是一個完全為正的量（它如何可能是其他東西？）因此它是一個不太容易去接受的觀念。只有在使用一段時間之後，人們才學會去接受它，把它當成是一個有用而方便的量，但很顯然地，其虛無漂渺仍是心中的痛。一個有效克服這種先入為主的偏見的方法，就是將上面的這個式子想像成一個旋轉的相量，如圖 2.11 所示。

正頻率為所熟知的逆時針旋轉相量，而**負**頻率只是相同的相量但順時針旋轉。這多少對大部份的人而言有些許的"物理"意義，且發現還是有用的。

一旦負頻率的"存在"被接受之後，對上述 $V_0 \cos(\omega_0 t + \theta)$ 的二項表示式可以簡化為

$$V_0 \cos(\omega_0 t + \theta_0) \equiv V_0 \exp[j(\omega_0 t + \theta)]$$

只要我們很清楚地了解到上式包含正及負的頻率在一個 ω 值中（這是為什麼 ½ 不見了）。這跟先前在 2.5 節討論旋轉相量得到的式子一樣，雖然它通常被稱為**旋轉相量**型式，但它真正的來源已很清楚的表示出來。

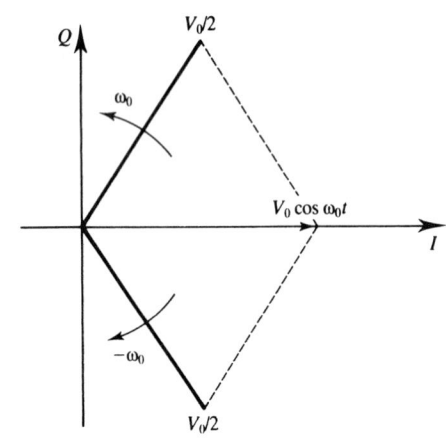

圖 2.11　一個正弦有正及負的相量

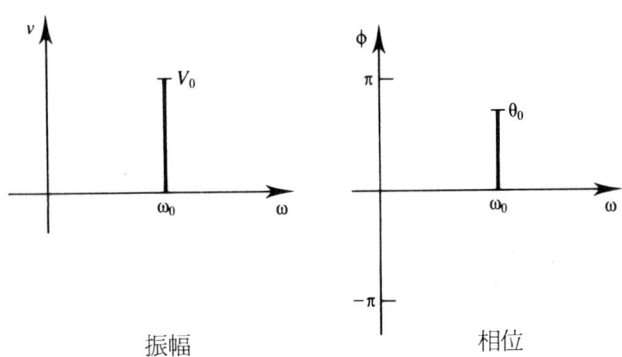

圖 2.12　單邊頻譜　　　　　　　振幅　　　　　　　　　　相位

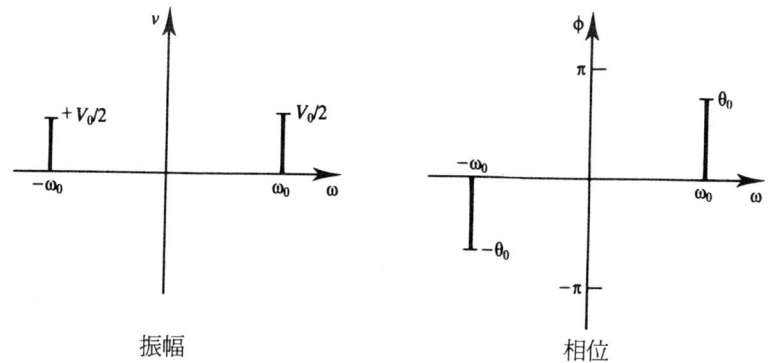

圖 2.13 雙邊頻譜

但在使用負頻率時須注意到一點不同之處。就是 θ 隨著 ω 改變正負號，對 $+\omega$ 而言為正，而 $-\omega$ 為負。在真實的信號中總是如此，如圖 2.12 及 2.13 清楚表示的頻譜。它們須為雙邊頻譜而不是迄今所使用的單邊頻譜。

2.8 公式總結

正弦表示式： $\quad v = V_0 \cos(\omega_0 t + \theta_0)$

"實數"指數： $\quad v = \mathrm{Re}\{V_0 \exp[j(\omega_0 t + \theta_0)]\}$

"雙邊"指數： $\quad v = \dfrac{V_0}{2}\{\exp[j(\omega_0 t + \theta_0)] + \exp[-j(\omega_0 t + \theta_0)]\}$

$\qquad\qquad\qquad = \dfrac{V_0}{2}\{\exp[j(\omega_0 t + \theta_0)] + \exp[j((-\omega_0)t - \theta_0)]\}$

旋轉相量： $\quad v = V_0 \exp[j(\omega_0 t + \theta_0)] = V_0 \angle (\omega_0 t + \theta_0)$

靜止相量： $\quad v = V_0 \exp j\theta_0 = V_0 \angle \theta_0$

2.9 結 論

現在我們已知道了在本書中所用信號的不同型式。下一步即是要來看在通訊上常使用的分析形式的表示法。其中最常用的是將在下二章分析的傅立葉技術。

2.10 習　題

2.1 一個信號如下式所示

$$v = V \cos(\omega t + \phi) + \frac{V}{2} \cos(2\omega t + \phi/2)$$

表示此信號
(i) 在一旋轉相量圖上
(ii) 在一靜止相量圖上
(iii) 在一雙邊振幅及相位頻譜上
用上面式子中的常數盡可能地寫出這些量來。

2.2 盡可能的以各種不同的方式表示下列的正弦曲線。
(i) $v(t) = V_0 \cos(\omega_0 t - \theta_0)$
(ii) $v(t) = V_0 \cos \omega_0 (t + T/2)$ [週期 T]
(iii) $v = V_0 \cos \omega_0 t - (V_0/3) \cos \omega_0 t$
(iv) $v = V_0 \cos(\omega_0 t - \pi/2) + V_0 \cos(2\omega_0 t - \pi)$
(v) $v = (V_0 \cos \omega_0 t)^2$ [使用 $\cos 2\theta = 2\cos^2 \theta - 1$]
(vi) $v = V_0 \cos(\omega_0 t + \pi/2)$
(vii) $v = V_0 \cos \omega_0 t + V_0 \cos(2\omega_0 t + \pi/2)$
(viii) $v = [V_1 \cos(\omega_1 t + \theta_1)][V_2 \cos(\omega_2 t + \theta_2)]$
(ix) $v = 1.0 \cos(2\pi \times 10^3 t + \pi/2) + 1.0 \cos(2\pi \times 10^3 t + \pi/4)$
(x) $2.0 \sin 2\pi \times 10^6 (t + 2.5 \times 10^{-7}) + 3.0 \cos 2\pi \times 10^6 (t + 5.0 \times 10^{-7})$
(xi) $2.0 \sin(\omega_0 t + \pi/8) + 3.0 \sin(\omega_0 t + \pi/4) + 4.0 \sin(\omega_0 t + \pi/2) + 5.0 \sin(\omega_0 t + \pi)$
(xii) $v = \text{Re}[V_0 \exp j(\omega_0 t + \pi/2)]$
(xiii) $v = V_0\{\exp[j(\omega_0 t + \theta_0)] - \exp[-j(\omega_0 t - \theta_0)]\}$
(xiv) $v = jV[\exp(-j\omega t) - \exp(j\omega t)]$

2.3 盡可能的寫出圖 2.14 中正弦的不同表示式。

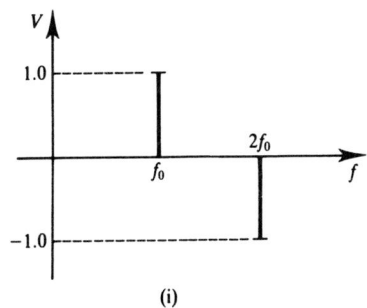

(i)

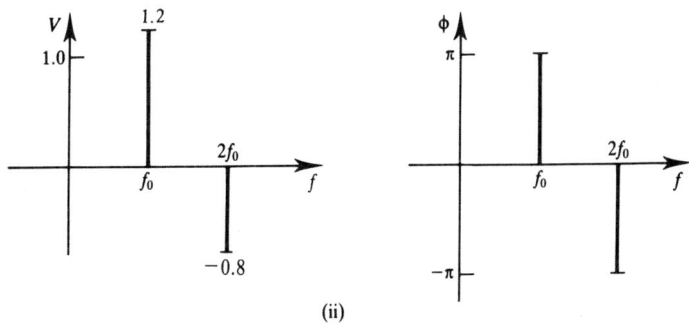

(ii)

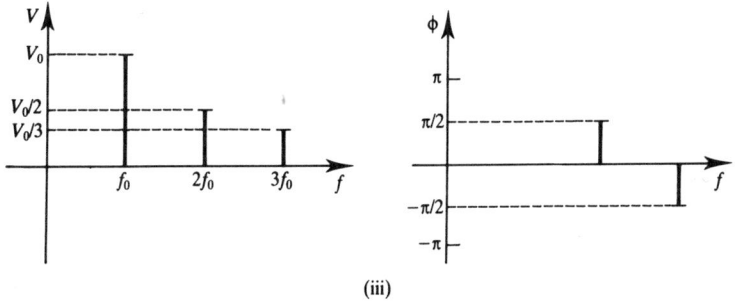

(iii)

圖 2.14 習題 2.3 的圖形

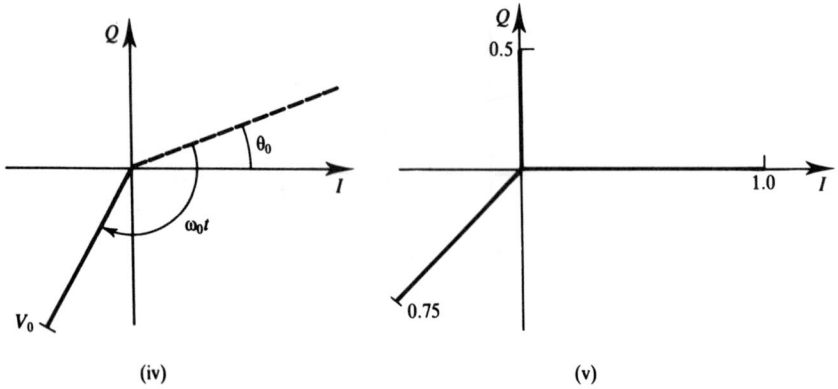

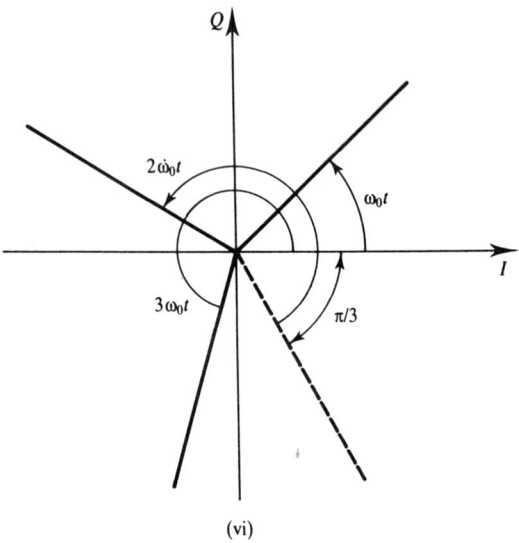

圖 2.14 （接上圖）

3

傅立葉級數

3.1 簡　介

　　前面一章已告訴各位表示正弦信號的不同方式。基本上有一些是在時域而有一些主要是在頻域（你自己可以對他們作一分類）。接下來的問題是：你如何由其中一個得到另一個？

　　在上一章所用過的簡單例子中，這是相當明顯的──但一般是如何作到的呢？答案可由**傅立葉技術**提供，這是由 19 世紀法國數學家傅立葉發展出來而命名的。目前我們用到的有兩種。

1. **傅立葉級數**：如何得到一個**週期**信號的頻譜。
2. **傅立葉轉換**：如何得到一個**非週期**信號（或脈波）與其頻譜之間的轉換。

第一個技術只有單向的轉換而第二個是可逆的**轉換**（一個真的轉換），所以可以在需要時從時間轉到頻率，也可由頻率轉到時間。

　　本章只介紹級數的方法；轉換的方法將在第四章討論。

3.2 週期及非週期信號

　　一個**週期**信號就是以同樣的型式一直重複下去，如圖 3.1 所示。它以相同間隔的時間（週期）T_0 秒重複一次，可表示成

$$v(t) = v(t \pm nT_0)$$

其中 n 是一個整數。

　　此重複週期 T_0 與其基本頻率 f_0 的關係為

$$f_0 = 1/T_0 \text{ Hz}$$

或為

$$\omega_0 = 2\pi/T_0 \text{ rad s}^{-1}$$

像這樣的信號頻譜總是由一系列的頻譜線以相同的間隔 f_0 組成。

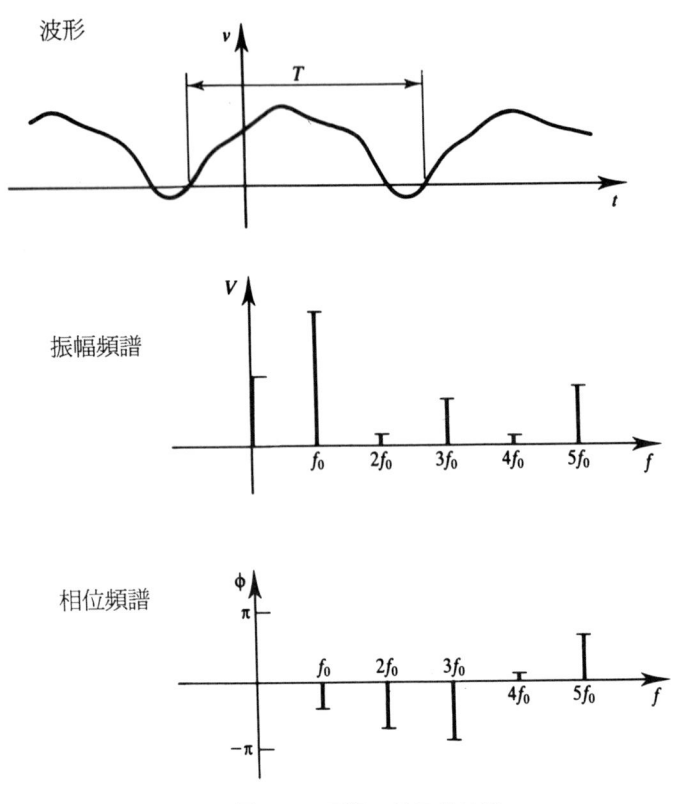

圖 3.1　週期函數及其線譜

圖 3.2　一個非週期信號及其頻譜密度分佈

一個**非週期**信號在時間上並不會重複（且實際上總是在過去及未來趨近於零），所以它有如圖 3.2 所示的**脈波**的樣子。就像一個週期為無限大($T_0 = \infty$)的週期信號，在線間頻率的間隔為零以致其頻譜是連續的。嚴格來說，這是一個**頻譜密度分佈**，如圖 3.2 所示。

3.3 傅立葉級數的一般形式

其基本的觀念就是一個週期信號可以由無限多項的正弦及餘弦函數來表示，這些函數有此信號基本頻率的各個頻率，且每一項都乘上一個振幅係數。這就導致下面的式子。

3.3.1 一般式──單邊

$$v(t) = a_0 + a_1 \cos \omega_0 t + a_2 \cos 2\omega_0 t + a_3 \cos 3\omega_0 t + \cdots \\ + a_n \cos n\omega_0 t + \cdots + b_1 \sin \omega_0 t + b_2 \sin 2\omega_0 t + b_3 \sin 3\omega_0 t + \cdots \\ + b_n \sin n\omega_0 t + \cdots$$

或

$$v(t) = a_0 + \sum_{n=1}^{\infty} a_n \cos n\omega_0 t + \sum_{n=1}^{\infty} b_n \sin n\omega_0 t$$

其中 a_n 及 b_n 為**傅立葉係數**。然而，有 n 的這些項可以合併成一個有相角的正弦項，如下所示。

3.3.2 單一正弦形式──單邊

$$v(t) = a_0 + \sum_{n=1}^{\infty} (a_n^2 + b_n^2)^{1/2} \cos(n\omega_0 t + \theta_n) \quad \theta_n = \tan^{-1}(-b_n/a_n)$$

讀者可自行推導。

如果我們寫成下式

$$\cos(n\omega_0 t) = \frac{1}{2}[\exp(jn\omega_0 t) + \exp(-jn\omega_0 t)]$$

$$\sin(n\omega_0 t) = \frac{1}{2j}[\exp(jn\omega_0 t) - \exp(-jn\omega_0 t)]$$

則此基本式變成下面的式子。

3.3.3 雙邊複數指數形式

$$v(t) = \sum_{n=-\infty}^{\infty} c_n \exp(jn\omega_0 t) \qquad c_n = \frac{1}{2}(a_n - jb_n)$$

讀者也可自行證明上式。c_n 也是傅立葉係數。

這些係數可由下面的積分得到:

$$a_0 = \frac{1}{T}\int_0^T v(t)\, dt$$

$$a_n = \frac{2}{T}\int_0^T v(t) \cos(n\omega_0 t)\, dt$$

$$b_n = \frac{2}{T}\int_0^T v(t) \sin(n\omega_0 t)\, dt$$

$$c_n = \frac{1}{T}\int_0^T v(t) \exp(-jn\omega_0 t)\, dt$$

每一個係數都可由代入 $v(t)$ 的相關級數,並利用正弦積分的正交關係而得到。若讀者願意可自行推導一次。

注意積分的上、下限必須包括波形的一個完整週期(通常只要一個),但不需要由零開始。事實上,在計算積分時都很方便地取波形通過零點的點開始積分。

3.4 對稱性的簡化

在求得一週期電壓的傅立葉級數過程中,問題總是發生在計算積分以得出係數的表示式(值)時。通常有些係數為零,而這可由波形的對稱性中輕易地看出來。通常有五種不同的形式:

1. a_0 只是 $v(t)$ 的**時間平均值**。由於垂直對稱,此平均值可以很快地看出來。

2. $b_n=0$，若 $v(t)$ 如餘弦且在 $t=0$ 沿時軸上的**偶對稱**（亦即在 t 及 $-t$，v 有同樣的值）。
3. $a_n=0$，若 $v(t)$ 如正弦且在 $t=0$ 沿時軸上的**奇對稱**（亦即在 t 及 $-t$，v 有相同大小但正負相反的值）。
4. 對所有偶數的 n，$a_n=b_n=0$（除了 a_0 之外），若 $v(t)$ 有**彎曲的**（旋轉的）對稱（亦即連續的半週期如鏡像的形狀）。
5. 這些對稱也許**隱藏**在直流中（亦即 $a_0 \neq 0$），但還是存在且可作適當的簡化。

圖 3.3 有上述每一種對稱的例子。
　　這些對稱通常會同時出現，如同圖 3.3 中的第四圖。
　　以下就是這些簡化的證明。

1. 偶數對稱：$v(t)=v(-t)$

$$b_n = \frac{2}{T}\int_{-T/2}^{T/2} v(t)\sin(n\omega_0 t)\,dt$$

$$= \frac{2}{T}\left(\int_{-T/2}^{0} v(t)\sin(n\omega_0 t)\,dt + \int_{0}^{T/2} v(t)\sin(n\omega_0 t)\,dt\right)$$

$$= \frac{2}{T}\left(\int_{0}^{-T/2} v(-t)\sin[n\omega_0(-t)]\,d(-t) + \int_{0}^{T/2} v(t)\sin(n\omega_0 t)\,dt\right)$$

$$= \frac{2}{T}\left(\int_{0}^{T/2} v(-t)\sin(-n\omega_0 t)\,dt + \int_{0}^{T/2} v(t)\sin(n\omega_0 t)\,dt\right)$$

$$= \frac{2}{T}\left(\int_{0}^{T/2} v(t)[-\sin(n\omega_0 t)]\,dt + \int_{0}^{T/2} v(t)\sin(n\omega_0 t)t\,dt\right)$$

$$= \frac{2}{T}\left(-\int_{0}^{T/2} v(t)\sin(n\omega_0 t)\,dt + \int_{0}^{T/2} v(t)\sin(n\omega_0 t)\,dt\right)$$

$$= 0$$

2. 奇對稱：$v(t)=-v(-t)$

$$a_n = \frac{2}{T}\int_{-T/2}^{T/2} v(t)\cos(n\omega_0 t)\,dt$$

$$= \frac{2}{T}\left(\int_{-T/2}^{0} v(t)\cos(n\omega_0 t)\,dt + \int_{0}^{T/2} v(t)\cos(n\omega_0 t)\,dt\right)$$

偶

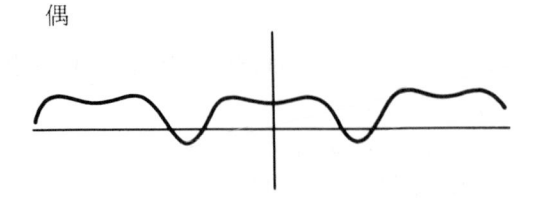

奇

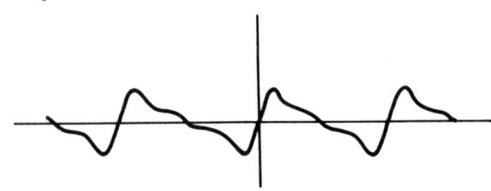

彎曲的

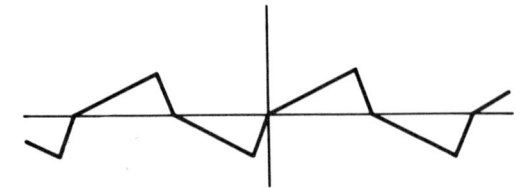

組合的（偶、彎曲的、隱藏的）

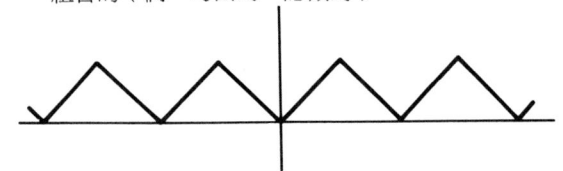

圖 3.3 對稱的種類

$$= \frac{2}{T}\left(\int_0^{-T/2} v(-t) \cos [n\omega_0(-t)] \, d(-t) + \int_0^{T/2} v(t) \cos (n\omega_0 t) \, dt\right)$$

$$= \frac{2}{T}\left(\int_0^{T/2} v(-t) \cos (-n\omega_0 t) \, dt + \int_0^{T/2} v(t) \cos (n\omega_0 t) \, dt\right)$$

$$= \frac{2}{T}\left(-\int_0^{T/2} v(t) \cos (n\omega_0 t) \, dt + \int_0^{T/2} v(t) \cos (n\omega_0 t) \, dt\right)$$

$$= 0$$

3. **彎曲對稱**：$v(t) = -v(t \pm T/2)$

$$a_n = \frac{2}{T} \int_0^T v(t) \cos(n\omega_0 t) \, dt$$

$$= \frac{2}{T} \left(\int_0^{T/2} v(t) \cos(n\omega_0 t) \, dt + \int_{T/2}^T v(t) \cos(n\omega_0 t) \, dt \right)$$

$$= \frac{2}{T} \left(\int_0^{T/2} v(t) \cos(n\omega_0 t) \, dt \right.$$

$$\left. + \int_{T/2-T/2}^{T-T/2} v(t+T/2) \cos[n\omega_0(t+T/2)] \, d(t+T/2) \right)$$

$$= \frac{2}{T} \left(\int_0^{T/2} v(t) \cos(n\omega_0 t) \, dt + \int_0^{T/2} -v(t) \cos[n(\omega_0 t + \pi)] \, dt \right)$$

$$= \frac{2}{T} \left(\int_0^{T/2} v(t) \cos(n\omega_0 t) \, dt - \int_0^{T/2} v(t) \cos(n\omega_0 t) \cos(n\pi) \, dt \right)$$

$$(\sin(n\pi) = 0)$$

$$= \frac{2}{T} [1 - \cos(n\pi)] \int_0^{T/2} v(t) \cos(n\omega_0 t) \, dt$$

$$= \begin{cases} \dfrac{4}{T} \int_0^{T/2} v(t) \cos(n\omega_0 t) \, dt & \text{當 } n \text{ 奇數}(\cos n\pi = -1) \\ 0 & \text{當 } n \text{ 偶數}(\cos n\pi = 1) \end{cases}$$

因此 a_n 只存在於當 n 不爲偶數（2，4，等等）。同樣地 b_n 也可證明有同樣的情形。注意，a_0 並不包括在內。

這種對稱種類的通例爲一串方波。注意，它同時有彎曲的及偶（或奇）對稱。

3.5 一些實例

隨著困難度增加的三個實例介紹於後。

1. 簡單的例子

這是指一個方波（圖 3.4），週期 T，振幅 V，且為偶對稱。這裏

$a_0=0$ 因為平均為零（由積分得出）
$b_n=0$ 因為對稱性（把它當作一個練習，推導它）
$a_n=0$ 當 n 為偶數——彎曲對稱

所以我們只需要求出當 n 為奇數的 a_n：

$$a_n = \frac{2}{T} \int_{-T/4}^{3T/4} V(t) \cos(n\omega_0 t) \, dt$$

$$= \frac{2}{T} \left(\int_{-T/4}^{T/4} V \cos(n\omega_0 t) \, dt + \int_{T/4}^{3T/4} (-V) \cos(n\omega_0 t) \, dt \right)$$

$$= \frac{2}{T} \left(\int_{-T/4}^{T/4} V \cos(n\omega_0 t) \, dt - \int_{T/4}^{3T/4} V \cos(n\omega_0 t) \, dt \right)$$

$$= \frac{2V}{T} \left[\frac{\sin(n\omega_0 t)}{n\omega_0} \right]_{-T/4}^{T/4} - \frac{2V}{T} \left[\frac{\sin(n\omega_0 t)}{n\omega_0} \right]_{T/4}^{3T/4}$$

$$= \frac{2V}{nT\omega_0} \left[\sin\left(\frac{n\omega_0 T}{4}\right) - \sin\left(\frac{n\omega_0(-T)}{4}\right) - \sin\left(\frac{3n\omega_0 T}{4}\right) + \sin\left(\frac{n\omega_0 T}{4}\right) \right]$$

$$= \frac{4V}{n\pi} \left[\sin\left(\frac{n\pi}{2}\right) \right] \quad (\omega_0 = 2\pi/T \, ; \, \sin(-\theta) = -\sin\theta)$$

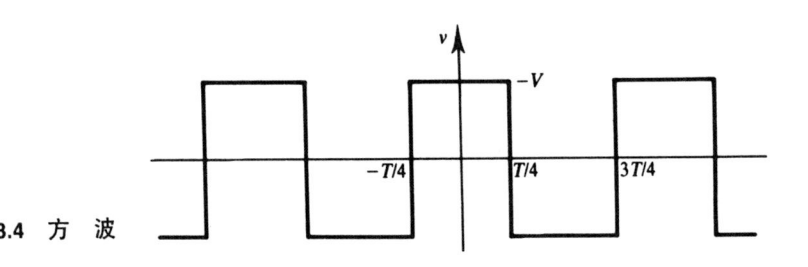

$$= \begin{cases} 0 & \text{當然，對偶數的 } n \text{ 值} \\ 4V/n\pi & \text{當 } n=1, 5, 9, \cdots, \text{等} \\ -4V/n\pi & \text{當 } n=3, 7, 11, \cdots, \text{等} \end{cases}$$

圖 3.4 方 波

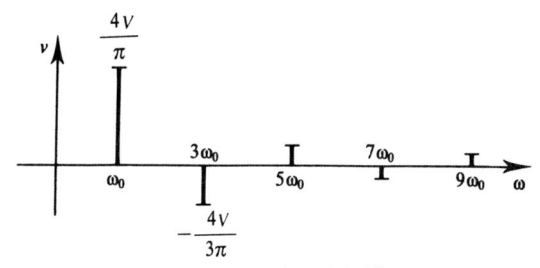

圖 3.5 圖 3.4 的單邊頻譜

所以此方波完整的單邊傅立葉級數表示式（即其頻譜）為

$$v(t) = \frac{4V}{\pi}(\cos \omega_0 t - \tfrac{1}{3}\cos 3\omega_0 t + \tfrac{1}{5}\cos 5\omega_0 t - \cdots)$$

此式有如圖 3.5 的一個頻譜。

要得到雙邊的頻譜，我們可以利用 $c_n = \tfrac{1}{2}(a_n - jb_n)$（即 $c_n = \tfrac{1}{2}a_n$ 在此例中）或者直接積分得到 c_n。你也許想要驗證下式

$$c_n = \frac{2V}{\pi}(-1)^{n-1} \times \frac{1}{(2n-1)}$$

以及

$$v(t) = \frac{2V}{\pi}[\cdots - \tfrac{1}{5}\exp(-5j\omega_0 t) + \tfrac{1}{3}\exp(-3j\omega_0 t) - \exp(-j\omega_0 t)$$
$$+ \exp(j\omega_0 t) - \tfrac{1}{3}\exp(3j\omega_0 t) + \tfrac{1}{5}\exp(5j\omega_0 t) - \cdots]$$
$$= \sum_{n=-\infty}^{\infty} c_n \exp j(2n-1)\omega_0 t$$

上式的雙邊頻譜示於圖 3.6。

注意相位的奇對稱。

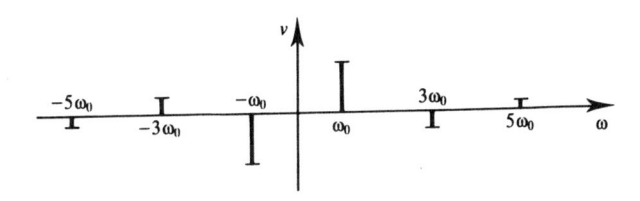

圖 3.6 圖 3.4 的雙邊頻譜

2. 較困難的例子

這是指一個脈波串列（圖 3.7），其標示/空間比為 1：2。

此處 $a_0 = V/3$ 由直觀得出。但請證明之。

在時間上沒有對稱性，所以必須求出 a_n 及 b_n 二者。積分是相當直接的，但要找出正確的值有點困難：

$$a_n = \frac{2}{T} \int_0^T v(t) \cos(n\omega_0 t) \, dt$$

$$= \frac{2}{T} \int_0^{T/3} V \cos(n\omega_0 t) \, dt + \frac{2}{T} \int_{T/3}^T 0 \cos(n\omega_0 t) \, dt$$

$$= \frac{2V}{T} \left[\frac{\sin(n\omega_0 t)}{n\omega_0} \right]_0^{T/3} + 0$$

$$= \frac{2V}{n\omega_0 T} \left[\sin\left(\frac{2n\pi}{3}\right) - 0 \right]$$

因此

$$\boxed{a_n = (V/n\pi)[\sin(2n\pi/3)]}$$

且 a_n 有如下的值：

$n=1$　　$a_1 = \dfrac{V3^{1/2}}{\pi 2} = 0.87 V/\pi = 0.28 V$

$n=2$　　$a_2 = \dfrac{-V3^{1/2}}{2\pi 2} = -0.43 V/\pi = -0.14 V$　　　　$(= a_1/2)$

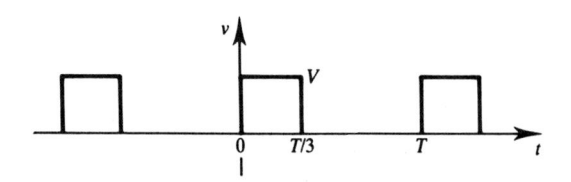

圖 3.7　脈波串列

$n=3 \quad a_3 = \dfrac{V}{3\pi} \cdot 0 = 0$

$n=4 \quad a_4 = \dfrac{V3^{1/2}}{4\pi 2} = 0.21\, V/\pi = 0.07\, V \qquad (=a_1/4)$

$n=5 \quad a_5 = \dfrac{-V3^{1/2}}{5\pi 2} = -\dfrac{0.17\, V}{\pi} = -0.05\, V \qquad (=a_1/5)$

$n=6 \quad a_6 = \dfrac{V}{6\pi} \cdot 0 = 0 \qquad\qquad\qquad\qquad 依此類推$

$$b_n = \dfrac{2}{T}\int_0^T v(t)\sin(n\omega_0)\,dt$$

$$= \dfrac{2}{T}\int_0^{T/3} V\sin(n\omega_0 t)\,dt$$

$$= \dfrac{2V}{T}\left[-\dfrac{\cos(n\omega_0 t)}{n\omega_0}\right]_0^{T/3}$$

$$= \dfrac{-2V}{nT\omega_0}\left[\cos\left(\dfrac{(2n\pi)}{3}\right) - 1\right]$$

因此

$$\boxed{b_n = (V/n\pi)\,[1 - \cos(2n\pi/3)]}$$

且 b_n 有如下的值：

$n=1 \quad b_1 = \dfrac{3V}{2\pi} \qquad n=4 \quad b_4 = \dfrac{3V}{8\pi}$

$n=2 \quad b_2 = \dfrac{3V}{4\pi} \qquad n=5 \quad b_5 = \dfrac{3V}{10\pi}$

$n=3 \quad b_3 = 0 \qquad\qquad n=6 \quad b_6 = 0$

於是

$$v(t) = V/3 + (V3^{1/2}/2\pi)[\cos\omega_0 t - \tfrac{1}{2}\cos 2\omega_0 t + \tfrac{1}{4}\cos 4\omega_0 t - \cdots]$$

$$+ (3V/\pi)[\sin\omega_0 t + \tfrac{1}{2}\sin 2\omega_0 t + \tfrac{1}{4}\sin 4\omega_0 t + \cdots]$$

上式看起來相當笨拙，因此可將它重新表示成單一有相位正弦式子

$$v(t)=V/3+(V/2\pi)[(3+9)^{1/2}\cos(\omega_0 t-\tan^{-1}3^{1/2})$$

$$-(0.75+2.25)^{1/2}\cos(2\omega_0 t+\tan^{-1}3^{1/2})+0$$

$$+(3/16+9/16)^{1/2}\cos(4\omega_0 t-\tan^{-1}3^{1/2})+\cdots]$$

$$\boxed{v(t)=V/3+(V3^{1/2}/\pi)[\cos(\omega_0 t-\theta_0)-\tfrac{1}{2}\cos(2\omega_0 t+\theta_0)\\ +\tfrac{1}{4}\cos(4\omega_0 t-\theta_0)+\cdots]}$$

其中 $\theta_0=\tan^{-1}3^{1/2}=\pi/3$，這個形式是有用的，當你需要畫頻譜時。在第一個例子並不需要將振幅及相位頻譜分開，因為唯一可能的相位差只發生在振幅的負號上（即 $\pm\pi$），且在振幅頻譜上已足以表示其唯一的相位。一般而言，兩個頻譜都需要（圖 3.8）。

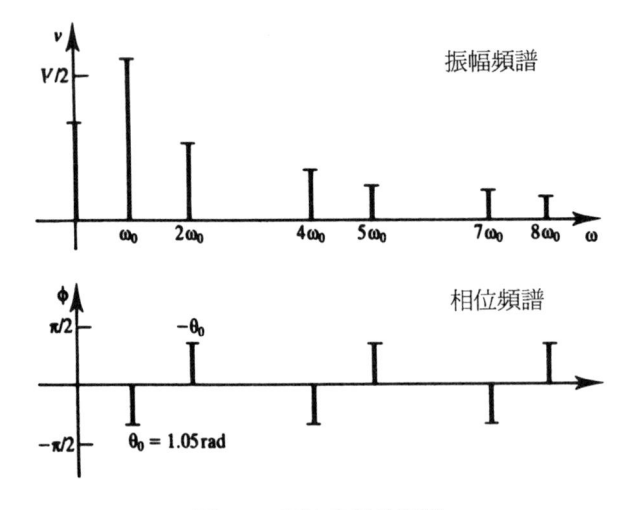

圖 3.8 脈波串列的頻譜

現在，當作一個練習，將 $v(t)$ 重新表示成一個雙邊級數並畫其頻譜。與上述互相比較後，你發現了些什麼？

3. 一個更難的例子

這是指一個大於零的三角波（圖 3.9）。這裏

$a_0 = V/2$　　由直觀得到的平均高度（若你願意可推導之）

$b_n = 0$　　偶對稱（若你覺得需要也可推導它）

$$a_n = \frac{2}{T}\int_{-T/2}^{T/2} v(t)\cos(n\omega_0 t)\, dt$$

$$= \frac{2}{T}\int_{-T/2}^{0} V(1+2t/T)\cos(n\omega_0 t)\, dt + \frac{2}{T}\int_{0}^{T/2} V(1-2t/T)\cos(n\omega_0 t)\, dt$$

注意積分包括了一個峯值的長度，且在每半週電壓的變化已由線性方程式取代。驗證它。

因此

$$a_n = \frac{2V}{T}\int_{-T/2}^{0} \cos(n\omega_0 t)\, dt + \frac{4V}{T^2}\int_{-T/2}^{0} t\cos(n\omega_0 t)\, dt + \frac{2V}{T}\int_{0}^{T/2}\cos(n\omega_0 t)\, dt$$

$$-\frac{4V}{T^2}\int_{0}^{T/2} t\cos(n\omega_0 t)\, dt$$

$$= \underbrace{\frac{2V}{T}\int_{-T/2}^{T/2}\cos(n\omega_0 t)\, dt}_{①} + \frac{4V}{T^2}\left(\underbrace{\int_{-T/2}^{0} t\cos(n\omega_0 t)\, dt}_{②} - \underbrace{\int_{0}^{T/2} t\cos(n\omega_0 t)\, dt}_{③}\right)$$

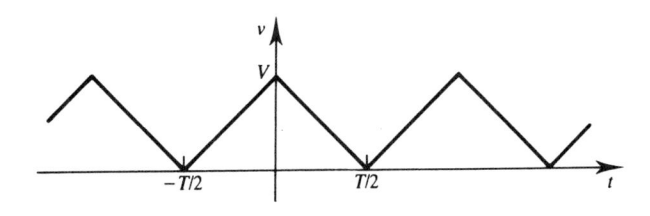

圖 3.9　有直流的三角波

$$①=\frac{2V}{T}\left[\frac{\sin(n\omega_0 t)}{n\omega_0}\right]_{-T/2}^{T/2}=\frac{2V}{T}[\sin n\pi-\sin(-n\pi)]=0$$

其他兩個積分需要作部份積分（$d(uv)=v\,du+u\,dv$；因此 $v\,du=u\,dv-d(uv)$；對②而言，$u=t$ 且 $v=\sin(n\omega_0 t)$）：

$$②=\frac{4V}{T^2}\int_{-T/2}^{0}\frac{t\,d[\sin(n\omega_0 t)]}{n\omega_0}$$

$$=\frac{4V}{n\omega_0 T^2}\left([t\sin(n\omega_0 t)]_{-T/2}^{0}-\int_{-T/2}^{0}\sin(n\omega_0 t)\,dt\right)$$

$$=\frac{4V}{n\omega_0 T^2}\left([0+(T/2)\sin(-n\pi)]+\left[\frac{\cos(n\omega_0 t)}{n\omega_0}\right]_{-T/2}^{0}\right)$$

$$=0+\frac{4V}{n^2\omega_0^2 T^2}[1-\cos(-n\pi)]$$

$$=\frac{V}{n^2\pi^2}(1-\cos n\pi)$$

$$③=\frac{V}{n^2\pi^2}(1-\cos n\pi)$$

（當你在推導時不要忘記負號）。因此

$$a_n=\frac{2V}{n^2\pi^2}(1-\cos n\pi)$$

於是

$$a_n=0 \quad \text{當 } n \text{ 爲偶數（}\cos n\pi=1\text{）}$$

$$a_n=\frac{4V}{n^2\pi^2} \quad \text{當 } n \text{ 爲奇數（}\cos n\pi=-1\text{）}$$

因此

$$v(t)=\frac{V}{2}+\frac{4V}{\pi^2}\left(\cos \omega_0 t+\frac{1}{9}\cos 3\omega_0 t+\frac{1}{25}\cos 5\omega_0 t+\cdots\right)$$

現在畫其頻譜——這次只需要振幅頻譜。

部份積分是很冗長的，所以你也許想知道一個簡捷的方法。在圖 3.10 的方波是圖 3.9 中 $v(t)$ 的微分，所以

$$v(t)=\int v'(t)\,\mathrm{d}t+常數$$

其中 $V'=\pm 2V/T$。

現在 $v'(t)$ 可以很容易地得出。它是

$$v'(t)=-\frac{8V}{\pi T}(\sin \omega_0 t+\tfrac{1}{3}\sin 3\omega_0 t+\cdots)$$

積分將如上述 $v(t)$ 的結果（你如何避開計算此常數的困難呢？）。

這是一個傅立葉轉換一般方法的特殊應用例子，我們在後面將看到。

3.6 公式總結

$$v(t)=a_0+\sum_{n=1}^{\infty}a_n\cos(n\omega_0 t)+\sum_{n=1}^{\infty}b_n\sin(n\omega_0 t)$$

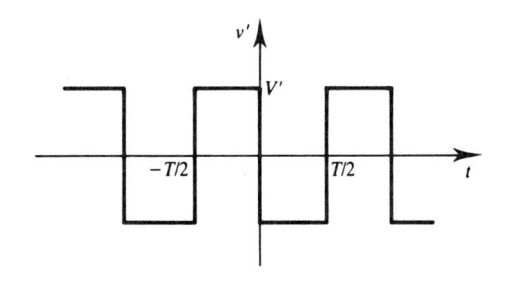

圖 **3.10** $v(t)$ 的微分波形（亦即 $v'(t)$）

或

$$v(t) = a_0 + \sum_{n=1}^{\infty} (a_n^2 + b_n^2)^{1/2} \cos(n\omega_0 t - \theta_n) \qquad (\tan\theta_n = b_n/a_n)$$

$$v(t) = \sum_{n=-\infty}^{n=\infty} c_n \exp(jn\omega_0 t) \qquad (c_n = \tfrac{1}{2}(a_n - jb_n))$$

$$a_0 = \frac{1}{T}\int_0^T v(t)\,dt$$

$$a_n = \frac{2}{T}\int_0^T v(t)\cos(n\omega_n t)\,dt$$

$$b_n = \frac{2}{T}\int_0^T v(t)\sin(n\omega_n t)\,dt$$

$$c_n = \frac{1}{T}\int_0^T v(t)\exp(-jn\omega_0 t)\,dt$$

3.7 結 論

我們已經知道得到一個週期信號的單邊及就長期而言，更重要的爲其雙邊頻譜的方法。基本的觀念雖然冗長但卻相當直接；因此需要利用一些簡化的方法，如對稱性。

很顯然的，週期信號在通訊系統中是非常普遍的，但更重要的，特別是對數位信號，則是求得一個非週期脈波信號的頻譜特徵及其轉換的方法。這些就是將在下章討論的傅立葉轉換。

3.8 習 題

3.1 在圖 3.11 的各波形中，分別
  (a) 求出傅立葉係數 a_n 及 b_n。
  (b) 以傅立葉級數表示
    (ⅰ) 包含正弦及餘弦項的級數
    (ⅱ) 只有餘弦及相位的級數

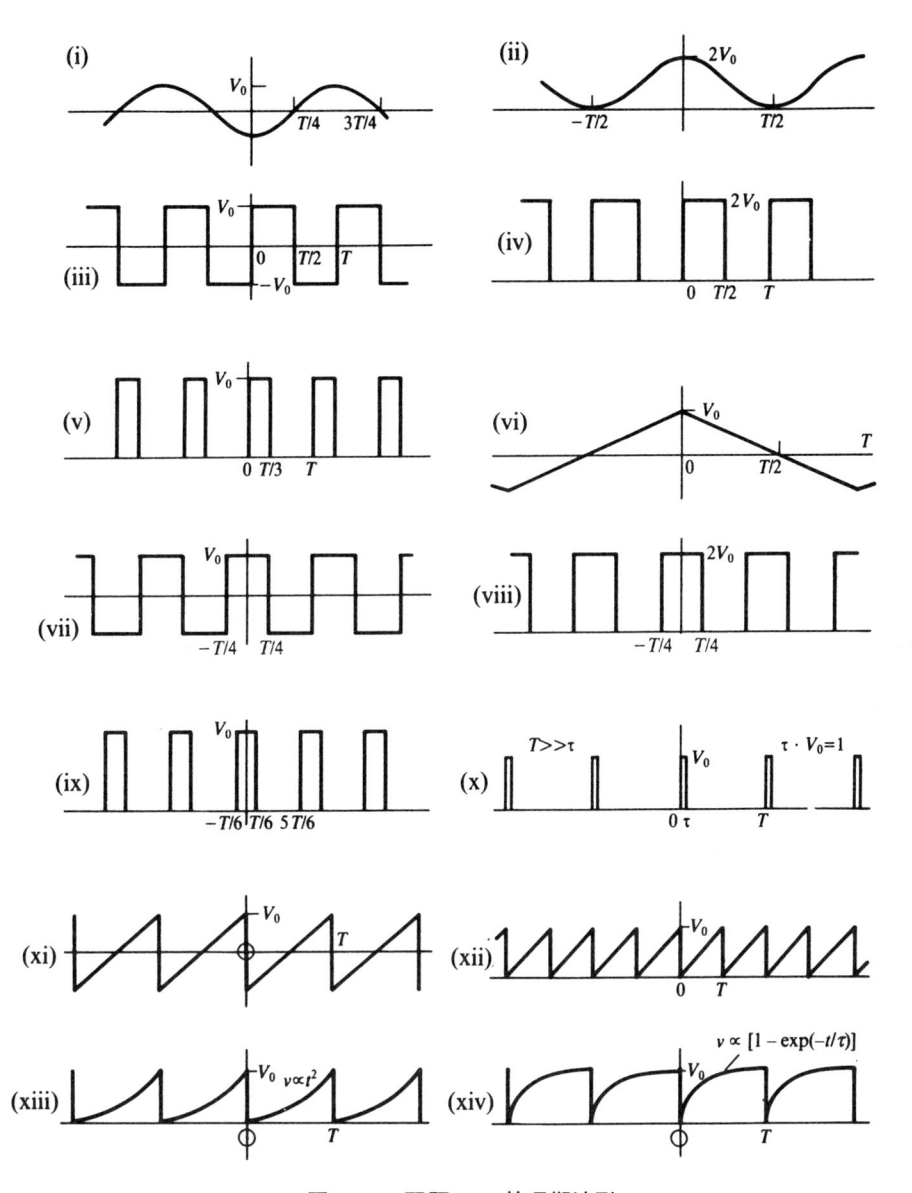

圖 3.11 習題 3.1 的週期波形

(c) 同 b(ii)，畫出振幅及相位頻譜。
(d) 求出傅立葉係數 c_n，並確定你可由 a_n 及 b_n 及直接的積分求出 c_n。
(e) 以複數傅立葉級數表之，並畫其振幅及相位頻譜——現為雙邊的。

38 基礎通信理論

盡可能的使用對稱的性質。一些波形可能相當簡單，並不需要完整的計算。

3.2 求出圖 3.12 週期波形的傅立葉級數。畫出其振幅頻譜並給予一適當的傳輸頻寬及理由。

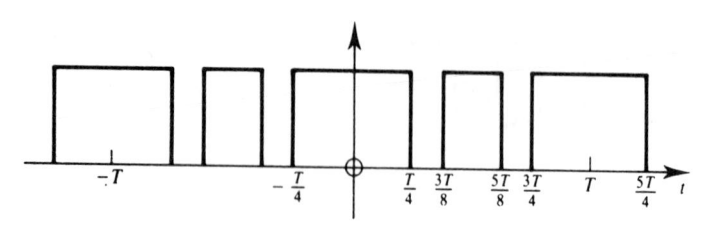

圖 3.12 習題 3.2 的週期函數

3.3 求出圖 3.13 鋸齒狀波形雙邊頻譜的表示式，並清楚地描述你如何的推導。

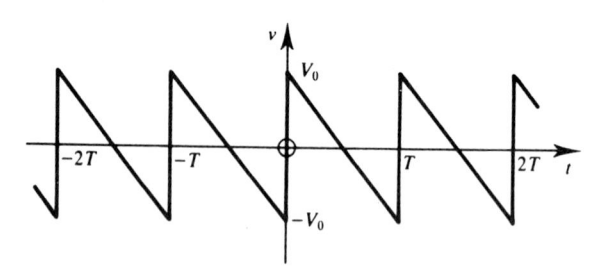

圖 3.13 習題 3.3 的鋸齒狀波形

依照所得結果，畫出振幅及相位頻譜。

現在，不需要重新推導出這些頻譜，以下列方式將你的式子作一轉換：

（i）轉換成同一波形的雙邊頻譜，但在 A 點的時間為零。

（ii）轉換成雙邊頻譜。

請詳細地描述你的過程。

4

傅立葉轉換

4.1 簡 介

一個傅立葉級數以在諧振頻率的正弦和來表示一個**連續的週期函數**。其結果就是將波形在時域的表示轉換到頻域。此頻域的圖為等間隔頻率分開的一系列線譜且有不同的振幅及相位。在圖 4.1 中的**線譜**為一長方形脈波串的結果。

現在考慮一個非常相似的過程,即一個完全非週期波形(如一個單一電壓脈波)也可以用一個頻譜來表示,此頻譜與前面所說的非常相近。其時域方程式是以數學的方式轉換至頻域(反之亦可),因而在所有頻率(不只是在諧振頻率而已)都有頻譜成份而成一個**連續頻譜分佈**。同樣的也有兩種頻譜——振幅密度及相位。這些頻譜在圖 4.2 中是一脈波串中的一個脈波。注意,現在縱軸不是電壓而是電壓密度,單位為伏特每赫茲。

要了解它們與級數的相似處。想像在脈波串中的週期越來越大,因此這些脈

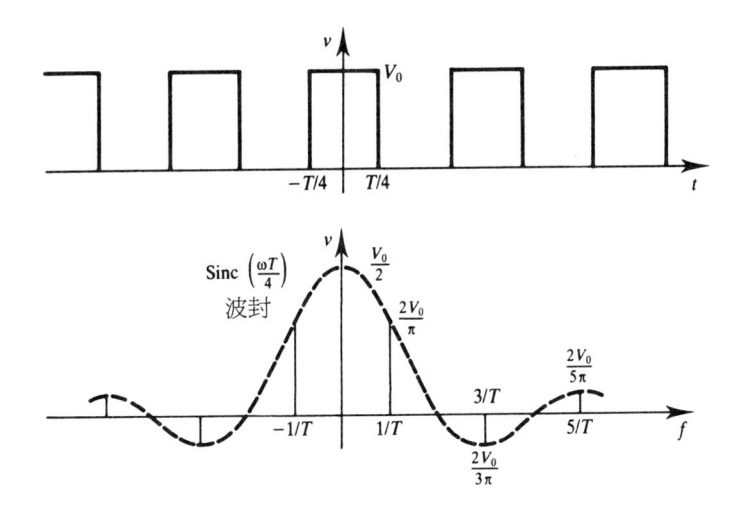

圖 4.1 長方形脈波串及其頻譜

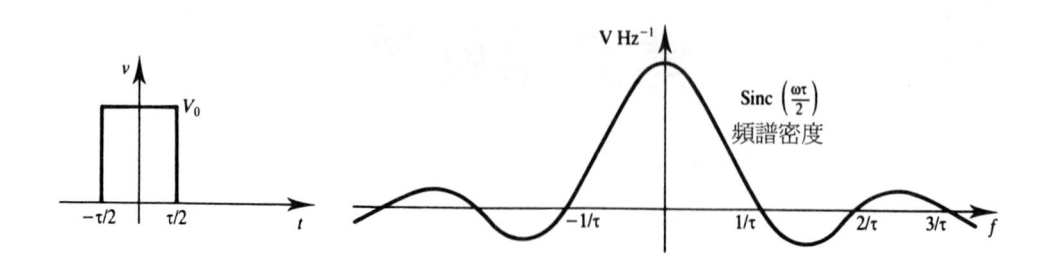

圖 4.2　單一長方形脈波及其頻譜

波將會相隔越來越遠（直到你只能看到他們之中的其中一個），且線譜將越來越靠近直到他們重疊在一起。這個相似性擴展到數學上並讓 T 在級數中為無限大，則你可得到這樣的轉換。

但在目前，我們將只敍述此轉換方程式並了解如何使用。

4.2　傅立葉轉換

如果有一個電壓以時間函數 $v(t)$ 表示，則將有一個以頻率函數 $V(\omega)$（或 $V(f)$）表示的頻譜分佈，以致其中一個的表示式可以由另一個得到。這樣的轉變是藉由下面的傅立葉轉換完成的。

因此 $V(\omega)$ 稱為 $v(t)$ 的**傅立葉轉換**（也可寫成 $F[v(t)]$）及 $V(t)$ 稱為 $v(\omega)$ 的**反傅立葉轉換**（或 $F^{-1}[V(\omega)]$）。總結上述可得到下面的表示法：

$$v(t) \leftrightarrow V(\omega)$$

眞正的轉換為積分方程式

$$V(\omega) = \int_{-\infty}^{\infty} v(t) \exp(-j\omega t)\, dt \qquad \textbf{傅立葉轉換 (FT)}$$

$$v(t) = \frac{1}{2\pi} \int_{-\infty}^{\infty} V(\omega) \exp(+j\omega t)\, d\omega \qquad \textbf{反 FT}$$

上面的**正向**轉換由 $v(t)$ 產生 $V(\omega)$
下面的**逆向**轉換由 $V(\omega)$ 產生 $v(t)$

這些表示式假設頻率是雙邊的。1/2π 因子的出現造成一個令人討厭的不對稱，其出現是由於使用 ω 而非 f。用 ω 的原因是因為在通訊上較具基本性，但也有許多人用 f 來表示反轉換：

$$v(t) = \int_{-\infty}^{\infty} V(f) \exp(2\pi j f t) \, df$$

4.3 一個直接的例子

考慮一個長方形脈波 $\Pi(t)$，在時軸上為對稱的（參見圖 4.3）。
總是以寫出轉換的一般定義作為開始：

$$V(\omega) = \int_{-\infty}^{\infty} v(t) \exp(-j\omega t) dt$$

$$= \int_{-\infty}^{\infty} \Pi(t) \exp(-j\omega t) dt$$

$$= \int_{-\tau/2}^{\tau/2} V_0 \exp(-j\omega t) dt$$

$$= V_0 \left[\frac{\exp(-j\omega t)}{-j\omega} \right]_{-\tau/2}^{\tau/2}$$

$$= \frac{V_0}{-j\omega} [\exp(-j\omega\tau/2) - \exp(j\omega\tau/2)]$$

$$= \frac{2V_0}{\omega} \left[\frac{\exp(j\omega\tau/2) - \exp(-j\omega\tau/2)}{2j} \right]$$

$$= \frac{2V_0}{\omega} \sin\left(\frac{\omega\tau}{2}\right)$$

這個函數並不如其表面看起來那樣容易地畫出，故我們進一步推導：

$$V(\omega) = V_0 \tau \left[\frac{\sin(\omega\tau/2)}{\omega\tau/2} \right]$$

42 基礎通信理論

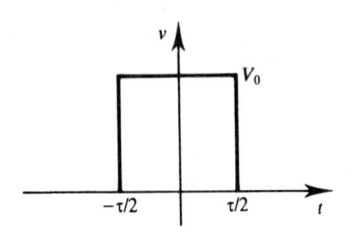

圖4.3 單一脈波

或

$$V(\omega) = V_0 \tau \, \text{sinc} \, (\omega\tau/2)$$

其中

$$\text{sinc} \, (\omega\tau/2) = \frac{\sin \, (\omega\tau/2)}{\omega\tau/2}$$

這個 sinc 函數總是出現在傅立葉轉換中（及在級數中──成爲一波封，參見圖 4.1）。它的確是一個獨立的函數且有特定可辨認的形狀。它有一個在 $\omega=0$ 的一個大的中央峯值，最大值爲 1，且當 $\omega \to \pm\infty$ 時，趨近於零，像一個以固定間隔 $\omega = 2\pi/\tau$ 通過零點的遞減正弦波。

這個函數的**形狀**讀者應該學習容易地辨認它，但在這樣做之前，注意到如何正確的稱呼它在教科書中有某種程度的混淆。有些稱作 sinc (x)，如我們所作的，但其他人稱爲 Sa (x)，且有更多人定義 sinc (x) 爲 sin $(\pi x)/\pi x$。大部份的人爲避免此問題，都只簡單地稱爲 sin $(x)/x$ 函數。無論名稱爲何，重點在於其形狀及穿過零點的位置，這點將在下面的章節仔細地探討。

寫成 sinc x，其中 $x = \omega\tau/2$，包括直到第四個零點的值都在下頁表中。

現在 sinc x 將以兩種方式畫出全部的三種圖形。

1. 完全頻譜

圖 4.4 爲最好的一種，它告訴我們前面所推導的脈波轉換。

2. 振幅及相近頻譜

我們依照 $+\pi$ 或 $-\pi$ 取負號來畫出相位頻譜（圖 4.5），並伴隨必須有的奇對稱，但還有無數個方式來畫此圖，因爲 $-1 \equiv (2n-1)\pi$ 及 $+1 \equiv 2n\pi$，其中 n 爲任意值。如下面將看到的，此點是相當有用的。

x	sinc x	sinc^2 x	ω	f
0	1	1	0	0
$\pm\pi/4$	0.900	0.810	$\pi/2\tau$	$1/4\tau$
$\pm\pi/2$	0.637	0.405	π/τ	$1/2\tau$
$\pm 3\pi/4$	0.300	0.090	$3\pi/2\tau$	$3/4\tau$
$\pm\pi$	0	0	$2\pi/\tau$	$1/\tau$
$\pm 5\pi/4$	-0.180	0.032	$5\pi/2\tau$	$5/4\tau$
$\pm 3\pi/2$	-0.212	0.045	$3\pi/\tau$	$3/2\tau$
$\pm 7\pi/4$	-0.129	0.017	$7\pi/2\tau$	$7/4\tau$
$\pm 2\pi$	0	0	$4\pi/\tau$	$2/\tau$
$\pm 9\pi/4$	0.100	0.010	$9\pi/2\tau$	$9/4\tau$
$\pm 5\pi/2$	0.127	0.016	$5\pi/\tau$	$5/2\tau$
$\pm 11\pi/4$	0.082	0.007	$11\pi/2\tau$	$11/4\tau$
$\pm 3\pi$	0	0	$6\pi/\tau$	$3/\tau$
$\pm 13\pi/4$	-0.069	0.005	$13\pi/2\tau$	$13/4\tau$
$\pm 7\pi/2$	-0.091	0.008	$7\pi/\tau$	$7/2\tau$
$\pm 15\pi/4$	-0.060	0.004	$15\pi/2\tau$	$15/4\tau$
$\pm 4\pi$	0	0	$8\pi/\tau$	$4/\tau$

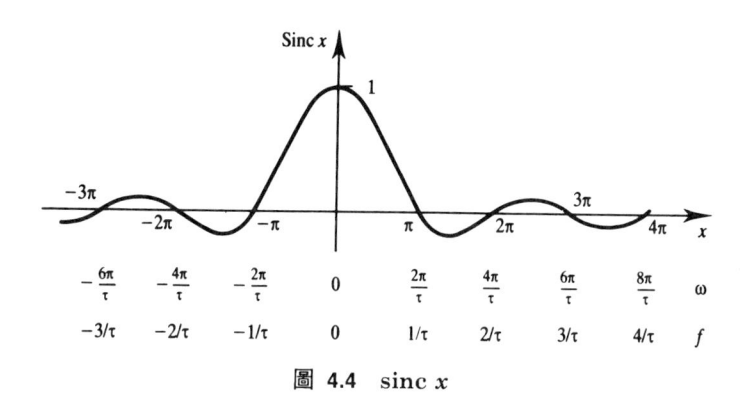

圖 4.4 sinc x

3. 現可畫出 sinc^2 x

注意，圖 4.6 中可以清楚地看到，在一個方形脈波中幾乎所有的功率都包含在頻譜密度分佈的中央波峯內，頻率範圍由 0 至 $1/\tau$。由於通訊中，系統一定像一個濾波器一樣限制可傳輸的頻譜，故在通訊中是一個非常有關係的結果。若系統像一個低通濾波器截止頻率在 $1/\tau$，則大部份的脈波將可接收到且系統是足夠滿足需要的。這是檢驗**頻寬**等於**位元率**的標準方法。

在作完這個例子後，我們來看簡化積分的方法。

圖 4.5　|sinc x| 及 φ

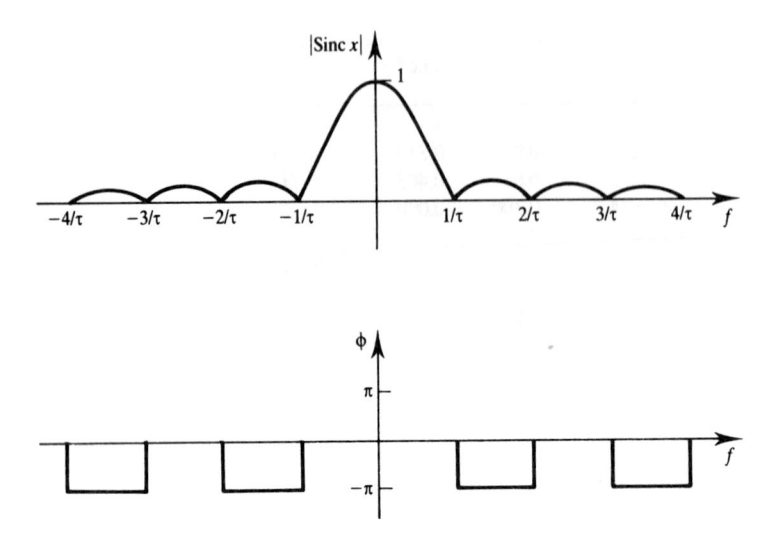

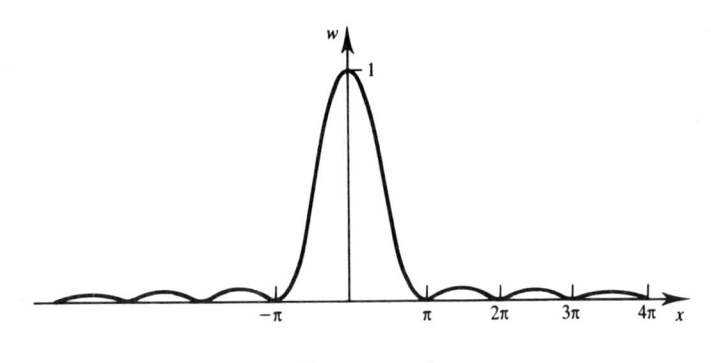

圖 4.6　sinc² x

4.4 經由對稱性的簡化

　　大部份的脈波在時間上是對稱的，這使得轉換可以簡化。對濾波器及反轉換也是如此。

　　在圖 4.7 中左手邊的脈波有**偶**對稱（即 $v(-t)=v(t)$），而右手邊者有**奇**對稱（即 $v(-t)=-v(t)$）。

　　讓我們看看將這些條件放入一般轉換積分中會發生什麼事：

偶函數　　　　　奇函數

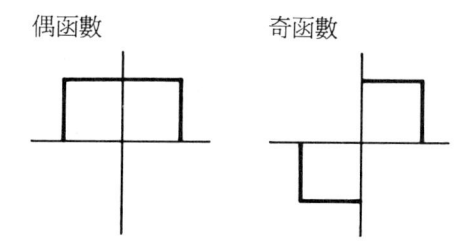

圖 4.7 偶及奇脈波

$$V(\omega) = \int_{-\infty}^{\infty} v(t) \exp(-j\omega t)\, dt$$

$$= \int_{-\infty}^{0} v(t) \exp(-j\omega t)\, dt + \int_{0}^{\infty} v(t) \exp(-j\omega t)\, dt$$

$$= \int_{-\infty}^{0} v(t)(\cos \omega t - j \sin \omega t)\, dt + \int_{0}^{\infty} v(t)(\cos \omega t - j \sin \omega t)\, dt$$

$$= \int_{-\infty}^{0} v(t) \cos \omega t\, dt + \int_{0}^{\infty} v(t) \cos \omega t\, dt - j \int_{-\infty}^{0} v(t) \sin \omega t\, dt$$

$$- j \int_{0}^{\infty} v(t) \sin \omega t\, dt$$

現在餘弦在時間上為**偶**函數而正弦為**奇**函數。因此，如果 $v(t)$ 為偶函數，則 $v(t) \cos \omega t$ 也是偶函數，但 $v(t) \sin \omega t$ 是奇函數。故

$$\int_{-\infty}^{0} v(t) \cos \omega t\, dt = \int_{0}^{\infty} v(t) \cos \omega t\, dt$$

以及

$$\int_{-\infty}^{0} v(t) \sin \omega t\, dt = -\int_{0}^{\infty} v(t) \sin \omega t\, dt$$

因此

$$V(\omega) = 2 \int_{0}^{\infty} v(t) \cos \omega t\, dt + 0$$

亦即

$$V(\omega)=2\int_0^\infty v(t)\cos\omega t\,dt \qquad v(t)\text{ 偶函數}$$

同樣的，你可以證明（試試看）

$$V(\omega)=-2j\int_0^\infty v(t)\sin\omega t\,dt \qquad v(t)\text{ 奇函數}$$

而且有反轉換也相對應的表示式（讀者可嘗試推導看看）。

現在將此應用到圖 4.7 中的偶脈波。它有偶對稱，所以

$$\begin{aligned}V(\omega)&=2\int_0^\infty v(t)\cos\omega t\,dt\\&=2\int_0^\infty V_0\cos\omega t\,dt\\&=2V_0\left[\frac{\sin\omega t}{\omega}\right]_0^{\tau/2}\\&=\frac{2V_0\sin\omega\tau/2}{\omega}\end{aligned}$$

或

$$V(\omega)=V_0\tau\,\text{sinc}\,\omega\tau/2$$

很快地，你將會認同上面的式子。

試著轉換圖 4.7 中的奇脈波。你可能會得到

$$V(\omega)=\frac{-2jV_0\tau}{\omega}(1-\cos\omega\tau/2)$$

但這並不是一個 sinc 形式，故不能很容易地畫出圖形。一個較有用的形式為

$$V(\omega) = -j(V_0/4)\omega\tau^3 \text{sinc}^2(\omega\tau/4)$$

現在畫其頻譜——這一次為分開的振幅及相位頻譜。

4.5 時間位移的脈波

一個中心軸在時間 t_d 的脈波與中心軸在 $t=0$ 的同樣脈波有相同的轉換，但需乘上 $\exp(-j\omega t_d)$ 項，見圖 4.8。即

$$F[v(t-t_d)] = F[v(t)] \exp(-j\omega t_d)$$

你可藉直接在 $V(\omega)$ 上推導而證明上式。當然此定理也適用在 t_d 為負時，此時它是一較早的脈波。此定理再一次簡化代數的運算，因為你必須作的就是直接求出 $V(\omega)$ 即可。

對於反傅立葉轉換——$F^{-1}\{V(\omega-\omega_c)\} = F^{-1}\{V(\omega)\}e^{j\omega_c t}$

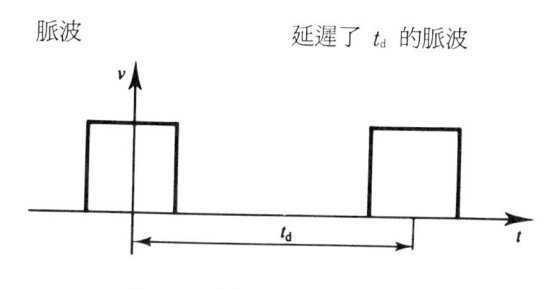

圖 4.8　脈波及其延遲的脈波

4.6 調變的脈波

假設脈波不是直流的而是一個單一頻率的正弦脈波（一個載波 f_c），如同我們在鍵控幅移調變中將看到的。則其傅立葉轉換為何？

答案是其為一直流脈波的轉換但有兩個，且中心點分別在 $\pm\omega_c$。亦即若 $v(t) \leftrightarrow V(\omega)$，則

$$v(t)\cos\omega_c t \leftrightarrow V'(\omega) = V(\omega+\omega_c) + V(\omega-\omega_c)$$

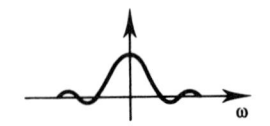

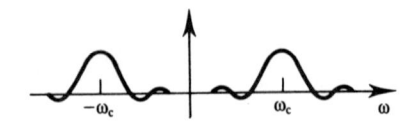

圖 4.9　脈波頻譜及調變的脈波頻譜

如圖 4.9 所示。

這裏

$$V'(\omega) = \frac{V_0 \tau}{2}[\text{sinc }(\omega - \omega_c)\tau/2 + \text{sinc }(\omega + \omega_c)\tau/2]$$

試證之。

4.7 單位脈衝 $\delta(t)$

這個函數通常以一個理想的電壓脈衝出現在通訊中，因為其頻譜包含大小為 1 的所有頻率，如圖 4.10 所示，有時稱為狄拉克差異函數（Dirac delta function）。

單位脈衝定義為一個有無限小寬度（$\tau \to 0$）之非常窄的脈波，在 $\tau = 0$ 時有未定的高度，但有單位大小的面積如下所示

$$\int_{-\infty}^{\infty} \delta(t)\, dt = 1$$

其傅立葉轉換可直接求出。首先，一般式為

$$V(\omega) = \int_{-\infty}^{\infty} v(t) \exp(-j\omega t)\, dt$$

在 $t=0$ 　　　　　延遲了 t_d

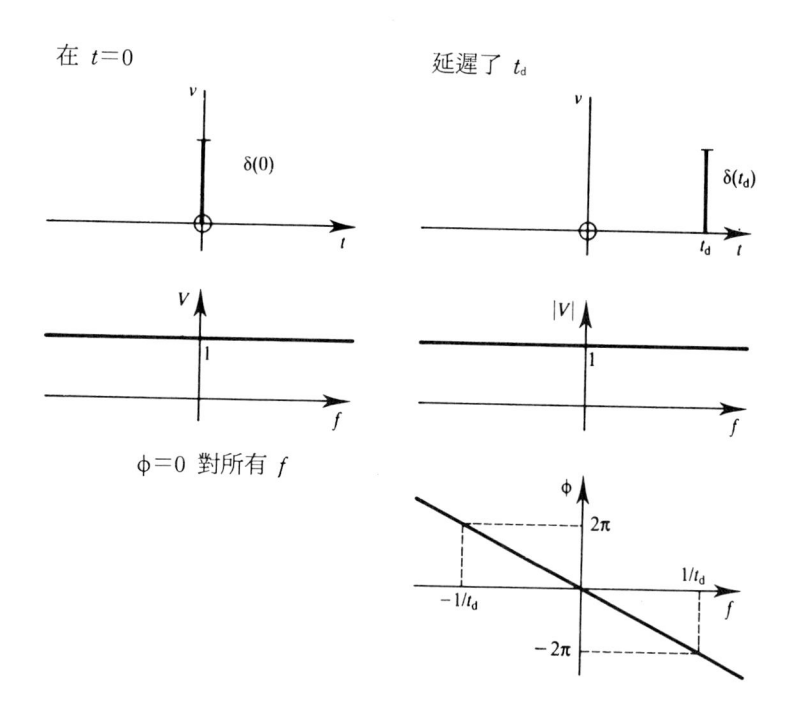

圖 4.10　單位脈衝及頻譜

且現在對於這個特別的脈衝：

$$V(\delta)=\int_{-\infty}^{\infty}\delta(t)\exp(-j\omega t)\,dt$$

$$=\int_{t=0}\delta(t)\,dt$$

（因為 δ 只有 $t=0$ 時存在，所以 $\exp(-j\omega t)=1$。）因此

$$\boxed{V(\delta)=1}$$

在其他時間相同的脈衝（如延遲了 t_d）其頻譜可由時間位移定理求出，故 $V(\delta)=\exp(-j\omega t_d)$。這也可以由對轉換方程式直接積分而得。

在通訊上，此函數的用處為它是一個理想化的假想源，包括大小相等的所有頻率，所以一個以脈衝當作輸入的電路，其輸出為此電路的濾波器特性。此為一重要的必備條件,且稱為**脈衝響應**(impulse response)。

4.8 經由微分的簡化

通常一個脈波的微分產生一個簡單的形狀,其轉換是很容易求出的(如不需要部份積分),甚至得回一個脈衝。所需要的轉換如下所列。若

$$v(t) \leftrightarrow V(\omega)$$

則

$$\frac{dv(t)}{dt} = v'(t) \leftrightarrow V'(\omega) = j\omega V(\omega)$$

因此

$$V(\omega) = \frac{V'(\omega)}{j\omega} = -\frac{V''(\omega)}{\omega^2}$$

或

$$V(\omega) = \frac{F[v'(t)]}{j\omega} = -\frac{F[v''(t)]}{\omega^2}$$

這可由下面的證明得到:

$$\frac{dV(\omega)}{dt} = \frac{d}{dt}\int_{-\infty}^{\infty} v(t)\exp(-j\omega t)\,dt = 0$$

(因為 $V(\omega)$ 與 t 無關)因此

$$\int_{-\infty}^{\infty} \frac{dv(t)}{dt}\exp(-j\omega t)\,dt + \int_{-\infty}^{\infty} v(t)\frac{d(\exp(-j\omega t))}{dt}\,dt = 0$$

$$\int_{-\infty}^{\infty} \frac{dv(t)}{dt}\exp(-j\omega t)\,dt - j\omega\int_{-\infty}^{\infty} v(t)\exp(-j\omega t)\,dt = 0$$

$$V'(\omega) - j\omega V(\omega) = 0$$

$$V(\omega) = \frac{V'(\omega)}{j\omega}$$

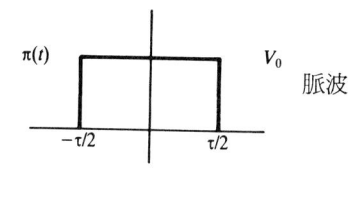

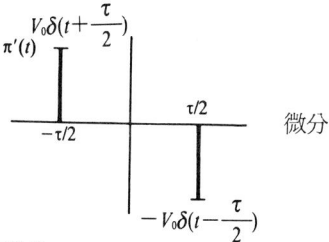

圖 4.11 $\pi(t)$ 及其微分

以一個長方形脈波（$\pi(t)$）為例，我們已用了好多次。它可以看成是兩個面積為 $\pm V_0$ 且位於 $\pm \tau/2$ 之脈衝的積分，如圖 4.11 所示：

$$v(t) = \int v'(t) \, dt$$

因此

$$V(\omega) = \frac{F[v'(t)]}{j\omega}$$

$$= \frac{V_0}{j\omega}[\exp(j\omega\tau/2) - \exp(-j\omega\tau/2)]$$

亦即

$$V(\omega) = V_0 \tau \, \text{sinc}(\omega\tau/2)$$

與先前一樣。

這個方法可以再予以推展。如圖 4.12 中的三角形脈波為方波及下面的脈衝的積分。藉由直接的及上述的方法，可以證明下式

$$V(\omega) = \frac{jV_0}{\omega}[\exp(-j\omega\tau/2) - \text{sinc}(\omega\tau/2)]$$

然而，還有一個我們尚未提及的問題，即微分過後脈波的大小。這有點微妙且需要小心處理，最好在作完後用心算方式再積分一次以為驗證（例如，如其所見，在這裏 $v'(t)$ 的第一個脈衝取 $v(t)$ 為 V_0）。在下一節將用同樣方法檢查此問題。

同樣的方法也可用在反轉換，利用

圖 4.12 脈波及其微分

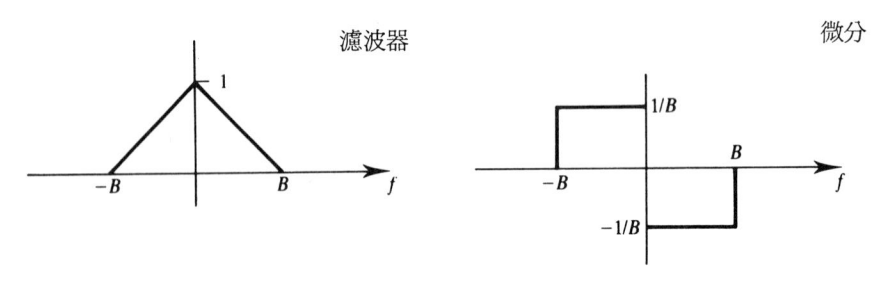

圖 4.13 三角形濾波器及其微分

$$v(t) = -\frac{1}{jt}F^{-1}\left[\frac{dV(\omega)}{d\omega}\right] = -\frac{1}{t^2}F^{-1}\left[\frac{d^2V(\omega)}{d\omega^2}\right]$$

注意負號。嘗試練習圖 4.13 中的三角形濾波器。

4.9 經由重疊定理來簡化

　　這個普遍的法則就是若一個脈波可以分割成好幾個，則我們可分別對其作轉換並將結果相加即為原脈波轉換的結果。重點是個別的脈波將較容易作轉換。

　　這在上一節中已經作過，當時一個積分的脈波被分成一個長方形脈波及一個脈衝。但這同樣的脈波也可分成如圖 4.14 的兩個脈波而用重疊定理來運算。即

$$v(t) = v_1(t) + v_2(t)$$

因此

$$V(\omega) = V_1(\omega) + V_2(\omega)$$

$V_1(\omega)$ 是一個標準的結果，但 $V_2(\omega)$ 需要花些功夫。我們可以將它拆開來作，但

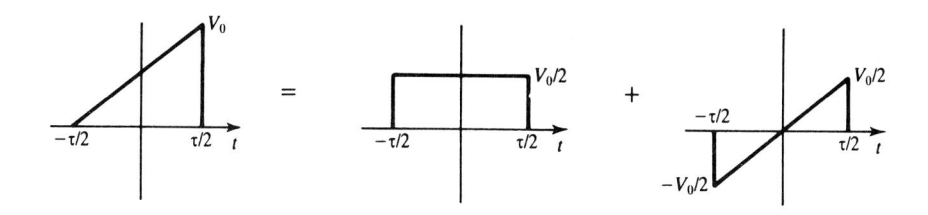

圖 4.14　脈波為另兩個脈波之和

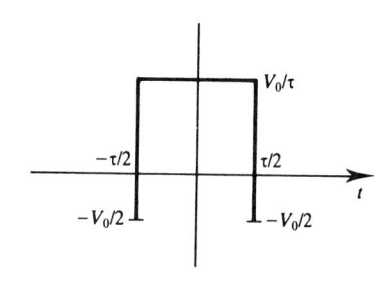

圖 4.15　圖 4.14 中脈波的微分

最簡單的方法就是如圖 4.15 對它作微分。現在

$$V_2(\omega) = \frac{F[v'_2(\omega)]}{j\omega} = \frac{V_0}{2j\omega} \operatorname{sinc}(\omega\tau/2) - \frac{V_0}{2j\omega}[\exp(j\omega\tau/2) + \exp(-j\omega\tau/2)]$$

同樣地

$$V_1(\omega) = \frac{V_0\tau}{2} \operatorname{sinc}(\omega\tau/2)$$

因此

$$V(\omega) = \frac{jV_0}{\omega}[\operatorname{sinc}(\omega\tau/2) - \exp(-j\omega\tau/2)]$$

亦即，為同樣的結果（回到指數形式來證明）。它比第一個方法還多花些時間但卻告訴我們一個定理，即通常可以把問題簡化成你所熟知的長方形脈波及脈衝的轉換，故不需要再作任何其他積分。在本章末了還有一些習題可供練習。

4.10 反轉換：$V(\omega) \to v(t)$

反轉換是指將一個頻譜轉回到包含它的脈波。對脈衝響應而言，這是最需要的——一個從所有頻率都進入的網路出來的脈波（參看 4.7 節）。定義方程式為

$$v(t) = \frac{1}{2\pi} \int_{-\infty}^{\infty} V(\omega) \exp j\omega t \, d\omega$$

顯然地，這些方法非常類似於正轉換，但其步驟有點微妙。一個較簡單的點就是不需要考慮相位項（除了 ±1），因為只有電壓的時間變化是有用的（但"相位"在時間的確有其意義；參考本節的結尾）。同樣地，有一個新的且有用的方法——即**雙重性**（你可由兩個方向得到同樣結果）。

首先讓我們作一個簡單的例子，即一個長方形脈波的頻率等效，圖 4.16 所示之"理想"的低通濾波器。由雙重性期望其反轉換也是一個 sinc 形狀，所以讓我們來看看。

一般而言

$$v(t) = \frac{1}{2\pi} \int_{-\infty}^{\infty} V(\omega) \exp j\omega t \, d\omega$$

此處

$$v(t) = \frac{1}{2\pi} \int_{-\omega_B}^{\omega_B} 1 \cdot \exp j\omega t \, d\omega$$

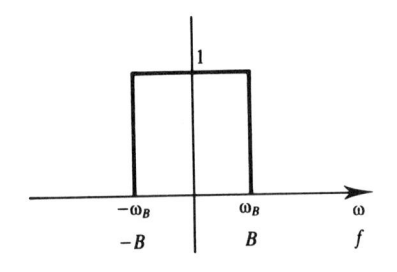

圖 4.16 理想的低通濾波器

$$=\frac{1}{2\pi}\left[\frac{\exp j\omega t}{jt}\right]_{-\omega_B}^{\omega_B}$$

$$=(1/2\pi jt)\left[\exp(j\omega_B t)-\exp(-j\omega_B t)\right]$$
$$=(1/\pi t)\sin\omega_B t$$

或

$$v(t)=2B\,\text{sinc}\,\omega_B t$$

如果你將取代相對應的常數,注意它與相對應正轉換結果的完全類比:

$$V_0\equiv 1 \quad \tau\equiv 2B \quad 及 \quad \omega\equiv t$$

所以 $v_0\tau\to 2B$ 及 $\omega\tau/2\to\omega_B t$。

雖然所有簡化方法都可使用,但因相位的關係(如當使用對稱性),故在使用時得小心。上面的例子只使用振幅頻譜並假設在頻寬內相位處為零。

剛得到的結果告訴我們雙重性的原理(這裏"脈波"不論正反都得到 sinc 轉換),且在積分看起來是不可能時是非常有用的。

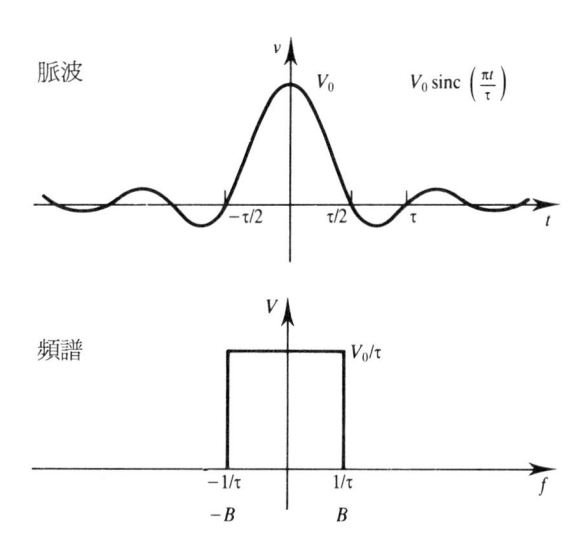

圖 4.17 sinc 形狀的脈波有一個方波頻譜

例如，一個 sinc 形狀的脈波有一個什麼樣的頻譜？若你很正式地推導它，則需要積分一個 sinc 乘積的函數（在本書中不存在）。簡單地說，如果一個方波轉換成一個 sinc，則一個 sinc 脈波轉換成一個"方波"頻譜。兩者都在圖 4.17 中。唯一的問題是要正確地得到與 sinc 常數有關的脈波寬度。

一個類似的情況發生在脈衝及譜線上。如果在 $t=0$ 一個脈衝有一個定值的水平頻譜，則在 $\omega=0$ 的譜線在時間上一定是直流。很顯然的，不是嗎？但如果此線譜是在頻率 ω 呢？現在此脈波也有一個有意義的（線性的）"相位"頻譜了。這些只意謂定值的直流項正以角頻率 ω rads^{-1} 旋轉——所需的相量。

4.11 功率及能量頻譜

一個週期信號帶有固定有限的平均功率：我們稱為**功率信號**。一個非週期脈波信號帶有一固定的總能量：我們稱它為**能量信號**。

對功率/能量二者都正規化到 1 Ω 負載上，且可以在時域或頻域上表示，不論由波形（$v(t)$）或由頻譜（$V(\omega)$）的表示式而得到。

本節討論到表示此二種類形信號的相同性表示式的推導。此結果通常稱為**帕沙瓦 (Parseval's) 定理或方程式**。他們是上述一般性定理在正反信號的兩個特例。

我們將得到如下的結果。

對級數或**功率信號**：

$$P = a_0^2 + \frac{1}{2}\sum_1^\infty (a_n^2 + b_n^2)$$

$$= a_0^2 + 2\sum_1^\infty |c_n|^2$$

對脈波或**能量信號**：

$$E = \int_{-\infty}^{\infty} |v(t)|^2 \, dt$$

$$= \frac{1}{2\pi}\int_{-\infty}^{\infty} |V(\omega)|^2 \, d\omega$$

$$= \int_{-\infty}^{\infty} |V(f)|^2 \, df$$

接下來為證明。

週期性——單邊

P＝單位時間的能量流動

$$= \frac{\int_0^T v^2(t)dt}{\int_0^T dt}$$

$$= \frac{1}{T}\int_0^T \left(a_0 + \sum_1^\infty a_n \cos(n\omega_0 t) + \sum_1^\infty b_n \sin(n\omega_0 t)\right)^2 dt$$

$$= \frac{1}{T}\left(\int_0^T a_0^2 \, dt + \sum_1^\infty \int_0^T a_n^2 \cos^2(n\omega_0 t) \, dt + \sum_1^\infty b_n^2 \sin^2(n\omega_0 t) \, dt\right)$$

$\quad$＋在 cos cos, cos sin，等項的積分（通通為零）

$$= \frac{1}{T}\left(a_0^2 T + \frac{T}{2}\sum_1^\infty a_n^2 + \frac{T}{2}\sum_1^\infty b_n^2\right)$$

因此

$$\boxed{P = a_0^2 + \frac{1}{2}\sum_1^\infty (a_n^2 + b_n^2)}$$

但是 $c_n = \frac{1}{2}(a_n - jb_n)$，所以 $a_n^2 + b_n^2 = 4|c_n|^2$。因此

$$\boxed{P = a_0^2 + 2\sum_1^\infty |c_n|^2}$$

這最後的結果，對雙邊頻譜而言，可以直接證明：

$$P = \frac{1}{T}\int_0^T v^2(t) \, dt$$

$$= \frac{1}{T}\int_0^T v(t)[v(t)] \, dt$$

$$=\frac{1}{T}\int_0^T v(t)\left(\sum_{-\infty}^{\infty}[c_n \exp(jn\omega_0 t)]\right)dt$$

$$=\frac{1}{T}\int_0^T \sum_{-\infty}^{\infty} v(t)c_n \exp(jn\omega_0 t)\,dt \qquad v(t) \text{ 與 } n \text{ 無關}$$

$$=\frac{1}{T}\sum_{-\infty}^{\infty}\int_0^T c_n v(t) \exp(jn\omega_0 t)\,dt \qquad \text{重新整理}$$

$$=\frac{c_n}{T}\sum_{-\infty}^{\infty}\int_0^T v(t) \exp(jn\omega_0 t)\,dt \qquad c_n \text{ 與 } t \text{ 無關}$$

$$=\sum_{-\infty}^{\infty} c_n c_{-n} \qquad \text{然後 } c_{-n}=c_n^*$$

$$=\sum_{-\infty}^{\infty} c_n c_n^* = \sum_{-\infty}^{\infty}|c_n|^2 = c_0^2 + 2\sum_{n=1}^{\infty}|c_n|^2 \qquad |c_n|=|c_{-n}|$$

$$=a_0^2 + 2\sum_{n=1}^{\infty}|c_n|^2$$

對一個脈波的信號，其能量為

$$E=\int_{-\infty}^{\infty}|v(t)|^2\,dt$$

$$=\int_{-\infty}^{\infty} v(t)v^*(t)\,dt$$

$$=\int_{-\infty}^{\infty} v(t)\left(\frac{1}{2\pi}\int_{-\infty}^{\infty} V^*(\omega) \exp(-j\omega t)\,d\omega\right)dt$$

$$=\frac{1}{2\pi}\int_{-\infty}^{\infty} V^*(\omega)\left(\int_{-\infty}^{\infty} v(t) \exp(-j\omega t)\,dt\right)d\omega$$

$$=\frac{1}{2\pi}\int_{-\infty}^{\infty} V^*(\omega) \cdot V(\omega)\,d\omega$$

$$=\frac{1}{2\pi}\int_{-\infty}^{\infty} |V(\omega)|^2\,d\omega$$

亦即

$$\int_{-\infty}^{\infty}|v(t)|^2\,\mathrm{d}t=\frac{1}{2\pi}\int_{-\infty}^{\infty}|V(\omega)|^2\,\mathrm{d}\omega$$

利用 $\mathrm{d}\omega=2\pi\,\mathrm{d}f$，上式可以寫成 $\mathrm{d}f$ 的形式。

這裏有兩個例子。

1. 方形脈波串列

$$a_0=V_0/2 \qquad a_n=0$$

$$b_n=\frac{2}{T}\int_0^{T/2} V_0 \sin(n\omega_0 t)\,\mathrm{d}t \qquad \text{圖 4.18}$$

$$=\begin{cases} 2V_0/n\pi & \text{對奇數 } n \\ 0 & \text{對偶數 } n \end{cases}$$

（證明這些結果。）因此

$$P=a_0^2+\frac{1}{2}\sum b_n^2$$
$$=V_0^2[0.25+(2/\pi^2)(1+1/9+1/25+1/49+1/81+1/121+\cdots)]$$
$$=V_0^2(0.250+0.203+0.022+0.008+0.004+0.003+0.002+\cdots)$$

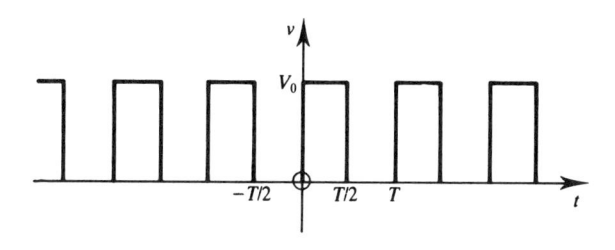

圖 4.18 方波脈波串列

$$=(0.491^+)\ V_0^2$$
$$\simeq 0.50\, V_0^2$$

此為實際值。（驗證：$P=1/T(V_0^2 \cdot T/2)=0.5V_0^2$）

2. 半正弦脈波串列

$$P=\frac{1}{T}\int_0^{T/2} V_0^2 \sin^2(2\pi t/T)\,dt$$

$$=\frac{V_0^2}{2T}\int_0^{T/2}[1-\cos(4\pi t/T)]\,dt = V_0^2/4$$

同樣的

$$a_0=V_0/\pi \qquad a_n(奇)=0 \qquad b_1=V_0/2$$

$$a_n(偶)=-2V_0/\pi(n^2-1) \qquad 其他\ b_n=0 \qquad 圖\ 4.19$$

（自己證明這些結果；注意 $a_1=0$。）因此

$$P=a_0^2+\frac{1}{2}\sum_0^\infty (a_n^2+b_n^2)$$
$$=V_0^2[1/\pi^2+1/8+(2/\pi^2)(1/9+1/225+1/1225+\cdots)]=0.2499\,V_0^2!!$$

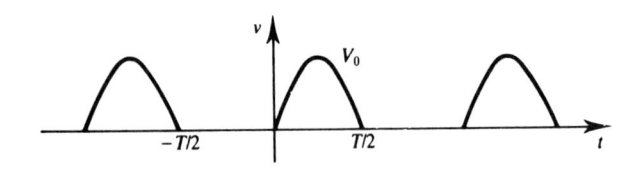

圖 4.19 半正弦脈波串列

4.12 有用公式總結

正轉換： $$V(\omega)=\int_{-\infty}^{\infty} v(t) \exp(-j\omega t) \, dt$$

反轉換： $$v(t)=\frac{1}{2\pi}\int_{-\infty}^{\infty} V(\omega) \exp(j\omega t) \, d\omega$$

或者： $$v(t)=\int_{-\infty}^{\infty} V(f) \exp(j\omega t) \, df$$

偶對稱： $$V(\omega)=2\int_{0}^{\infty} v(t) \cos \omega t \, dt$$

奇對稱： $$V(\omega)=-2j\int_{0}^{\infty} v(t) \sin \omega t \, dt$$

時間位移的脈波： $$F[v(t-t_d)] = F[v(t)] \exp(-j\omega t_d)$$

調變的脈波： $$F[v(t) \cos \omega_c t] = V(\omega-\omega_c) + V(\omega+\omega_c)$$
其中 $F[v(t)] = V(\omega)$

單位脈衝： $\delta(t)$ 其中 $\int_{-\infty}^{\infty} \delta(t) \, dt = 1$

微分：
$$V(\omega) = (1/j\omega) V'(\omega) = (-1/\omega^2) V''(\omega)$$
$$v(t) = (-1/jt) F^{-1}\{d/d\omega[V(\omega)]\}$$

能量： $$E = \frac{1}{2\pi}\int_{-\infty}^{\infty} |V(\omega)|^2 \, d\omega = \int_{-\infty}^{\infty} |V(f)|^2 \, df = \int_{-\infty}^{\infty} |v(t)|^2 \, dt$$

功率： $$P = a_0^2 + \frac{1}{2}\sum_{1}^{\infty}(a_n^2 + b_n^2) = a_0^2 + 2\sum_{1}^{\infty}|c_n|^2$$

4.13 結　論

我們已經看到如何處理不同變化的脈波信號及濾波器特性以分別得到其頻譜分佈及轉換函數——傅立葉轉換。與傅立葉級數一樣，基本的概念是相當直接的，但技巧則伴隨著學習使用各樣的簡化方法（如微分）以盡可能又快又容易地得到答案。在應用上這些需要知識及謹慎。

但這些信號——週期及非週期——所指為何？現在需要來看看真正在通訊系統中信號的種類——將見於下一章。

4.14 習　題

4.1 求出圖 4.20 中簡單的正轉換。

4.2 求出圖 4.21 中簡單的反轉換。

4.3 求出圖 4.22 中的正轉換。

4.4 求出具有圖 4.23 特性濾波器的反轉換。

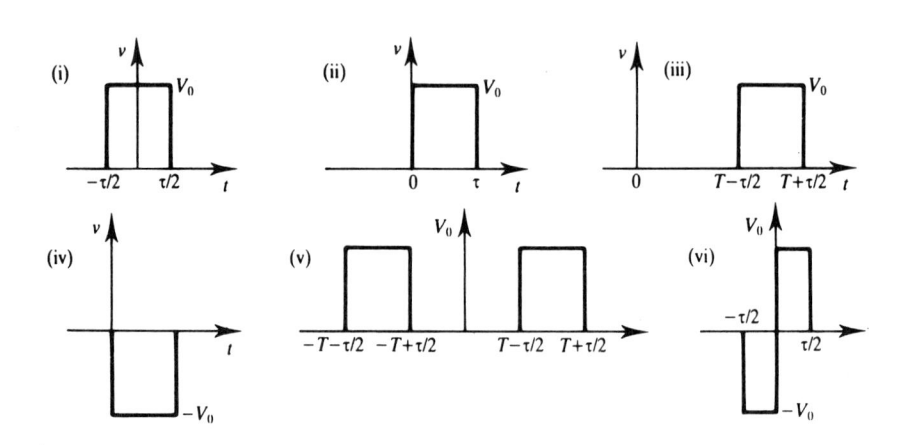

圖 4.20　習題 4.1 中簡單的時域脈波

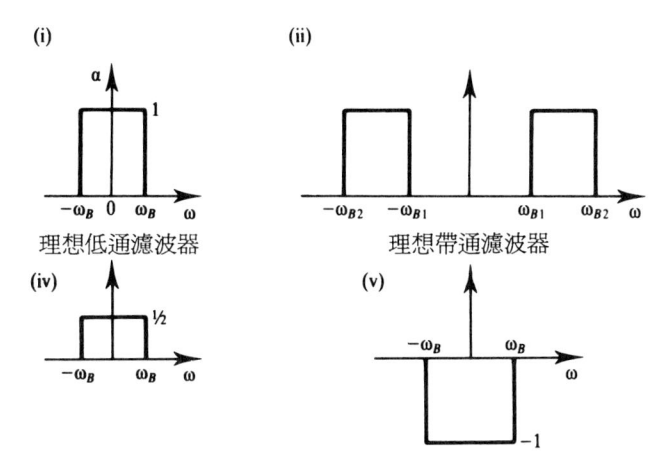

(iii) 當 $\omega_{B2} \to \infty$ 時會發生什麼事？

圖 4.21 習題 4.2 中簡單的頻域"脈波"

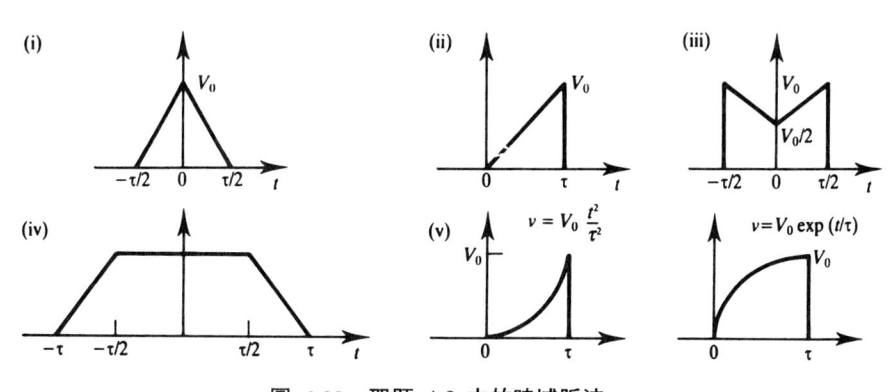

圖 4.22 習題 4.3 中的時域脈波

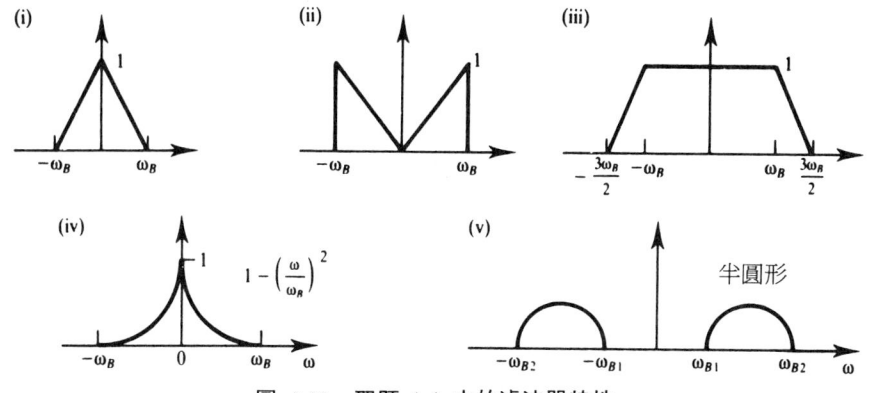

圖 4.23 習題 4.4 中的濾波器特性

4.5 脈衝響應的問題：

(i) 若 d(t) 定義為 $\int_{-\infty}^{\infty} d(t) \cdot dt = 1$，證明 $F[d(t)] = 1$。

(ii) 求出 $d(t-T)$ 的傅立葉轉換。

(iii) 求出轉移函數為習題 4.2(i)，4.2(ii)，4.4(i)，4.4(ii) 及 4.4(iii) 中圖形的網路脈衝響應（$g(t)$）。

4.6 其他網路響應：

(i) 在習題 4.5(iii) 中的網路，若 $v(t)$ 為在 $\frac{1}{2}\omega_B$ 的單一正弦；$g(t)$ 為何？亦即 $v(t) = A \cos \frac{1}{2}\omega_B t$。

(ii) 對一個長方形脈波（圖 4.20(i)）轉成低通濾波器（圖 4.21(i)），討論 $g(t)$ 的形式，當

    (a) $\omega_B \gg 1/\tau$

    (b) $\omega_B \simeq 1/\tau$

    (c) $\omega_B \ll 1/\tau$

4.7 一個正弦的電壓如下式所示

$$v_1 = V_0 \cos(\pi t/T)$$

它被一個理想系統作全波整流。求此整流後波形的雙邊傅立葉頻譜的一般式並畫其頻譜。若電壓為限制在 $-\frac{1}{2}T$ 到 $\frac{1}{2}T$ 內的單一脈波，試證明其頻譜為

$$V_2 = \frac{V_0 T}{2}[\text{sinc}(\omega T/2 - \pi/2) + \text{sinc}(\omega T/2 + \pi/2)]$$

4.8 圖 4.24 所示為一個餘弦平方濾波器的頻率特性

$$H(\omega) = \begin{cases} \cos^2\left[\dfrac{\pi\omega}{2\omega_B}\right] = \left\{\dfrac{1}{2} + \dfrac{1}{2}\cos\left[\dfrac{\pi\omega}{\omega_B}\right]\right\} & \text{當 } -\omega_B \leq \omega \leq \omega_B \\ 0 & \text{其他的 } \omega \end{cases}$$

證明 $h(t)$ 為其脈衝響應，其中

$$h(t) = B \,\text{sinc}(\omega_B t) + \tfrac{1}{2}B[\text{sinc}(\omega_B t + \pi) + \text{sinc}(\omega_B t - \pi)]$$

畫出此脈衝響應的圖形。

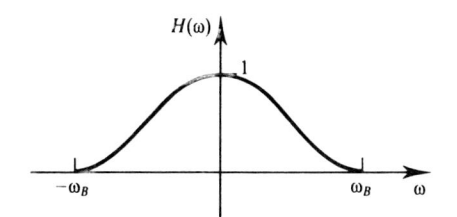

圖 4.24 習題 4.8 中的濾波器特性

4.9 證明有圖 4.25 中頻譜特性的濾波器的脈衝響應為

$$h(t)=\frac{\omega_0 \pi}{2} \text{sinc}(\omega_0 t)\frac{1+2\cos(\omega_0 t)}{\pi^2-\omega_0^2 t^2}$$

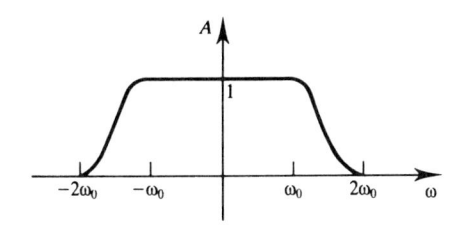

圖 4.25 習題 4.9 的濾波器特性

介於 $-2\omega_0$ 及 $-\omega_0$ 以及介於 ω_0 及 $2\omega_0$ 之間，濾波器特性是昇高的餘弦形狀，如下式所示：

$$A=\tfrac{1}{2}[1-\cos(\pi\omega/\omega_0)]$$

4.10 一個低通濾波器有如圖 4.26 所示的轉移函數，其中當 $\omega<-\omega_B$ 及 $\omega>\omega_B$ 時，$G(\omega)=0$。證明進入到此濾波器的電壓脈衝會產生一個輸出電壓脈波，它的形狀為 $g(t)$，其中

$$g(t)=\frac{1-\cos\omega_B t}{\pi\omega_B t^2}=\frac{B}{2\pi}\text{sinc}^2\left(\frac{\omega_B t}{2}\right)$$

試述此型濾波器比理想的長方形轉移函數濾波器的優點。

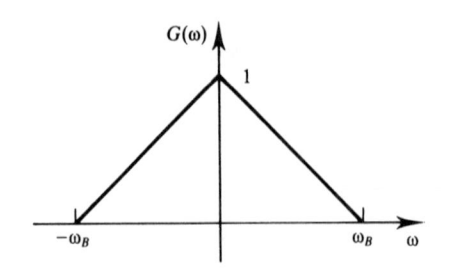

圖 4.26 習題 4.10 中的濾波器特性

4.11 一個指數遞減的脈波為當 $t<0$，$v(t)=0$，及當 $t\geq 0$，$\exp(-at)$。然後乘上一個高頻的餘弦 $\cos(\omega_d t)$。試決定此乘積的傅立葉轉換。令 $v(\tau)$ 為對 $t=0$ 對稱。

4.12 一個脈波產生器能夠產生振幅為 V，寬度為 τ 的長方形脈波，此脈波為單一或有週期為 T 的脈波串，然後送到一頻寬為 0 到 B Hz 的理想傳輸系統。
(i) 解釋在題目中"理想"的定義。指出一個實際的系統與理想者有何不同。
(ii) 求出輸入脈波頻譜的表示式，並畫出此頻譜及輸出脈波的頻譜，從而決定 $1/\tau$ 及 B 的關係。
(iii) 求 $\tau(\tau_m)$ 的最小值，以 B 表示。此 τ_m 必須足夠表示一個傳輸系統的輸出脈波的寬度。解釋你所用以表示"足夠"的條件為何。
(iv) 若 τ 比 τ_m 還小，證明輸入的頻譜接近一個常數值 $V\tau$。
(v) 討論 B 與 τ 的關係，及週期 T，使脈波之間的干擾減低至最小。

5

電壓轉移函數

5.1 簡 介

在通訊系統中一個慣常的要求就是,當一個給定的輸入信號進入時要能夠定義從一個系統的特別部份出來的信號。像這樣個別的部份有一個名稱叫做**網路**,其隱含的意義就是他們是**雙埠網路**,其為一有共同端點的四埠網路的特例。

通道濾波器在通訊中像這樣的網路有一個大家都知道的例子,如同放大器、解調器甚至雜訊饋入器一樣。

圖 5.1 所示為一般表示法。

v_1 及 v_2 通常分別寫成 v_i 及 v_o 和 v_{IN} 及 v_{OUT}。這裏將使用第一個,因為其在網路串接時較為有用。

我們想要知道的是以網路特性 N 所表示的 v_1 及 v_2 的關係。這些特性是當輸出埠是開路時(即 $i_2=0$)以網路的**電壓轉移函數**(H)表示。這種情況通常以圖 5.2 所示的一般項來代表。

當以時域表示時,用小寫字母 v 及 h 為變數,而用在頻域時,用大寫字母 V 及 H 為變數。我們較常處理的是與頻率有關的式子,這一點將在稍後解釋(5.6 節)。開路條件的使用適合於通訊系統的大部份,因為功率不高(如在接收器)及有高輸入阻抗。

現在 TF (Transfer Function) 定義為 H,其中

$$H(\omega) = \frac{V_2(\omega)}{V_1(\omega)}$$

因此 H 的表示式可以在任何電路求出,即找出 V_2/V_1 的比。現以一個簡單的例子來說明這一點。

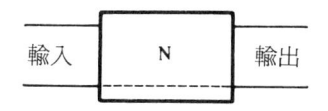

圖 5.1 雙埠網路的一般表示法

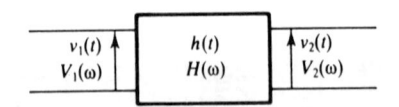

圖 5.2　電壓轉移函數的網路專門用語

5.2 簡單的例子

以圖 5.3 的簡單 RC 電路為例。

對一個正弦信號，將此電路視為一分壓器：

$$V_2 = \frac{1/j\omega C}{R+1/j\omega C} \cdot V_1$$

因此

$$H = \frac{V_2}{V_1} = \frac{1}{1+j\omega CR}$$

$$= \frac{1-j\omega CR}{(1+j\omega CR)(1-j\omega CR)}$$

$$= \frac{1}{(1+\omega^2 C^2 R^2)^{1/2}} \left(\frac{1}{(1+\omega^2 C^2 R^2)^{1/2}} - \frac{j\omega CR}{(1+\omega^2 C^2 R^2)^{1/2}} \right)$$

$$= A(\cos\phi + j\sin\phi)$$

亦即

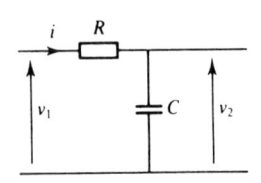

$$H = A\exp(j\phi) \qquad\qquad \textbf{轉移函數}$$

圖 5.3　簡單的 RC 低通濾波器

其中
$$A=\frac{1}{\sqrt{1+\omega^2C^2R^2}}$$ **衰減因子**

以及
$$\phi=\tan^{-1}(-\omega CR)$$ **相位因子**

現在以有相位的單一正弦為輸入信號。亦即
$$v_1=V_1\cos(\omega t+\phi_1)=V_1\exp[j(\omega t+\phi_1)]$$
因為 H 為指數形式，我們也必須用 V_1 的指數形式（旋轉相量）。於是
$$V_2(\omega)=V_1(\omega)\cdot H(\omega)$$
$$=V_1\exp[j(\omega t+\phi_1)]A\exp(j\phi)$$
$$=AV_1\exp[j(\omega t+\phi_1+\phi)]$$

因此
$$v_2(\omega)=V_2\cos(\omega t+\phi_2)$$ **輸出信號**

其中
$$V_2=AV_1$$

及
$$\phi_2=\phi_1+\phi$$

〔注意它看起來像是可以直接由 v_1 的餘弦寫出
$$v_2=V_1\cos(\omega t+\phi_1)A\exp(j\phi)$$
但這將導出以下的結果
$$v_2=AV_1\cos(\omega t+\phi_1)\cos\phi$$
這是不對的。讀者可自行驗證。必須使用輸入信號的指數形式。〕

請注意，雖然我們在頻域推導式子，但時間仍然以 ωt 的形式出現。事實

上，我們在使用**旋轉相量表示法**。但因為每一項都是指數形式，ωt 的部份可以藉由改變每一項成為**靜止的相量形式**而移走，如下所示：

$$v_1 = V_1 \exp(j\omega t) \exp(j\phi)$$

因此

$$v_2 = AV_1 \exp(j\omega t) \exp[j(\phi_1+\phi)]$$

$$= V_2 \exp(j\omega t) \exp(j\phi_2)$$

以及

$$V_2 \exp(j\omega t) \exp(j\phi_2) = AV_1 \exp(j\omega t) \exp(j\phi_1+\phi)$$

或者

$$V_2 \exp(j\phi_2) = AV_1 \exp[j(\phi_1+\phi)]$$

以致

$$V_2 = AV_1$$

及

$$\phi_2 = \phi_1 + \phi$$

如前述一樣。在作法上，此即通常所作的——僅將信號以其大小及靜止相位表示。當然，只有當頻率不變時才可如此。

5.3 轉移函數表示法

以圖 5.3 為簡單例子，我們得到

$$A = \frac{1}{(1+\omega^2 C^2 R^2)^{1/2}}$$

$$\phi = \tan^{-1}(-\omega CR)$$

顯然地，對其隨頻率在變化的了解上是非常有幫助的，即大概地畫出 A 及 ϕ 隨 $\omega=0$ 到 ∞ 的變化。藉著取幾個簡單的點很容易地畫出這些圖。例如

第五章　電壓轉移函數　71

$\omega=0$　　　　得到 $A=1$ 及 $\phi=\tan^{-1}(0)=0$
$\omega\to\infty$　　　得到 $A=0$ 及 $\phi=\tan^{-1}(-\infty)=-\pi/2$
$\omega=1/RC$　　得到 $A=1/\sqrt{2}$ 及 $\phi=\tan^{-1}(-1)=-\pi/4$

這幾個點已足夠畫出圖 5.4 的簡單圖形。

更有用的作法是取對數軸，利用 $\log\omega$，而 A 取 dB，但保持 ϕ 為線性的（圖 5.5 及 5.6）。於是，對 A 的引導點為：

$\omega\to 0$	$\log\omega\to -\infty$	$A\to 1\equiv 0$ dB
$\omega=1/10CR$	$\log\omega=-1-\log CR$	$A=1/(1.01)^{1/2}=-0.04$ dB $\simeq 0$
$\omega=1/CR$	$\log\omega=-\log CR$	$A=1/\sqrt{2}\equiv -3$ dB
$\omega=10/CR$	$\log\omega=1-\log CR$	$A=(1/(101)\equiv -20$ dB
$\omega\gg 1/CR$		$A=1/\omega CR\equiv -\log(\omega CR)$ dB
		（即 $\log A\propto -\log\omega$）
$\omega\to\infty$	$\log\omega\to\infty$	$A\to 0=-\infty$ dB

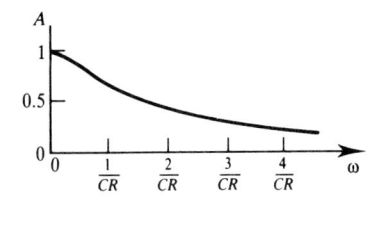

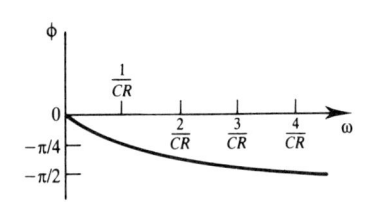

圖 5.4　H 的圖形表示——線性的

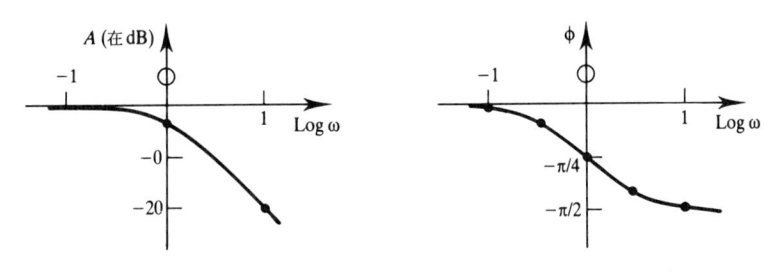

圖 5.5　A 對 $\log\omega$ 在靠近 $\omega=1/CR$ 作圖（波得圖）

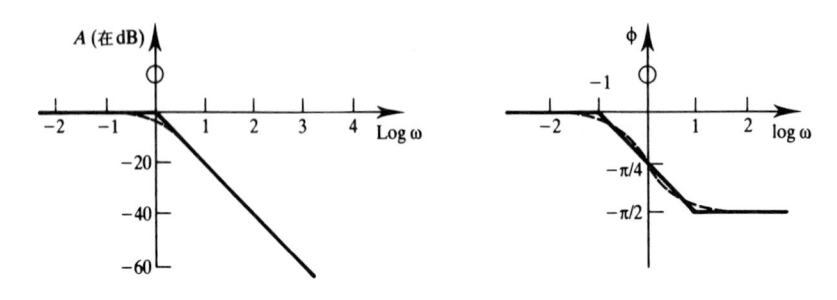

圖 5.6 片段式的線性近似

對於 φ，相對應的點為

$\omega=0$ $\phi=0$
$\omega=1/10CR$ $\phi=\tan^{-1}(-0.1)=0.1$ rad
$\omega=1/CR$ $\phi=\tan^{-1}(-1)=-\pi/4$
$\omega=10/CR$ $\phi=\tan^{-1}(-10)=-1.47$ rad$\to-\pi/2$
$\omega\to\infty$ $\phi=\tan^{-1}(\infty)=-\pi/2=-1.57$ rad

  注意這兩個近似的曲線（圖 5.6），其以片段式線性近似為基準，並假設在靠近 f_0 兩邊的 10 倍 f_0 處為定值（即在 $1/10CR$ 及 $10/CR$）。對於得到一個電路轉移函數的初步概念，這些是很有用的，但要注意的是我們所作的只是基本的概念，而在不同情況下（如濾波器在高階、極點、零點會變平緩）還有更多可以討論的空間。這些詳細的點不在此討論，但值得讀者去發掘。

  的確，A（線性或 dB）對 ω（log 或線性）的作圖是經常用在扼要說明一個網路的特性，因此它們就稱為**轉移函數**的本身。在一本書或一篇論文中使用到這個名詞時，通常即其所代表的意義，故一定要確定用的是那一項──圖形或代數式（甚或是 H 本身）。圖 5.7 表示一個帶通濾波器的"轉移函數"，它是用線性的 ω（因為 ω_1 及 ω_2 通常只與 ω_0 本身的差距不到倍數）。

  這個情況更令人混淆，因為一個轉移函數（特別是圖形）更常被指為一個網路的脈衝響應。這是因為一個脈衝（$\delta(t)$）有一個定值的振幅頻譜，因此它表現（至少數學上）地像一個包含有同樣振幅（通常為 1）的所有頻率。這意謂著當一個電路有一個脈衝當作輸入時，其輸出電壓有同樣的頻譜分佈，如同這個電路的轉移函數一樣。亦即

$$V_2=\delta\cdot H=1\cdot H$$

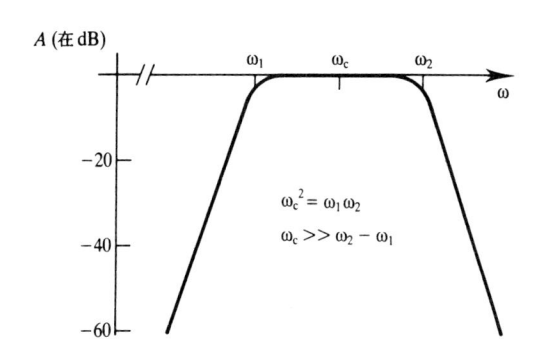

圖 5.7 帶通濾波器的"轉移函數"

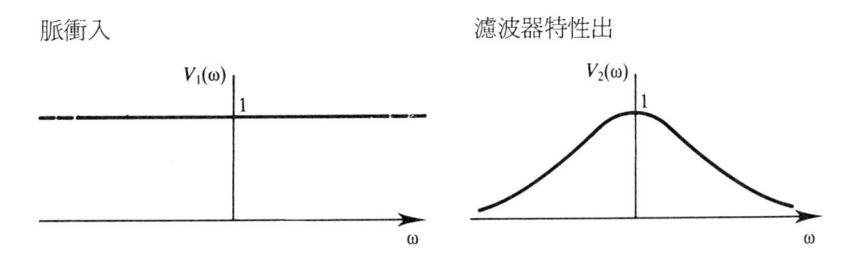

圖 5.8 低通濾波器的脈衝響應

其中 δ 定義為

$$1=\int_{-\infty}^{\infty} \delta \cdot dt$$

所以

$$V_2 = H$$

由圖 5.8 可以看得更清楚。

某些圖形表示法的形式在許多情形下是非常有說明性的。例如，你可以很清楚的指出一個帶通濾波器如何被用來濾掉圖 5.9 中一個信號的其他頻率。

當一個輸入信號包含超過一個頻率時（如一個方波），則必須使用全旋轉相量表示法，且每個頻率必須單獨處理（重疊定理）。此因 A 及 ϕ 兩者均為 ω 的函數，故須保持 ωt 項。例如，假設一個信號包含三個分開的頻率：

$$v_{IN} = V_1 \cos(\omega_1 t + \phi_1) + V_2 \cos(\omega_2 t + \phi_2) + V_3 \cos(\omega_3 t + \phi_3)$$

然後

$$v_{OUT} = A(\omega_1)V_1 \cos[\omega_1 t + \phi_1 + \phi(\omega_1)] + A(\omega_2)V_2 \cos[\omega_2 t + \phi_2 + \phi(\omega_2)] \\ + A(\omega_3) \cos[\omega_3 t + \phi_3 + \phi(\omega_3)]$$

例如，5.2 節中簡單的 RC 濾波器將產生

$$v_{OUT} = \frac{V_1}{(1+\omega_1^2 C^2 R^2)^{1/2}} \cos[\omega_1 t + \phi_1 - \tan^{-1}(\omega_1 CR)] \\ + \frac{V_2}{(1+\omega_1^2 C^2 R^2)^{1/2}} \cos[\omega_2 t + \phi_2 - \tan^{-1}(\omega_2 CR)] \\ + \frac{V_3}{(1+\omega_3^2 C^2 R^2)^{1/2}} \cos[\omega_3 t + \phi_3 - \tan^{-1}(\omega_3 CR)]$$

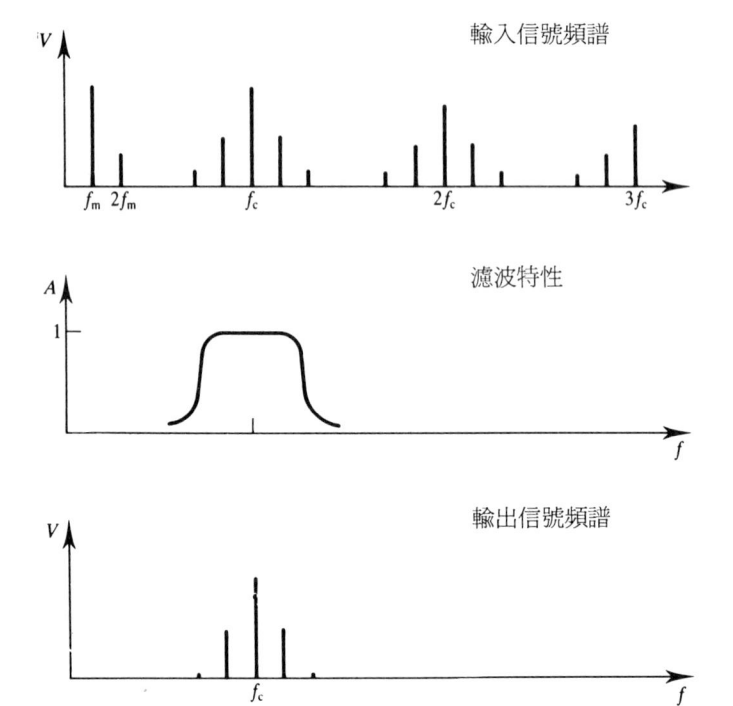

圖 5.9 帶通濾波器在濾出一個全振幅調變信號的過程

注意由網路引起的三個相位改變已經寫入餘弦項裏，不須要經過指數的完整分析。我們可以這樣作，因為我們知道結果為何。

5.4 轉移函數的時域及頻域表示法

到目前為止，我們已看了以頻率為函數而非時間的整個轉移函數。甚至時間項真的出現也只是被包括在額外的乘積因數內，如 5.2 節末所見者。當多個頻率輸入時也是如此，因為，若完全地分析，則時間項將只出現在每一項的指數上。

只因我們在頻域，因此我們能夠將 H 視為一簡單的乘積因子。亦即

$$V_2 = HV_1$$

或更準確點，

$$V_2(\omega) = H(\omega) \cdot V_1(\omega)$$

這是實際上在求一個網路的輸出時不變的方法——且若需要的話，則接著作反轉換以回到時域的形式。然而，你將在時域的形式經常看到被引用同樣的關係式，雖然它幾乎沒有被用來直接求一個信號在網路上的反應，原因為迴旋運算是很難運算的。其形式為

$$v_2(t) = h(t) * v_1(t)$$

其中 * 代表迴旋運算。

以這個方式分析一個電路，首先必須將 V_1 及 H 轉換至時域。對 V_1 而言可能相當容易，但 H 則不然。例如，圖 5.2 的 RC 電路須要作以下的反傅立葉運算：

$$h(t) = \frac{1}{2\pi} \int_{-\infty}^{\infty} H(\omega) \exp(j\omega t) \, d\omega$$

$$= \frac{1}{2\pi} \int_{-\infty}^{\infty} \frac{\exp(j\omega t)}{1 + j\omega CR} \, d\omega$$

這是很困難的。即使會作，你將需要作迴旋運算——也許更困難的——及 $v_2(t)$ 的反傅立葉轉換。我確信你將同意最好只在頻域上作這個簡單的乘法運算。然而，重要的是要知道在時域上存在一個等效的運算且能知道它就是。

5.5 摘　要

開路**電壓轉移函數**（TF 或 H）定義為

$$H(\omega) = \frac{V_{OUT}(\omega)}{V_{IN}(\omega)}$$
$$= \frac{V_2 \exp(j\phi_2)}{V_1 \exp(j\phi_1)}$$
$$= A \exp(j\phi)$$

其中 A（衰減因子）等於 V_2/V_1（通常為 dB）及 ϕ（相位因子）等於 $\phi_2 - \phi_1$（通常為 π 的分數）。對線性電路而言，以元件的值表示 A 及 ϕ 如何隨頻率變化可由電路分析方法求出。

A（在 dB）及 ϕ 對 ω（或 f）的作圖組成一個**波德**（Bode）**圖**，此圖有許多有用的網路行為資訊。**片段式線性近似**對這些圖而言是很容易畫的，即一些衰減的（$-3n$ dB 在 f_c）直線在頻率轉折處改變斜率（$20n$ dB/十倍）及在範圍 $f_c/10$ 到 $10f_c$（即 ± 1 在 logs）內的相位（全部 $n\pi/2$；$n\pi/4$ 在 f_c）（見圖 5.6）。一個網路的**脈衝響應**與其波德圖一樣。此因一個脈衝（δ）包含同樣振幅的所有頻率。

$$1 = \int_{-\infty}^{\infty} \delta \cdot dt$$

當輸入為 δ，輸出為 H。

轉移函數可以用來表示看同一件事的不同方式：

1. 只有符號 H 本身。
2. 以 ω 表示之 V_2/V_1。
3. 波德圖——通常只有理想化的 A。
4. 脈衝響應。

在時域，一個 TF 以 $h(t)$ 表示，且與 $H(\omega)$ 的關係為：

$$H(\omega) \leftrightarrow h(t)$$

其中

第五章　電壓轉移函數　77

$$V_2(\omega) = H(\omega) \cdot V_1(\omega)$$

以及

$$v_2(t) = h(t) * v_1(t)$$

而 * 表示迴旋運算，此運算不在本書討論範圍之內。

5.6 結　論

本章是了解有關調變方法所需數學背景的最後一章。現在是開始考慮真實信號的時候，及我們將如何用它們以及為什麼要這樣。所以請見下一章。

5.7 習　題

5.1 求圖 5.10 中 CR 高通濾波器的 $H(\omega)$。畫出 A 及 φ 對 ω 的作圖。

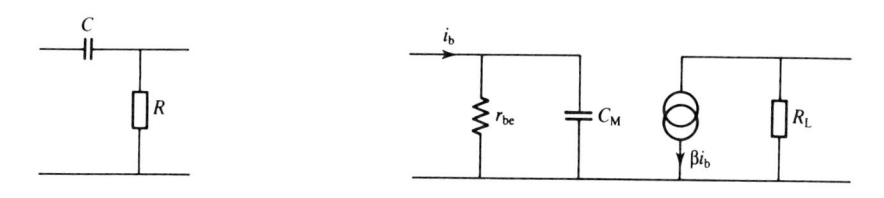

圖 5.10　習題 5.1 的圖

圖 5.11　習題 5.2 的圖

5.2 求圖 5.11 中電晶體等效電路的 $H(\omega)$。並對 $H(\omega)$ 作圖。

5.3 求圖 5.12 中運算放大器的微分器的 $H(\omega)$。畫出 A 及 φ 對 ω 的作圖。

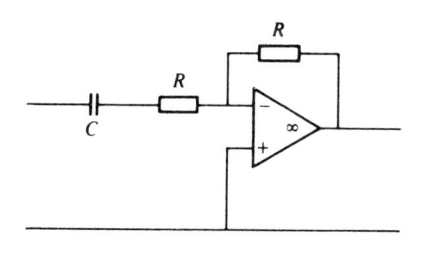

圖 5.12　習題 5.3 的圖

5.4 求圖 5.13 中 RC 電路的 $H(\omega)$。畫出 A 及 ϕ。此為何種電路？

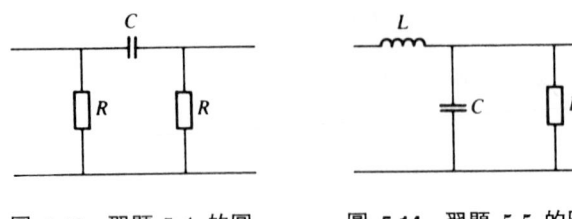

圖 5.13 習題 5.4 的圖   圖 5.14 習題 5.5 的圖

5.5 求圖 5.14 中 LC 電路的 $H(\omega)$ 並作圖。此電路作何用途？

5.6 在下列條件下，求出圖 5.3 中 RC 低通濾波器的 $v_2(t)$。

(i) $v_1(t) = V_1 \sin \omega t$

(ii) $v_1(t) = \cos^2 \omega t$

(iii) $v_1(t) = \exp(-t/2CR)$ (只求出 $V_2(\omega)$ 即可)

(iv) $V_1(\omega) = \omega CR$

畫出每一個 $v_2(t)$ 對時間的作圖。

5.7 在下列輸入時，求出習題 5.3 中電路的 $v_2(t)$：

(i) $v_1(t) = V_0$ (即直流)

(ii) $v_1(t) = \delta(t)$

(iii) $V_1(\omega) = \omega CR$

(iv) $v_1(t) = V_1 \cos \omega t$

5.8 畫出下面理想濾波器的特性：

(i) LP$-f_c = 5$ kHz

(ii) HP$-f_c = 15$ kHz

(iii) BP$-f_0 = 10$ kHz 及 B/W $= 6$ kHz

(iv) 在一般的 f_c 有凹陷。

然後畫出以方波為輸入，其週期為 2.5，7.5，12.5 及 17.5 kHz 的每一個濾波器的反應。畫出可能的 $V_2(\omega)$ 及 $v_2(t)$。

5.9 求習題 5.1～5.5 中電路的脈衝響應。

6 信號及調變

6.1 簡　介

　　本章有四個目標。第一個是要對不同類型的基頻信號作一個總覽，這些基頻信號可以形成送至通訊系統的資訊。第二個是與第一個相連且要來看相關的基頻頻寬及其是如何產生。第三個是討論調變的必要性以使這些基頻信號被傳送出去，產生所使用不同形式的調變以及調變之間的相關性。第四個是要來看兩種類型的調變技術的基本原理。

6.2 基頻信號的類型

　　這裏我們只考慮成為電的形式之後的信號。許多信號在開始時並非是電的信號（如聲音、溫度），但在使用某種形式的**轉換器**之後（如麥克風、熱耦器），將被轉換成電壓。

　　這些電的信號組成送出去的原始資訊，即**基頻**。且它們將被歸為下面兩大類中的一類。

1. 類比信號

　　在類比信號中，電的信號在時間上是有大範圍的振幅上的連續變化。通常其在時間上的變化是與原來非電的信號一樣的（例如麥克風內空氣壓力及電壓），所以此二者為**類比**；因此叫做類比信號。

2. 數位信號

　　在數位信號中，電的信號是由不連續的脈波（或數字）組成，每一個脈波在大小上是定值，但從一脈波到下一脈波之間變化極快。在電傳打字上通常為編碼信號。最常見的形式當然是二元編碼，其中脈波只有一種形式，但也可為多階（M-階）的數字。通常一個信號開始於類比但被轉換成數位的（圖 6.1）。

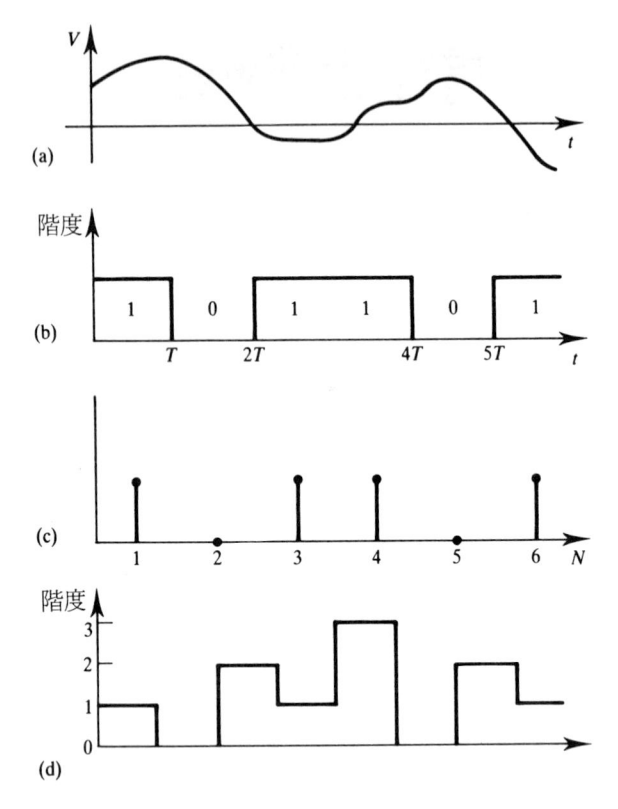

圖 6.1 信號分類：(a) 類比（連續的）；(b) 類比（分立的）或數位（二元）；(c) 二元的函數表示法；(d) M-階數位的（4-PAM：$M=4=2^2$）

在這兩大類中只有一些不同的信號種類而主要的都列在表 6.1 中，雖然它們之間界線不是那麼清楚（例如在遙測上）。

對一些信號種類而言，需要的基頻頻寬主要視應用而定（例如遙測），但對其他而言，則其定義較為適切（例如電視）。下一節將指出這些標準頻寬是如何求得的。

6.3 基頻及頻寬用語

基頻一詞有一般及特定兩種意義。一般是用來表示原始信號。較特定的用法為基頻信號所佔有的頻率的範圍。此範圍在實際上的界限需要分開地標明。

表 6.1　基頻信號的種類

信號種類	特　性	分類	基頻頻寬	一般調變形式
摩斯	脈波式的連續波	數位	0～50 Hz	ASK(OOK)
電傳打字	鍵盤輸入脈波	數位	0～120 Hz	FSK/PSK
傳眞	靜止式複印	數位	0～9.6 kHz	FSK/PSK
電話	聲音頻率	類比	0～4 kHz	SSB/FDM
音頻	音樂	類比	0～15 kHz	FM
無線電	AM(LF-HF)	類比	0～4.5 kHz	AM
廣播	FM(VHF)	類比	0～15 kHz	FM
無線電	業餘用	類比	0～3 kHz	SSB/NBFM
無線電	CB	類比	0～4 kHz	NBFM
無線電通訊	移動式	類比	0～3 kHz	AM/FM
	HF	類比	0～3 kHz	AM
PCM	數位化音頻	數位	0～64 kHz	PSK
遙測	數據	數位	至 MHz	ASK/PSK
電視	移動的畫面	類比	0～6.5 MHz(UK)	VSB
			0～5.5 MHz(US)	VSB
雷達	脈波式的連續波	數位	至 GHz	ASK

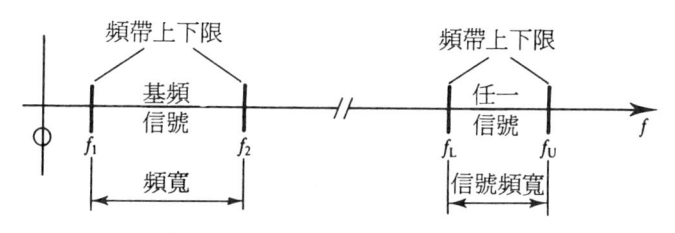

圖 6.2　頻寬，基頻及頻帶上下限

頻寬一詞只是指在任一頻帶內的頻率範圍，並沒有指明上下限。它可使用於任一頻率，而不是只限於基頻（例如 a.m. 無線電的 9 kHz 頻寬）。因此，嚴格來說，當特地指基頻信號時我們應用**基頻頻寬**。圖 6.2 即說明這些用詞。

通常有兩個用詞我們不太明確地區分它們，好像它們是同義詞一樣，但它們有一重要的區別，例如，一個聲音頻率（電話）的頻道總是有一標準的 4 kHz 頻寬，但在電話網路上不同的階段其所佔據的實際頻帶也許較寬，甚至到百萬赫茲。

6.4 基頻頻寬計算

大部份使用在商業通訊系統上的基頻信號都有一個國際協定所指定的標準頻寬。這是由 URSI（國際無線電科學聯盟）經由它的兩個諮詢團體 CCITT（Comité Consultatif International de Telegraphie et Teleponie）以及 CCIR（Comité Consultatif International des Radio communications）所完成的。

頻寬的選定部份是主觀的（亦即需要多少頻寬才能傳送可接受的資訊）而部份是技術層次的，端視資訊傳送的方式而定。本節將討論選定的理由及求出相關的頻寬值。

6.4.1 電話（類比）

在這裏頻寬選定的理由是非常主觀的。人類聽覺頻率的範圍從 20 到 20,000 Hz，但只要中間的頻率部份傳送進來的話，不管音調的高低，都可聽到清楚的說話聲並可辨認不同的聲音。準確的上下限隨國家的不同而不同（例如在英國為 300～3400 Hz），但防護帶的增加可用來作濾波及多工使用。在標準的**語音頻率通道**（圖 6.3）有一國際協定為 0～4 kHz──全世界公認的標準。

6.4.2 電報（數位）（亦即電傳打字）(RTTY)

在這裏使用的標準只是部份主觀的。接線生可以打得很快，但只是連續地改變符號速率，所以，要標準化，緩衝放大器被用來讓數據可以在幾個標準的 baud 率之一上來傳送（例如每秒 50 或 100 個符號）到電傳打字機。下面我們將來看 50 個 baud 率的傳輸但卻表示成每分鐘 66 字的資訊速率。然後要作一些假設，即每一個字的平均字元（這裏是 5）以及選定的編碼方式的字元所需要的符號數（這裏為 7.5）。因此我們以此特例來計算：

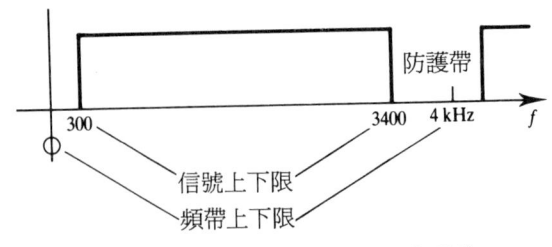

圖 6.3 標準聲音頻率（電話）通道

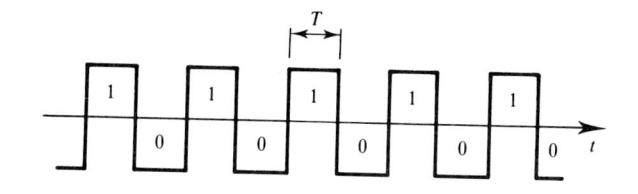

圖 6.4　位元串的"最糟情況"

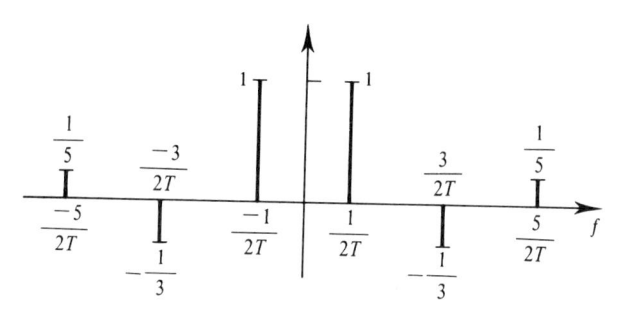

圖 6.5　"最糟情況"方波的頻譜

66	每分鐘（英文單字數）
5＋1＝6	每字（空格加 1）
	（平均每一英文單字有 5 個英文字母及 1 個空格）
5＋1＋1.5＝7.5	每字的符號數（"開始"1.5 及"停止"1）
每分鐘的英文單字數	＝66
每分鐘的單字之字母數	＝66×6＝396
每分鐘的符號數	＝66×6×7.5＝2970
每秒的符號數	$=\dfrac{66\times 6\times 7.5}{60}=49.5$ (50 baud)

因此，符號長度 ＝1/49.5≃20 ms＝T

要將這個數字轉成頻寬必須考慮"最糟情況"。即信號改變最快的時候，亦即符號串是由 0 與 1 相間組合而成，如圖 6.4 所示——以雙極畫出。

圖 6.4 等效於一個週期 $2T$ 的方波脈波電壓串列，它有一個如圖 6.5 的標準頻譜及基本頻率（f_0）1/2T 或符號率的**一半**。

接下來的問題是該如何取這個頻譜的大小，使得電傳打字機仍舊送出基頻的信號（例如可用來操作一個印表機）。這裏仍然有一個稍微主觀的標準，即符號必須保持合理的"方波"形狀。爲了達到這個，通常只需要傳送至第三個諧振頻

率即可。因此

$$基頻頻寬 = 3f_0 = \frac{3}{2T} = \frac{3}{2 \times 0.2} = 75 \text{ Hz}$$

但對一個實際的電傳打字通訊頻道，必須加寬一點以容納防護帶及多工系統，所以頻寬增加爲標準值 120 Hz。亦即，**電傳打字頻道＝0－120 Hz**。注意頻譜中必須保持直流項。

6.4.3 電視（類比）

在標準的英國電視信號中需要多少的基頻頻寬以傳送光度（光的強度）資訊？與電傳打字非常類似的推導過程可以用來計算所需頻寬。對於控制信號的因素，一些主觀的標準可用來決定其值。然後計算符號長度並從中求出頻寬。在這裏主觀因素影響更多，有四項：

1. 使用每一畫面 625 條掃描線（美國爲 525）以得到足夠的影像細圖。
2. 假設同樣強度的最小面積爲正方形（影像元素或**像素**）使得垂直及水平解析度一樣。
3. 使用縱橫比爲 4：3 的長方形畫面可足夠地框住大部份的背景。
4. 利用眼睛的視覺暫留作用，以每秒 25 個畫面的更新速率（日本及北美爲 30 個）可避免畫面的跳動。

圖 6.6 圖示上面三個標準。

現在我們即可來進行頻寬的計算：

每一條線有 625×4/3 個像素	＝833 像素
每一次掃描有 625×625×4/3 個像素	$= 520 \times 10^3$ 像素
每一次掃描需時 1/25 秒	＝40 ms
每一個像素掃描需時 40 ms/520 ks	＝76.8 ns
亦即，像素長度（t_p）	＝76.8 ns

我們再次考慮"最糟的情形"，即像素強度每一次改變最頻繁及最大的變化。此情況很顯然的就是當圖 6.6 中黑白二元素相繼發生時。這造成一種所謂的光強度的"方波"，可由週期爲 $2t_p$ 或 153 ns 的方波電壓信號來提供。因此，這一方波有一基本頻率爲

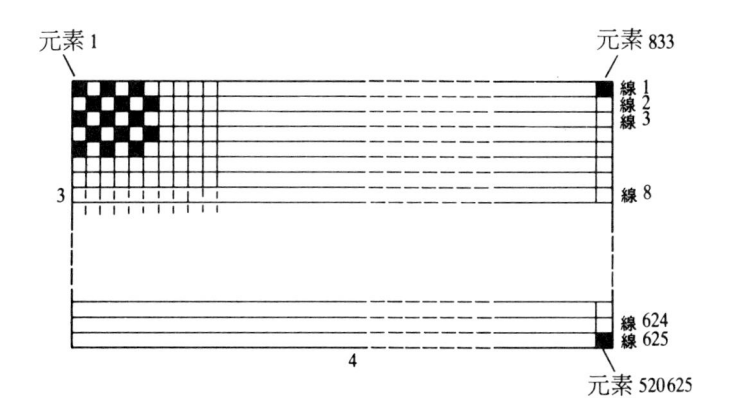

圖 6.6　在 UK TV 螢幕上的掃描線及像素

$$f_0 = \frac{1}{153 \text{ ns}} = 6.54 \text{ MHz}$$

但是因為現在可以接受像素的強度在畫面邊緣衰減下來，因此只需傳送 f_0 的頻寬而不需其他任何諧振。然而，還是需要更寬的頻寬以容納頻道之間的間隔、VSB 調變以及聲音信號，因此實際的 r.f. 頻率範圍為

UK TV 頻寬 = 8.0 MHz（美國為 6.5 MHz）

表 6.1 中其他信號的基頻頻寬可以用類似的方法求出——部份是主觀的，部份是技術上的。

6.5　調變的需要

　　一般一個基頻信號在沒有修改情形下不能很有用地傳送出去。一些簡單的特定系統是例外，例如一個內部的電話系統或是連接電傳打字機及印表機的線。但對大部份的系統而言，若沒有適當的調變，通訊將會非常昂貴或根本就不能達到。例如，一個公用電話系統需要對每一個通話有一個別的連線，以及一個無線電需要很大的天線及大量的功率——即使如此，一次也只能有一個站可以運作以避免干擾。

　　解決上述問題的答案就是改變基頻信號，以某種方式使用有效又經濟的通訊方法。有兩種不同類型的方法：

1. **頻率遷移**：將數個基頻信號向上移至一較高的頻率範圍。
2. **數位化**：將基頻改為數位形式，通常利用取樣改為二元的。

　　這二種都稱為調變，雖然第二個保持信號在基頻頻率但不同頻寬。基頻在本質上是改變了，藉由過程上嚴格來說為一種編碼形式，此過程在牛津英文字典的定義上並不能真正地涵蓋："調變，一個波藉由不同數量級的頻率而在振幅或頻率上的改變"。對大部份頻率遷移的方法而言，此為一很好的敘述，但不適用於數位的方法。也許我們應該原諒其為一非技術性的書籍，而不能專業之故。

6.6 調變形式的分類

　　本書後面所要敘述的調變方法都屬於上一節所說的二大分類之一。首先我們需要對每一分類有一更詳細的定義：

1. **頻率遷移**：藉由改變一個較高頻率載波的某些特性而將此基頻移至一較高頻率的範圍。
2. **取樣**：基頻波形電壓在規則的間隔及短週期下被通過，且這些值只有在編碼或非編碼條件下被送出去。雖然在信號形式上已改變很多，它們在本質上仍是保持在基頻上。

這些分類再被細分成特定的調變形式，與圖 6.7 中所示之技術有關。

　　此外，由取樣而來的方法可再以頻率遷移方法而更進一步的調變，這些方法與已涵蓋在二元信號內的鍵控方法有關。

　　圖 6.7 中之縮寫的意義如下：

AM	振幅調變
PM	相位調變
FM	頻率調變
ASK	鍵控幅移系統
PSK	鍵控相移系統
FSK	鍵控頻移系統
PAM	脈波振幅調變
PDM	脈波期間調變
PPM	脈波位置調變

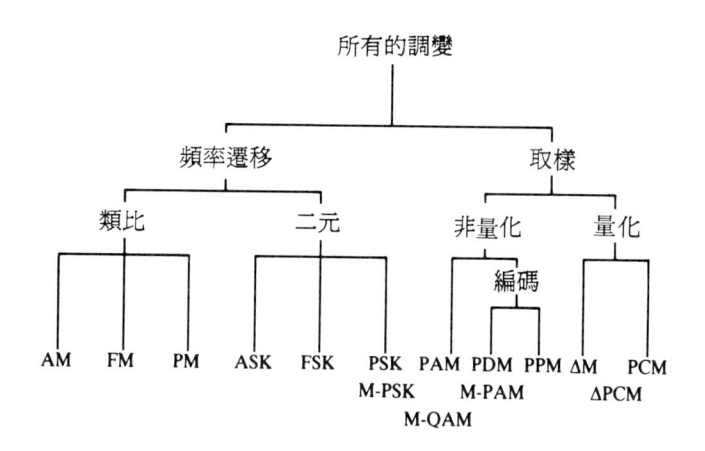

圖 6.7　調變方法的樹狀圖

PWM	脈波寬度調變，PDM 的另一稱謂
ΔM	差異調變
PCM	脈波編碼調變
AΔPCM	應變式差異 PCM
QAM	四相振幅調變
M-...	多階信號（例如，M-QAM）

6.7 使用調變的優點

調變一個基頻信號有些一般性的原因。有些已經提過但仍列在下面。

1. 頻率遷移產生的優點

（i）使用分頻多工（FDM）：這允許很多信號同時傳送至同一通訊頻道。在設備使用上較經濟並可設計較複雜的系統。

（ii）正確傳輸頻率的使用產生最佳的傳輸條件：這在無線電通訊上是特別重要的，當天線的效率隨著頻率增加，並且需要選擇最佳頻率以供對流層或離子層的傳播。

2. 取樣的優點

(iii) 使用分時多工（TDM）：這允許很多信號同時傳送至同一通訊頻道藉由在時間上的間隔插入。同（i）一樣有經濟上及設計上的優點。

3. 編碼的優點

(iv) 傳輸的可靠性大大的增加。同時雜訊惡化程度將降低。可以很準確地重生原基頻信號。

(v) 使用標準的邏輯及電腦技術使信號處理變得很容易。如同在現代的電話系統一樣，可以最經濟及最可靠的方法達到複雜系統的設計及生產。

一般我們可以這樣說：電及電子的通訊系統沒有調變將是不可能的。在大部份系統中它是重要的部份。至於正確方法的使用視應用而定。在下面幾章中我們將仔細看看這些不同的方法。但首先必須考慮以下的章節。

6.8 類比調變———一般性

在類比調變中一個連續變化的類比基頻信號改變了載波的某些部份以致當經由傳輸系統送出去時，基頻可以由載波原封不動的還原。載波為一單一頻率，可以表示如下：

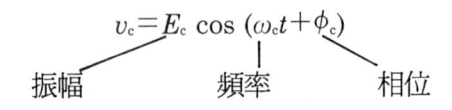

$$v_c = E_c \cos(\omega_c t + \phi_c)$$

振幅　　　頻率　　　相位

要調變它，必須由基頻信號來改變它的一些東西。只有三個可以改變：振幅、頻率及相位。每一項可產生**類比調變**中的一類：

改變 E_c 　　　　　　→ 振幅調變
改變 ω_c（亦即 f_c）　→ 頻率調變
改變 ϕ_c 　　　　　　→ 相位調變

若載波改寫成如下形式，可得到更一般的分類：

$$v_c = E_c \cos(\theta_c)$$

由上式，可看出 PM 及 FM 二者以不同方式皆改變總相位角（θ_c），因此它們是相關的而稱為**相角調變**。因此我們有三個 A 的連續調變：

類比（Analogue）＝振幅（Amplitude）＋角度（Angle）

最後，注意許多書本將載波方程式寫成正弦形式

$$v_c = E_c \sin(\omega_c t + \phi_c)$$

不要被這個混淆。它只是同樣的形式但有 π/2 的相位差，$\cos \theta = \sin(\theta + \pi/2)$。餘弦形式似乎使代數計算更容易。

6.9 數位調變──一般性

這些技術的共同特點是取樣過程──以規則的間隔送出類比基頻的短位元信號。以類比來看，它沒有載波，而基頻不只在形式改變且在本質上保留基頻的性質──因此它**還是**基頻。

以另一觀點來看，這個取樣信號（即將類比基頻分成好多個位元的信號）就像一個載波，後面我們將看到。這就是在第 15 章數位的部份首先要來分析的取樣動作。

6.10 摘　要

信號有兩大類──類比及數位。在波形、頻寬及視目的而定的調變上皆不相同（見表 6.1）。

在通訊系統中一個**基頻**是一個原始的資訊信號。它所佔有頻率的頻帶稱為**基頻頻寬**，通常從 0 Hz 開始，且通常以 B Hz 表示，一些常見的有

電話	4 kHz
VHF 上高傳真音樂	15 kHz
美國電視系統	6.5 MHz
英國電視系統	8.0 MHz

調變意指在基頻或由基頻產生的變化以利於傳輸。有兩大類：

頻率遷移	AM，FM，PM，等等
取樣及編碼	PAM，PCM 等等

結合上述二類的第三類爲

$$\text{二元（或鍵控）調變} \qquad \text{ASK，FSK，PSK，等等}$$

（參考 6.6 節後面的說明）。

類比調變爲改變一個載波上適當的量的頻率遷移方法：

$$v_c = E_c \cos(\omega_c t + \phi_c)$$
$$\;\uparrow\;\uparrow\uparrow$$
$$\;\text{AM}\text{FM}\;\;\text{PM}$$

數位調變爲將類比信號藉由取樣及編碼改爲二元信號的結果。

鍵控調變爲使用一個或數個類比調變將數位信號作一頻率遷移。

6.11 結　論

本章總覽了所使用的信號及調變的目的及形式。下面我們將仔細看這些調變的方法。我們將從振幅調變開始。

6.12 習　題

6.1 對於一個標準的電話頻道，回答下列問題：
  (ⅰ) 寫出單一電話頻道的基頻頻率範圍，以及頻寬。若頻率遷移了 60 kHz，寫出新的頻率範圍。
  (ⅱ) 一個標準的電話群包括了 12 個相連的頻道。寫出它的頻寬及範圍若其最低頻率頻道同 (ⅰ)。
  (ⅲ) 在 (ⅱ) 中保護頻帶寬度爲何？
  (ⅳ) 寫出 5 個電話群的頻寬。
  (ⅴ) 藉由一個電話頻道可傳送多少個標準的電傳打字頻道？

6.2 摩斯碼通常用長度等於三個句點的虛線傳送；符號間的空格爲一個句點的長度；字元間有三個句點的長度而字與字之間有 5 個。一個熟練的打字員可以每分鐘傳送 25 個字，假設每個字有 5 個字元。作一些合理的假設以計算整個符號速率並給一適當的頻寬。

6.3 一個傳眞機使用直徑爲 15.2 cm 的圓柱。此圓柱以 90 rpm 及 38 rev 每公分的橫向速度掃描一幅畫，每一像素皆為正方形，計算所需之最小頻寬。

6.4 一個影像面積為 100×50 cm²，其由 1.0 mm 正方形的"光"與"暗"點組成。計算若經由一傳真機，頻寬為 10 kHz，來傳送需時多久？

6.5 一個現代的數據傳真機宣稱在 9600 baud 的速率下，在 33 秒內可以傳送一張 A4 大小的紙張。作一些合理假設以證明它的掃描速率為每秒 100 條線。它代表的線寬為何？

6.6 一個 525 條線的電視信號以 60 Hz 的速率掃描，試計算其頻寬。假設 4：3 的縱橫比及方形像素。

6.7 一個 405 條的電視螢幕其寬高比為 1.6：1，水平解析度為垂直的一半。若電視的掃描為每秒 32 個畫面，決定其最高的基頻頻率。

6.8 一個傳真文件傳輸系統將送出一張 A4 大小的圖畫在 6.5 秒，假設像素大小為 1 mm 平方。計算信號所需頻寬。（A4 尺寸：297 mm×210 mm）

7

振幅調變理論

7.1 簡 介

在一個振幅調變的信號中,被傳送的基頻資訊利用改變載波的瞬時振幅而加到載波上。這導致其他的頻率成份(旁邊帶)產生,而資訊實際上即包含於其中。

在功率及頻寬的經濟考慮上,某些頻率成份也許會被拿掉而形成其他形式的 AM 信號而無法清楚表現出 AM 的特質出來。

7.2 振幅調變的形式

有三種形式:

1. "全"振幅調變　　　　　（AM）
2. 雙邊帶抑制載波　　　　（DSBSC）
3. 單邊帶　　　　　　　　（SSB）

這三種形式將在下面章節中分析並畫出其波形和頻譜以及其他相關事項。

7.3 "全"振幅調變

這種調變方式在 1920 年代初期廣播第一個使用的方式,並且隨時間演變也有其他名字。通常它只簡單的被稱為振幅調變,但有時也稱為波封調變或甚至雙邊帶載波(DSBWC)。而全 AM 也常用來表示最大振幅調變(即 $m=1$)。

不管它如何稱呼,它都是取一個單一頻率載波並依照一個基頻信號的瞬時大小以成比例方式改變載波的振幅而得到。首先我們來看最簡單的情況就是基頻信號也是單一頻率的正弦。我們可以將它們表示如下：

載波　　　　$v_c = E_c \cos \omega_c t$
基頻　　　　$v_m = E_m \cos \omega_m t$

﹝注意你也許在其他書本看到 v_m 寫成 $v_m(t)$ 或 $m(t)$。﹞現在我們可以調整 E_c 隨 v_m 變化但不能變成負的，因為這將導致過度調變。這表示以 $E_c + E_m \cos \omega_m t$ 來代替 E_c 且 $E_m \leq E_c$，我們得到一個調變後的信號

$$v_{AM} = (E_c + E_m \cos \omega_m t) \cos \omega_c t$$
$$= E_c (1 + E_m/E_c \cos \omega_m t) \cos \omega_c t$$
$$= E_c (1 + m \cos \omega_m t) \cos \omega_c t$$

其中 m 為**調變因子**且其值必須介於 0 與 1 之間（以避免 E_c 變成負的）。m 是任何使用全 AM 系統的一個非常重要的特性。它通常以百分比表示（例如 $m = 0.6$ 表示 60% 調變），而在其他書本也許寫成 m_a，β_m 或 k_m。有些人只用全 AM 表示 $m = 100\%$ 而不是其他程度的波封調變。在上面的式子中

$$m = E_m/E_c$$

﹝但是要小心當使用此定義當作測量 m 的基準時。這兩個振幅是在調變中的振幅，而不是在調變器或其他地方的輸入端的振幅。﹞

因此調變後的信號為

$$v_{AM} = E_c(1 + m \cos \omega_m t) \cos \omega_c t$$

這產生圖 7.1 中二個 m 值的**波形**。

我們可以看到這個圖形如何清楚地表示出這個方法作為波封調變的觀念。然而，要注意的是調變波實際上不在那裏；它只是看起來是，因為調變後的載波波峯的軌跡跟著它走。它形成一個包含載波的波封且它的形狀是很清楚地界定出來，特別是當 $f_c \geq f_m$，以致載波的波峯靠得非常近。

m 可由此波形直接**量**出來，即由圖 7.2 中測量 A 及 B 的峯對峯電壓值。這可以由下式看出：

$$m = \frac{E_m}{E_c} = \frac{\frac{1}{2}(E_c + E_m) - \frac{1}{2}(E_c - E_m)}{\frac{1}{2}(E_c + E_m) + \frac{1}{2}(E_c - E_m)} = \frac{\frac{1}{4}A - \frac{1}{4}B}{\frac{1}{4}A + \frac{1}{4}B}$$

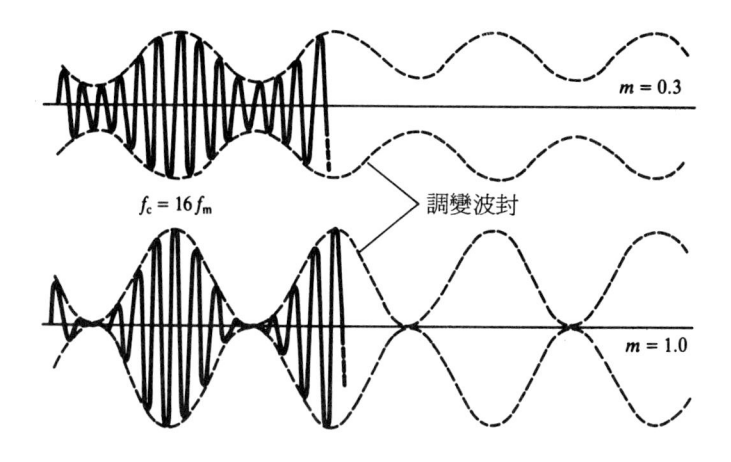

圖 7.1　全 AM 波形

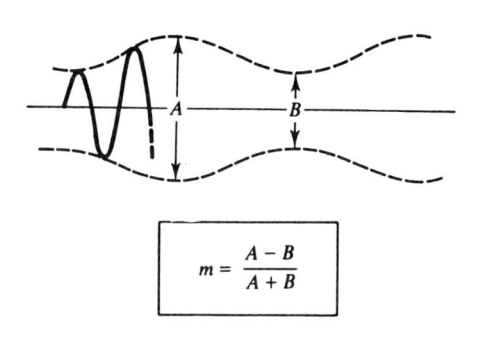

圖 7.2　調變因子量測

因此

$$m=\frac{A-B}{A+B}$$

此調變後的載波顯然的不是單一頻率。它的頻譜可由下面的分析而得到：

$$\begin{aligned}v_{AM}&=E_c(1+m\cos\omega_m t)\cos\omega_c t\\&=E_c\cos\omega_c t+mE_c\cos\omega_m t\cos\omega_c t\\&=E_c\cos\omega_c t+\tfrac{1}{2}mE_c\left[\cos(\omega_c-\omega_m)t+\cos(\omega_c+\omega_m)t\right]\end{aligned}$$

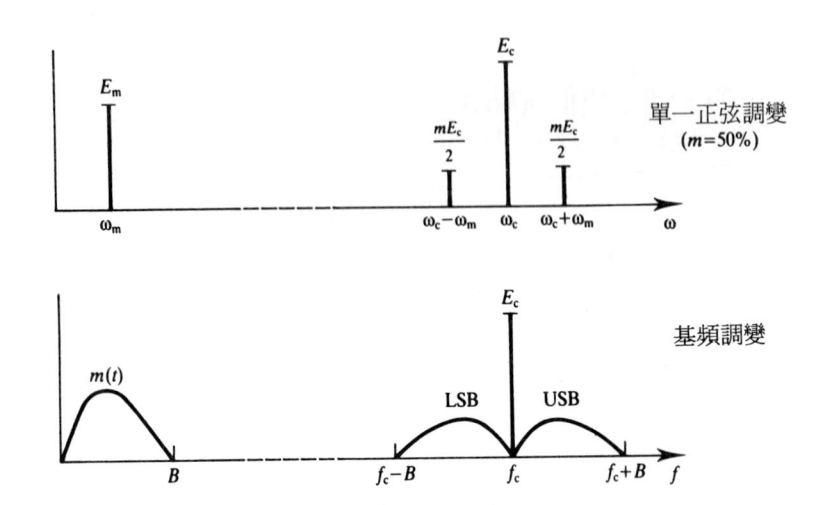

圖 7.3 全 AM 頻譜

或者

$$v_{AM} = E_c \cos \omega_c t + \frac{mE_c}{2} \cos (\omega_c - \omega_m)t + \frac{mE_c}{2} \cos (\omega_c + \omega_m)t$$

現在，除了原來未調變的載波之外，有兩個新的頻率出現，一個比 f_c 多了 f_m，調變頻率這個量，另一個則減少相同的量。這些是**上及下邊帶頻率**，（$f_c +$ f_m）及（$f_c - f_m$），每一個振幅為 E_c 乘上 $m/2$，圖 7.3 所示即為此單一正弦的調變頻譜及一個基頻帶，即一連續的**頻率的頻譜**。在這兩個圖中，基頻信號也在其中，但，當然，它不屬於調變頻譜。

圖中下面的頻譜較接近實際的情形，因為實際的基頻有一有限範圍的頻率，並且通常包含從幾乎是零到 B Hz 頻帶上限的一連續頻帶（例如聲音）。在這頻帶中的每一頻率產生自己的一對邊帶頻率，在 f_c 上面及下面。這個效果就是產生**邊帶**，其中**上邊帶**（USB）有與 v_m 相同的頻譜而**下邊帶**（LSB）則有鏡像的頻譜形狀。

但須**注意**的是，雖然已被廣泛使用，在第二個頻譜形式仍然有一些混淆，因為基頻現在是一個頻譜密度分佈其單位為 V/Hz，單一頻率的載波仍然以縱軸為伏特單位畫出，以致調變的信號在縱軸上有兩個不同的單位。因此這個頻譜是一個混合式的，只有在知道它是何者時才使用──它是一個有用的圖解方式來解釋所發生的事。不要在定量上使用它──例如，上面的頻譜可以清楚地告訴我們邊帶頻率的振幅不能大於 $E_c/2$，但下面的頻譜卻無法作到這一點。

所以以圖中上面這個單一頻率的情形為例來說明在邊帶中功率是佔相當小的比例是沒有問題的，而它卻包含有基頻資訊在內。作法如下：

$$載波功率 = \left(\frac{E_c}{\sqrt{2}}\right)^2 = \frac{E_c^2}{2}$$

$$邊帶頻率功率 = 2\left(\frac{mE_c}{2\sqrt{2}}\right)^2 = \frac{m^2 E_c^2}{4}$$

$$\frac{載波功率}{邊帶頻率功率} = \frac{E_c^2/2}{m^2 E_c^2/4} = \frac{2}{m^2} \geq 2 \quad 對所有 \ m$$

因此至少 2/3 的功率在載波內且其不傳送任何資訊。因此它可以被省略掉（見 7.4 節）。

m 也可以調變後的頻譜**測量**出（以及從波形中，圖 7.2），只要取邊帶振幅比上載波振幅即可（當然，是對單一正弦基頻而言）。亦即

$$\frac{邊帶振幅}{載波振幅} = \frac{mE_c/2}{E_c} = \frac{m}{2}$$

在實際操作上，這個特別的量測是在頻譜分析儀上取對數振幅（dB）來作的，因此比例即為差值（在 dB）：

$$差（dB）= 20 \log_{10}（比例）= 20 \log_{10}(2/m)$$

$$m = \frac{2}{反對數（差/20）}$$

［例如，6 dB 為 $m=2$/反對數（0.3）$=2/2=1$ 或者 100%。］

需要傳送一個全 AM 信號的**頻寬**也可以由頻譜上看出。它是 2 倍的基頻頻寬，$2B$ Hz。亦即

$$B/W = 2B$$

這也使用了過多的資源，因為在每一個邊帶都有 v_m 在其中，所以實際上只需要傳送其中一個即可。這將減少一半的頻寬（見 7.5 節）。

一個全 AM 信號加上一個單一正弦基頻可以用一個近似**靜止的相量圖**，如圖 7.4，來完整的描述。

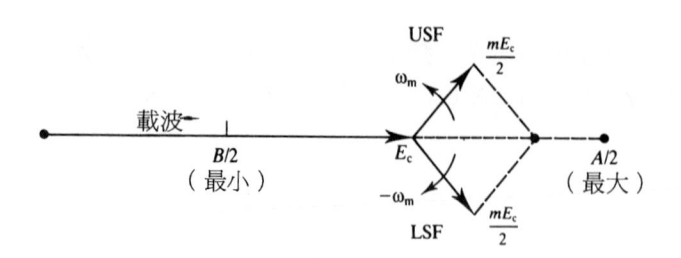

圖 7.4　全 AM 的相量表示法

　　載波本身以固定振幅 E_c 的一個靜止相量來表示，其相位為零。而邊帶頻率有較小的相量且對稱地繞著 E_c 的尾端以同速但反向旋轉，亦即 ω_m 及 $-\omega_m$。每一個的長度為 $\frac{1}{2}mE_c$ 且相對於 E_c 有相反的相位。在任何時刻實際的信號振幅為三個相量之和，所以點 $A/2$ 及 $B/2$ 分別表示最大及最小振幅，如圖 7.2 已畫的。可將此圖與第 12 章 NBFM 的相量圖比較。

7.4 雙邊帶抑制載波（DSBSC）調變

　　整體而言，全振幅調變是相當容易想像它是什麼樣的情況，並且，後面將看到，它是很容易解調的，但它的確有兩個缺點：它浪費了功率及頻寬，如前面所說的。由載波載送的功率不包含任何資訊。每一個邊帶都獨立地載有資訊而產生不必要的重複。

　　這個問題部份可由只傳送邊帶來克服。一個作法是從全振幅調變信號移走載波，因此得到此種調變形式的一般稱謂——**雙邊帶抑制載波**或 DSBSC。而在實際運作上，它是由一個平衡調變器直接將載波及基頻信號乘在一起而得到。即

$$v_{DSBSC} = v_{AM} - v_c$$

同樣

$$\begin{aligned}
v_{DSBSC} &= v_m \times v_c \\
&= E_m \cos \omega_m t \times E_c \cos \omega_c t \\
&= \tfrac{1}{2} E_m E_c [\cos (\omega_c - \omega_m)t + \cos (\omega_c + \omega_m)t]
\end{aligned}$$

而簡單寫成

$$v_{DSBSC} = E_D \cos (\omega_c - \omega_m)t + E_D \cos (\omega_c + \omega_m)t$$

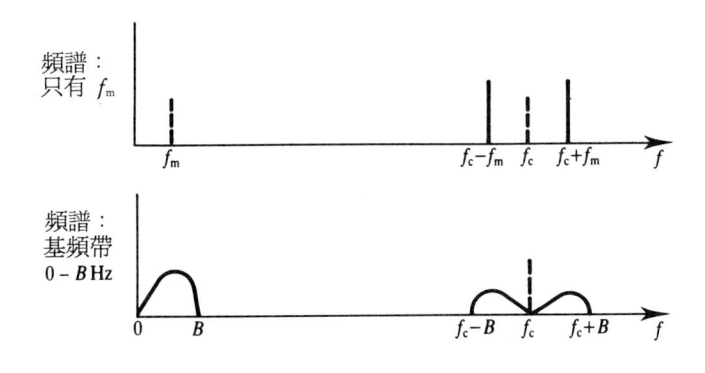

圖 7.5　DSBSC 頻譜

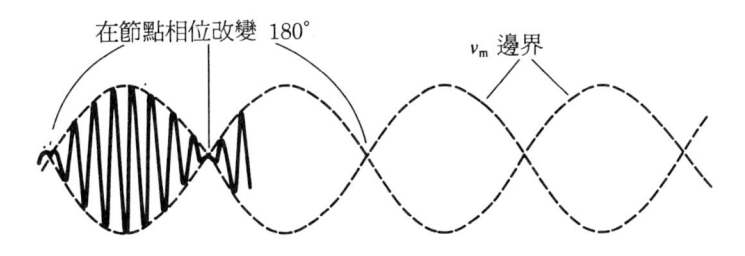

圖 7.6　單一正弦基頻的 DSBSC 波形

E_D 只是一個正比於 E_c 及 E_m 的振幅因子，單位為伏特，不是伏特平方（一個一般的誤解）。這產生了圖 7.5 上半部的特徵雙邊帶頻譜。

如圖 7.6 所示的一個單一正弦基頻的波形本身是更有特色的。

這個波形只是載波信號及它的瞬時振幅，以基頻電壓固定其大小。零點的時間是固定的，但峯值的高度及位置會變化，因為瞬時信號振幅為基頻電壓。因此調變後的信號侷限在基頻波形的波封內，可為正及負。當基頻通過零點並改變正負號，其中一個效果為此信號有一個突然的 180° 相位改變。這發生在波形的節點，如圖 7.6 及 7.7 所示。另一個方式來看圖 7.6 的這個特徵波形為它是介於二個頻率靠得很近的拍信號——邊帶之間。

在圖 7.7 中還有 $m=1$ 的全 AM 信號波形的零信號部份。這個及 DSBSC 節點在外觀上非常相近，但有兩個**重要的差異**：

1. 波封零點發生在 DSBSC 的每 $\lambda_m/2$ 處，而對 AM 是在每一個 λ_m 處。
2. 對 DSBSC 而言，波封線相交；對 AM 而言，其波封線是漸近地相接觸。

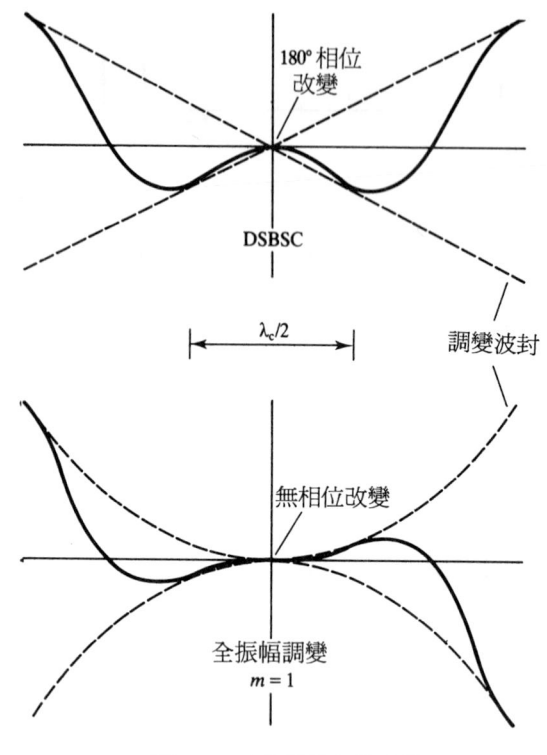

圖 7.7 在節點的相位改變

當然，對一個**非正弦的基頻**而言，其頻譜及波形是非常類似於全振幅調變，但在程度上則更為複雜。圖 7.5 已顯示其頻譜而圖 7.8 則為其波形。

從頻譜中我們可以看到 DSBSC 信號的**頻寬**與全振幅調變的完全一樣。即

$$B/W = 2f_{max}$$

此調變方法的一個一般性的應用即為在立體聲 VHF FM 無線電的 L−R 信號的副載波調變。

7.5 單邊帶調變

振幅調變的最後一個簡化是只送出一個邊帶。這是可能的，因為它包含所有的信號資訊（E_m 及 f_m），但較少的信號功率及一半的頻寬。

第七章 振幅調變理論 *101*

基頻波形

DSBSC 波形及波封

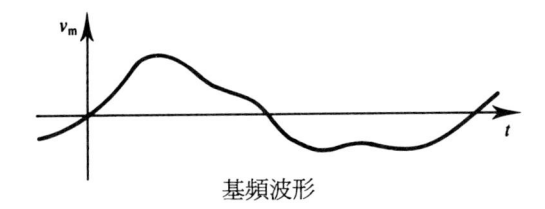

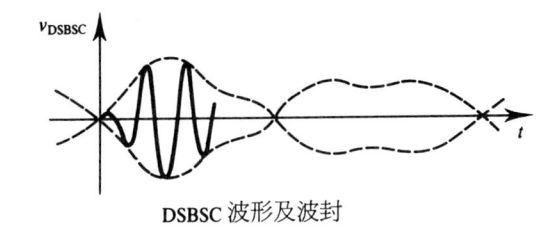

圖 7.8 DSBSC 調變的一般頻譜及波形

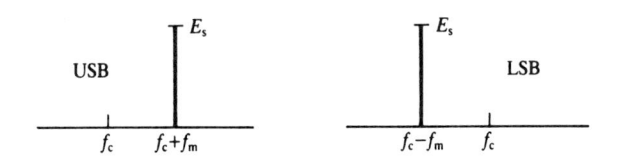

圖 7.9 SSB 頻譜（取自 Holdsworth and Martin, 1991）

　　得到 SSB 信號的最簡單方法為，至少在理論上，以濾波器濾掉 DSBSC 其中一個邊帶。這將只留下一個邊帶——不論上或下——而有兩個 SSB 信號的可能。對一個單一正弦基頻，它們可以簡單地寫成

$E_s \cos(\omega_c - \omega_m)t$　　**下邊帶（LSB）**
$E_s \cos(\omega_c + \omega_m)t$　　**上邊帶（USB）**

其中 E_s 正比於 E_c 及 E_m，如同在 DSBSC 一樣。它們產生如圖 7.9 中的頻譜。
　　圖 7.10 中有相關的波形，並且乍看之下，似乎沒有太多意義，看起來就像未調變的載波。但仔細審視及一個適當的實驗設備，看到頻率只有微量的變化（即 f_m 改變，因此 $f_c + f_m$ 或 $f_c - f_m$ 改變，但改變不太因為 $f_c \geqslant f_m$）是可能的。較容易看出的是信號振幅的改變正比於基頻電壓（v_m）。

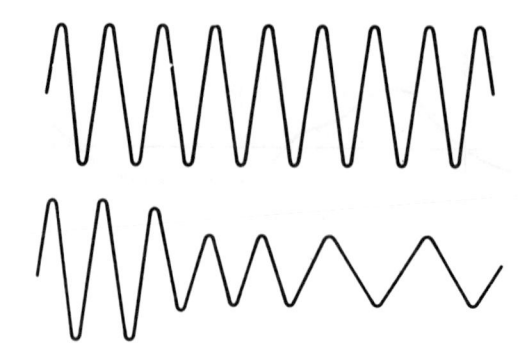

圖 7.10　SSB 波形：上面曲線為固定的基頻所產生；下面的曲線隨基頻的振幅及頻率而改變（取自 Holdsworth and Martin, 1991）

頻寬減半成為

$$B = f_{max} = 基頻頻寬$$

SSB 有許多方面的應用。其中我們幾乎每天用到的是電話系統，其中信號被下邊帶調變至一個被抑制的副載波而使許多用戶可以同時以 FDM 在同一通訊頻道中通話。另一個熟悉的例子為無線電通訊，其中 SSB 被用來節省頻寬——珍貴的資源。

7.6 摘　要

振幅調變有三種形式

1. 全振幅調變（Full AM）
2. 雙邊帶抑制載波（DSBSC）
3. 單邊帶（SSB）

對一個單一正弦基頻，一個調變後的載波為

Full AM

$$v_{AM} = E_c(1 + m \cos \omega_m t) \cos \omega_c t$$
$$= E_c \cos \omega_c t + \tfrac{1}{2} m E_c \cos (\omega_c - \omega_m) t + \tfrac{1}{2} m E_c \cos (\omega_c + \omega_m) t$$

m 為調變因子：

$$m = \frac{E_\mathrm{m}}{E_\mathrm{c}}$$

調變時（$m \leqslant 1$）

$$m = \frac{A-B}{A+B}$$

在波形上（見圖 7.2）

$$m = \frac{2 \times 基頻振幅}{載波振幅}$$

在頻譜上（見圖 7.3），並且

$$m = \frac{2}{反對數（振幅比例 (dB/20)）}$$

$$B/W = 2f_\mathrm{m} = 2B$$

其中 B 為基頻頻寬。

DSBSC

$$v_\mathrm{DSBSC} = E_\mathrm{D} \cos(\omega_\mathrm{c} - \omega_\mathrm{m})t + E_\mathrm{D} \cos(\omega_\mathrm{c} + \omega_\mathrm{m})t$$

其波形在調變波封的零點上有一個特徵180°載波相位反轉（圖7.6及7.7）：

$$B/W = 2f_\mathrm{m} = 2B$$

SSB

$$v_\mathrm{SSB} = v_\mathrm{LSB} = E_\mathrm{S} \cos(\omega_\mathrm{c} - \omega_\mathrm{m})t$$

或

$$v_\mathrm{SSB} = v_\mathrm{USB} = E_\mathrm{S} \cos(\omega_\mathrm{c} + \omega_\mathrm{m})t$$

$$B/W = f_m = B$$

靜止的相量圖參見圖 7.4，對於實際的基頻效果可參見圖 7.3，等等。

7.7 結　論

這些振幅調變方法中的二個已廣泛使用：全振幅調變用在廣播中，以及 SSB 用在電話及無線電通訊。但在動態範圍及雜訊的防範上皆有嚴重的缺點。要改善這些缺點，我們必須使用全然不同的方法——FM——後面將描述，但首先讓我們來討論振幅調變器及解調器。

7.8 習　題

7.1 全 AM 由信號 $v_m = 3.0 \cos (2\pi \times 10^3)t$ 伏，調變載波 $v_c = 10.0 \cos (2\pi \times 10^6)t$ 伏而產生。計算：
(i) m。
(ii) 邊頻率及頻寬。
(iii) 邊帶振幅對載波振幅的比例。
(iv) 調變後的波形的峯-對-峯振幅的最大及最小值。
(v) 邊帶頻率佔總功率的百分比。

7.2 一個 AM 信號電壓如下

$$v = 100 \sin (2\pi \times 10^6)t + [20 \sin (6250t) + 50 \sin (12{,}560t)] \sin (2\pi \times 10^6)t$$

(i) 使用何種振幅調變形式。
(ii) 畫出振幅頻譜。
(iii) 畫出一個調變週期的波形，註明重要的時間及振幅等量。
(iv) 算出在 100 Ω 負載上的最大及平均功率。
(v) m 有值嗎？若有，它們的值為何？
(vi) 使用正弦而非餘弦的意義為何？

7.3 重複習題 7.2 但載波已被抑制（只有(i)到(v)）。

7.4 討論三種振幅調變形式的優點。至少寫出一個獨特的優點及一個缺點。

7.5 一個載波 f_c 被一個頻率為 f_1 到 f_2 的基頻所調變，其振幅正比於頻率：
(i) 畫出基頻振幅頻譜。
(ii) 畫出全 AM 頻譜。
(iii) 寫出全 AM 及 DSBSC 的頻寬。

7.6 一個雷達信號由 10 GHz 載波的 1 μs 脈波所組成。脈波的振幅一定且相距 12 μs。
(i) 畫出調變波封。
(ii) 畫出調變頻譜，註明頻率及相對的振幅。
(iii) 指定一頻寬並說明理由。
(iv) 若間隔為 99 μs，重複問題 (i) 至 (iii)。

7.7 一個信號被限制在頻率 0～5 kHz 內，乘上一個信號 $v_c = \cos 2\pi f_c t$ 而使其作頻率遷移。求出 f_c 使得調變後的信號的頻寬為 f_c 的 1%。

7.8 當調變信號為 1.0 V 的直流電壓時，DSBSC 發射器送出 10 W 的功率。則當調變信號為 RMS 值 = 1.6 V 時，送出之功率為何？

7.9 證明信號

$$v = \Sigma[\cos \omega_c t \cdot \cos(\omega_i t + \theta_i) - \sin \omega_c t \cdot \sin(\omega_i t + \theta_i)]$$

是 SSBSC 信號。它在上邊帶或下邊帶？寫出另一個邊帶的式子。寫出全部 DSBSC 信號的式子。

7.10 兩個發射器，一個產生全 AM 信號另一個為 SSB 信號。它們有同樣的平均輸出功率額定值。一個單一正弦波調變信號造成 AM 信號產生調變因子 0.8。若此兩個發射器皆在最大輸出下操作，比較全 AM 信號及 SSB 信號的單邊帶中所包含的功率（dB）。

8 振幅調變器

8.1 簡　介

要達到調變，必須有一個電路使兩個信號（載波及基頻）發生交互作用（不是只有加在一起）。這需要某種形式的非線性電路，其中一個信號提供可變的偏壓來決定另一個信號的大小。任何一種標準的主動電子元件都可以用來達到此目的，不論是非線性操作或當作開關。

直到大約 1960 年，這些元件皆為熱電子管式的，並且在某些應用上（例如無線電發射器）仍然是最好的。今日則大多使用電晶體（BJT 或 FET）作為**分立元件**或特殊設計的**積體電路**。大部份的調變電路使用這類元件，不論是以開關形式或是利用可變斜率電阻（r_d 或 $1/g_m$）的元件特性的電路形式。

不論何種基本電路被使用，它都是**平衡調變器**的某一種形式的某一部份，而平衡調變器可藉由抵銷而降低調變乘積的個數。它們主要的輸出為簡單的乘積調變或 DSBSC，並且可視為振幅調變的基本形式。而全振幅調變則可視為非平衡乘積調變。我們將在稍後看到。

我們將先討論使用只包含"平方律"的元件的簡化電路。

8.2 平方律二極體調變

對於小的電壓值，鍺或矽二極體特性可由圖 8.1 中的簡單的平方律來表示。當然，這是一個非常理想化的近似，但在表示一個非線性元件的調變時是非常有用的。

使用這些元件之一的簡化調變電路在圖 8.2。輸出電壓正比於二極體電流，而電流與二極體電壓則為平方的關係：

$$i_d = av_d + bv_d^2$$

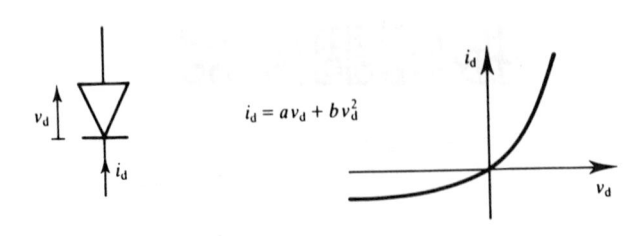

圖 8.1 平方律二極體

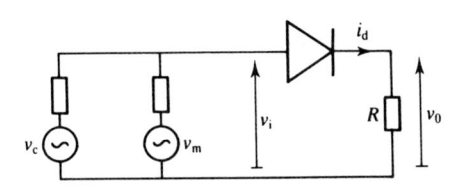

圖 8.2 簡單二極體調變器

其分析步驟如下：

$$v_o = Ri_d$$
$$= R(av_d + bv_d^2)$$
$$\simeq R(av_i + bv_i^2) \quad (v_i \simeq v_d \text{ 當選擇 } R \text{ 使得 } v_o \leqslant v_i)$$
$$= Ra(v_c + v_m) + Rb(v_c + v_m)^2$$
$$= Rav_c + Rav_m + Rbv_c^2 + 2Rbv_cv_m + Rbv_m^2$$
$$= \underbrace{Rav_m + Rbv_m^2 + Rbv_c^2}_{\text{不要的項}} + \underbrace{Rav_c + 2Rbv_mv_c}_{\text{全 AM}}$$

因此 v_o 包括全 AM 再加上其他可由濾波而去掉的不需要的頻率。作為一個練習，將 v_c 及 v_m 以單一正弦取代並求出 v_o 的所有頻率——然後畫其頻譜。

類似的分析可用在電晶體上，如圖 8.3 所示可以表示輸入電壓的平方律函數的輸出電流。

這些特性現在可表為

$$\text{FET}: i_D = av_{GS} + bv_{GS}^2$$

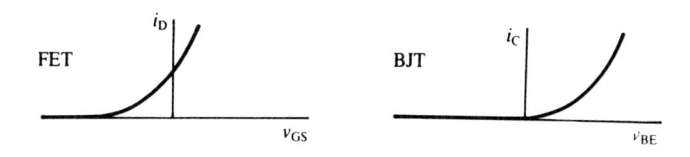

圖 8.3 非線性電晶體特性曲線

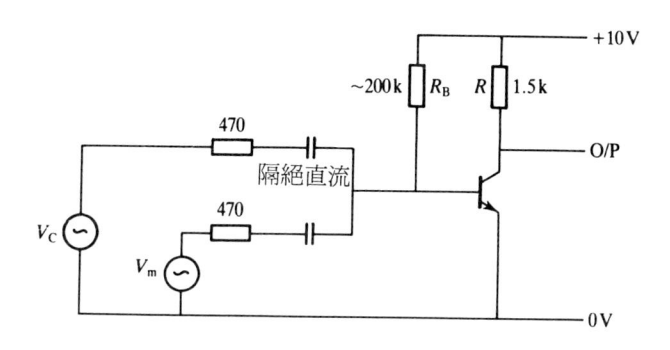

圖 8.4 簡單電晶體調變器

$$\text{BJT}: i_c = av_{BE} + bv_{BE}^2$$

這是 g_m 的另一種說法,即隨輸入電壓大小而變。使用電晶體的優點為有增益並且可調變,而且很容易組裝一個電路來顯示此特點(例如圖 8.4)。

8.3 平衡調變器

對於上面所提之簡單的特性,將不需要的頻率藉由濾波移走是相當可能的,但"真實"的特性是更複雜的,所以濾波並不是那麼容易。我們可用上面同樣的分析但應用立方律的形式來說明這一點:

$$i_D = av_D + bv_D^2 + cv_D^3$$

這個問題可用提過的平衡調變技術來克服,這個方法的原理是由相互抵銷來移走不要的項目而留下形成調變所需要的頻率。這個原理可以用上節的平方律二極體來說明,此時兩個一樣的調變器並聯在一起,如圖 8.5 所示。一個調變器輸入二個信號(載波及基頻)的和,而另一個輸入其差而產生輸出電壓為

$$v_{o1} = Rav_m + Rbv_m^2 + Rbv_c^2 + Rav_c + 2Rbv_cv_m$$

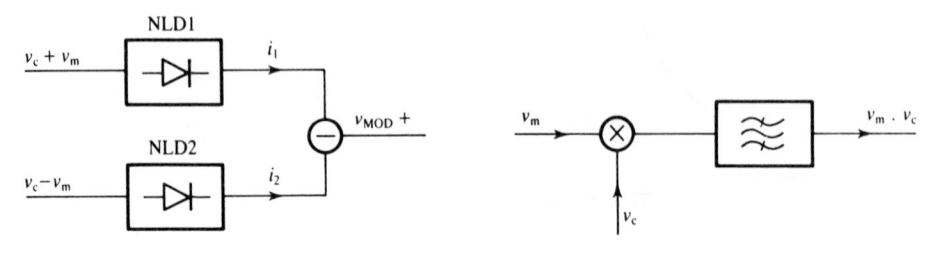

图 8.5 平衡調變的原理

图 8.6 由乘法調變器得到 DSBSC

$$v_{o2} = -Rav_m + Rbv_m^2 + Rbv_c^2 + Rav_c - 2Rbv_cv_m$$

然後

$$v_o = v_{o1} - v_{o2}$$
$$= 2Rav_m + 4Rbv_cv_m$$

現在我們有一個較簡單的輸出，只包括了 DSBSC 及基頻。這是**單平衡調變器**的例子，其中原始信號中的一個已被平衡掉而不是另一個。〔試試使用 $-(v_c+v_m)$ 當作第二個輸入並證明你也可以得到單平衡調變，但這次是 v_m 被平衡掉。這時還剩下什麼？〕

若兩個輸入皆被平衡掉，此電路稱為**雙平衡調變器**，其產生一個純 DSBSC 輸出，但不能用圖 8.5 中的簡單電路而得到。

圖 8.6 為用乘法調變器的雙平衡調變的一般原理。稍後將討論其電路。

諷刺的是，全 AM 可以由一個平衡調變器以不平衡方式讓載波通過而得到。這可很容易地由 1496 作到，稍後將討論它。

8.4 片段式線性調變器

在較大的輸入電壓值時，二極體的特性可以二條直線較準確地來近似，一個是沿著負電壓軸的零電流，而另一個是斜率等於在順向偏壓時的負載電阻的倒數。這是**片段式線性特性**，如圖 8.7 所示，還有一個使用此特性的基本調變電路。

調變發生的原因為作用在包含有載波及基頻之和的輸入信號上的效果為整流，產生一個脈動信號，頻率為載波頻率，以及其他諧振及調變乘積。在這些之中，全振幅調變的載波及邊帶可以被濾出。圖 8.8 為其基本的工作原理。然而，

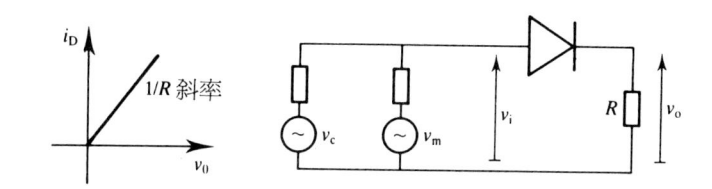

圖 8.7 使用片段式線性二極體的調變

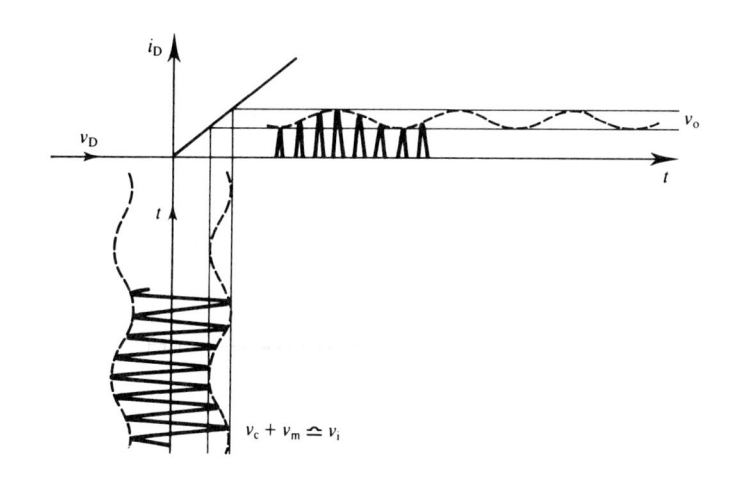

圖 8.8 整流調變器的工作

這是一個非常沒有效率的方法，因其產生大範圍的不需要的諧振及邊帶。

8.5 截波調變器

使用二極體來調變的另一個方法是將它們當作開關。在這個例子中它們被稱為**截波調變器**，因為它們的功用是以載波的速率將基頻截掉，所以產生許多諧振及調變乘積，包括全振幅調變及/或 DSBSC。在這個電路中二極體被排列成以載波來切換它們，以致基頻以載波頻率的速率被切成方形片狀而通過。圖 8.9 所示為兩個最常見的電路。

Cowan 電路只平衡掉 f_c，產生 DSBSC，但留下 v_m（以及 f_c 的諧振），因此它是**單平衡**調變器。它比 Ring 電路在輸出上需要較多的濾波，Ring 電路平衡掉載波及基頻，所以為**雙平衡**調變器。圖 8.10 所示為相關的波形。讀者可

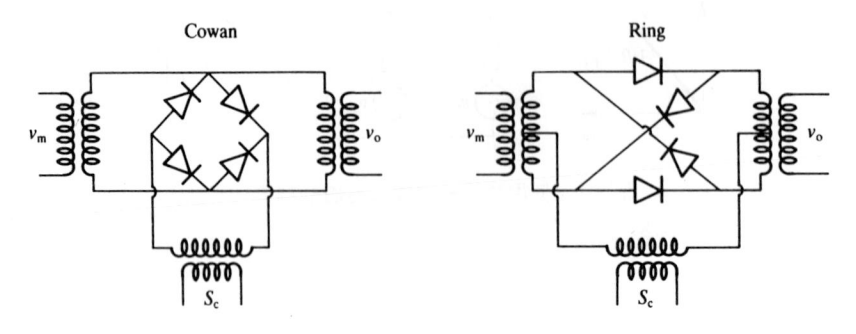

圖 8.9 截波調變器

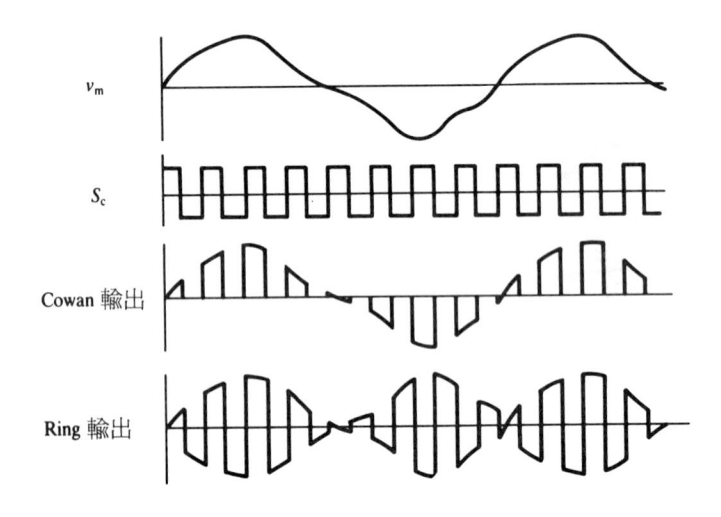

圖 8.10 截波調變器波形

試著分析此電路的動作。

這些二極體環很容易在積體電路上製成而有相同的特性（例如開啓電壓）以作成便宜又可靠的調變器。

8.6 可變超電導調變器

現今以基頻信號調變載波的最簡單方法之一是使用一個積體電路，例如 MC1496 或 SG1402。這些是雙平衡調變器，使用雙極二極體的可變超電導特性，即 g_m 隨 i_c 而變。因為是在積體電路的形式，這個技術不僅使用標準的雙極技術，而且可以產生有相同特性的元件。對於一個調變器要順利的操作，這是必須的。輸出當然是 DSBSC。

它的操作依照下面的方式，即 g_m 的值正比於總集極電流 i_c 的大小，且在適當之近似下，有下列簡單的關係

$$g_m = (e/kT)I_c \quad (I_c \text{ 為直流值})$$

因此

$$g_m = I_c/v_T \quad (v_T \text{ 為溫度的 "等效電壓"})$$

或

$$g_m = 40 I_c \quad (\text{室溫下})$$

所使用的**基本電路**為圖 8.11 中的長尾巴對。

電晶體有相同的特性，意謂著在輸入電壓為零時

$$v_1 = 0$$
$$v_{BE1} = v_{BE2}$$
$$I_1 = I_2 = I_3/2$$

現加入一小的輸入電壓 v_1，因為特性相同，此電壓將平均跨在兩個基-射極接面，產生大小相同但方向相反之值。所以若 v_{BE1} 因 v_{be1} 改變，且 v_{BE2} 因 v_{be2} 改變，則 I_1 及 I_2 有大小相同但正負號相反的改變量 i_1 及 i_2，其中

$$v_{be1} = -v_{be2} = v_1/2$$
$$i_1 = -i_2$$

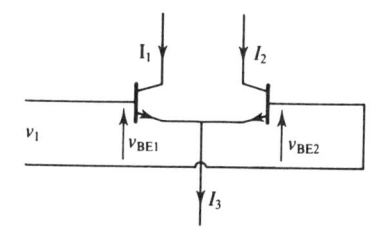

圖 8.11　基本的長尾巴對

並且

$$i_1 = g_m v_{be1} = \tfrac{1}{2} 40 I_1 v_1 = 10 I_3 v_1$$

即

$$\boxed{i_1 = 10 v_1 I_3 = -i_2}$$

這表示在每一個電晶體中電流的改變是正比於 $I_3 v_1$ 之乘積。這假設 i_1, i_2 及 v_1 只有小的變化量。對 v_1 而言，這意謂 $|v_1| < v_T$。

要得到乘積調變的下一步是安排第二個輸入電壓 v_2 來控制兩個集極電流 I_1 及 I_2，這是藉由使增加的兩個長尾巴對的電流 I_1 及 I_2 有相同的差輸入 v_2，這是一種**直角差動放大器**的裝置。所有六個電晶體必須有相同的特性。這個電路在圖 8.12 中。

對 v_1 的類似的分析將證明在一個小的輸入 v_2 下，小電流的改變發生在放大器的集極電流上（i_1, i_2, i_3 及 i_4），以致

$$i_4 = 10 v_2 I_1 = -i_5$$
$$i_6 = 10 v_2 I_2 = -i_7$$

因此

$$I_4 = I_1/2 + i_4 = I_1(\tfrac{1}{2} + 10 v_2)$$
$$= I_3(\tfrac{1}{2} + 10 v_1)(\tfrac{1}{2} + 10 v_2)$$

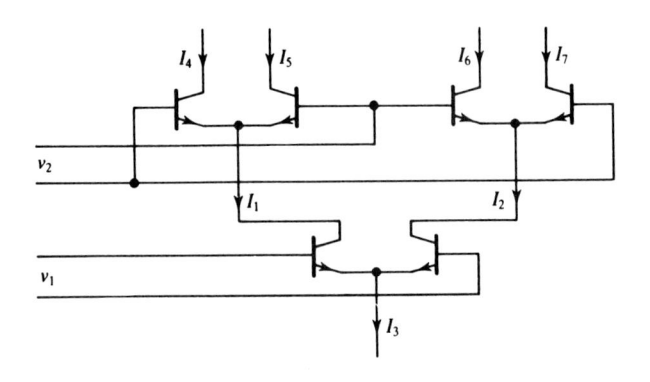

圖 8.12 基本的乘法電路

或

$$I_4 = I_3(\tfrac{1}{4} + 5v_1 + 5v_2 + 100v_1v_2)$$

同樣的

$$I_5 = I_3(\tfrac{1}{4} + 5v_1 - 5v_2 - 100v_1v_2)$$

及

$$I_6 = I_3(\tfrac{1}{4} - 5v_1 + 5v_2 - 100v_1v_2)$$

以及

$$I_7 = I_3(\tfrac{1}{4} - 5v_1 - 5v_2 - 100v_1v_2)$$

這些電流包含了直流、載波、基頻，及最重要的調變乘積 v_1v_2，不需要的項可由電流的相加相減而移走，如下列之方程式

$$\boxed{(I_4+I_7)-(I_5+I_6)=400I_3(v_1v_2)}$$

你也許很關心想要自己來檢查這些運算。嚴格來說，因子 400 來自 $\tfrac{1}{4}(v_T^{-2})$，其中 $v_T = kT/e \approx 1/40$ 於室溫下。因我們只需要輸出正比於 v_1v_2，此常數之精確值就不是那麼重要了。

　　實際的輸出可以由流經兩個負載電阻 3.9 kΩ 的電流對（（I_4+I_7）及（I_5+I_6））所造成的差動電壓而得到，如圖 8.13 中所示之製造商的電路圖。

　　電路中也可以改變增益而調整 I_3（利用偏壓）及調整平衡以從輸出中移去載波。載波總是為 v_2 而 v_1 為基頻信號。

　　使用類似於圖 8.13 下半部的電路，一個 MC1496 可以用來得到 DSBSC（直接的）及全 AM（不消去載波）。SSB 也可以相當容易的得到，藉由加上一個濾波器以移走 DSBSC 信號中的一個邊帶。因此它確實是一個很有用的積體電路。此外，在許多無線電接收器的形式中，它也可當作一個混波器使載波降至中頻，也可作同調解調，這點我們將在第 9 及 16 章中看到。對大信號而言，此電路的工作也可解釋為一個載波調變器。

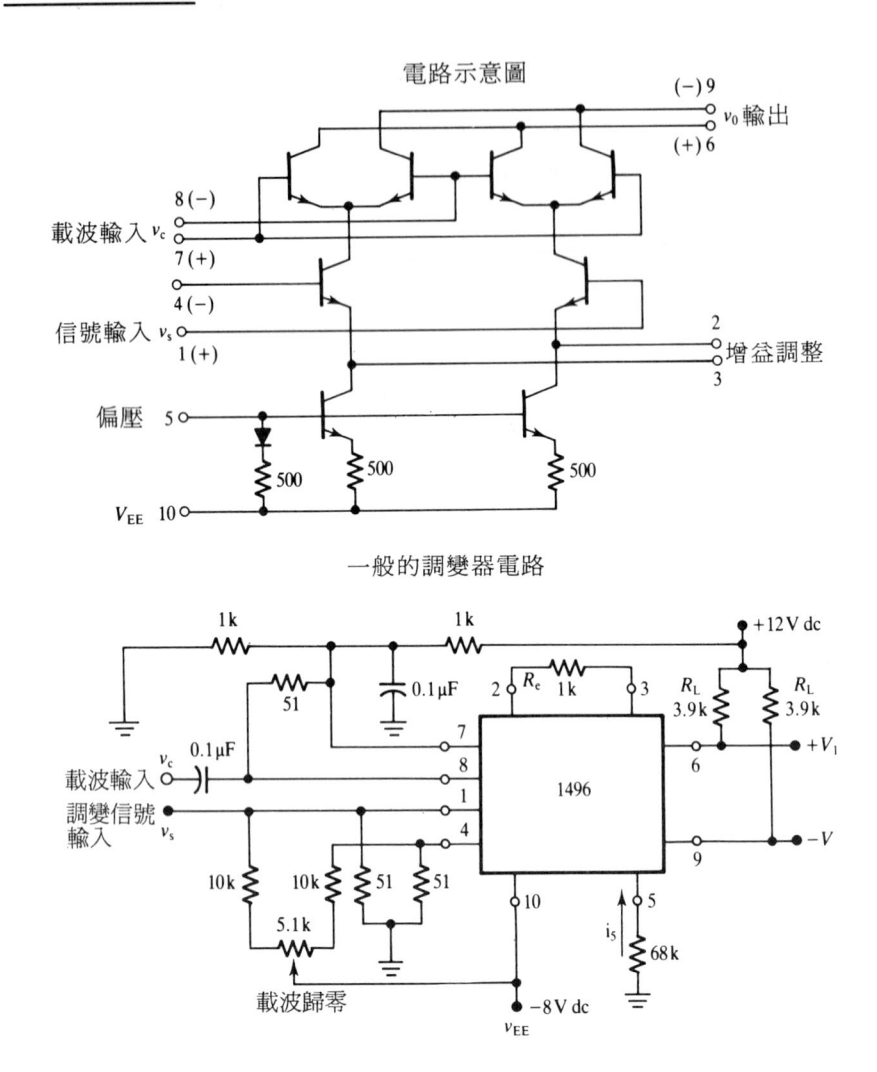

圖 8.13 由廠商的資料而得之 MC1496（國家半導體資料表）

8.7 使用平衡調變器調變

這裏我們摘要介紹雙平衡調變器可用來得到振幅調變的所有三種形式（圖 8.14）。平衡調變器本身基本上產生一個 DSBSC 的輸出。

SSB 的第四個（濾波器）方法是不需加以說明的，但第一個方法需要加以

解釋。此**相位改變法**由下列方程式合成而得到 SSB，

$$\text{LSB} = \cos(\omega_c - \omega_m)t = \cos \omega_c t \cos \omega_m t + \sin \omega_c t \sin \omega_m t$$
$$= \cos \omega_c t \cos \omega_m t + \cos(\omega_c t - \pi/2) \cos(\omega_m t - \pi/2)$$

這正是兩個乘積的和，一個是載波，另一個是基頻，而另兩個同樣的信號以相位改變 $\pi/2$（Hilbert 轉換）。此相位偏移對單一固定頻率的載波而言是非常容易得到的，但對幾乎總是包含了一個頻帶的基頻卻是相當困難。在實務上，只可能使用兩個偏移差為固定的（在這裏為 $\pi/2$）相位**偏移**網路來得到一個頻帶的固定相位偏移，如圖 8.15 所說明的。

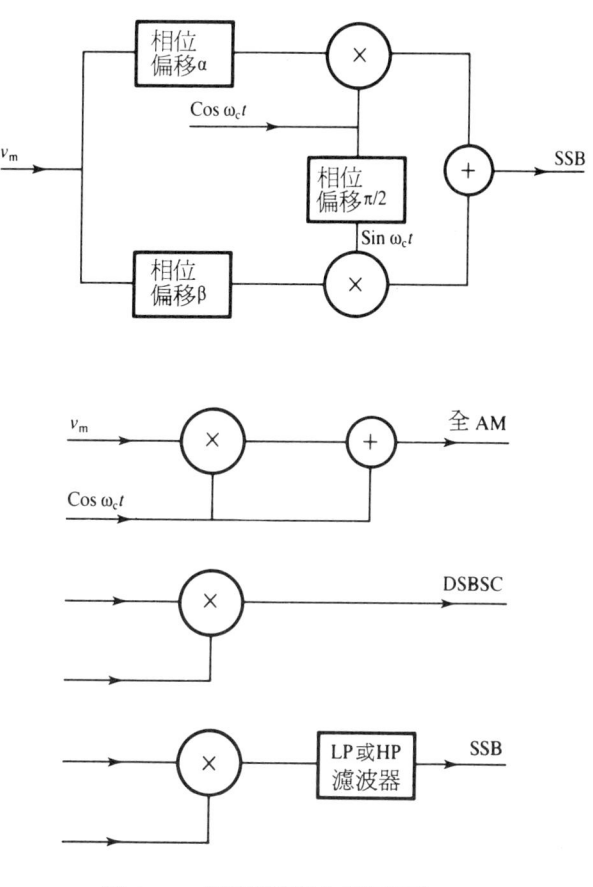

圖 8.14　平衡調變器之振幅調變

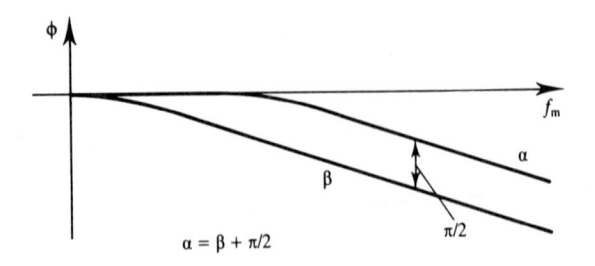

圖 8.15 在一個頻帶中得到固定之相位偏移

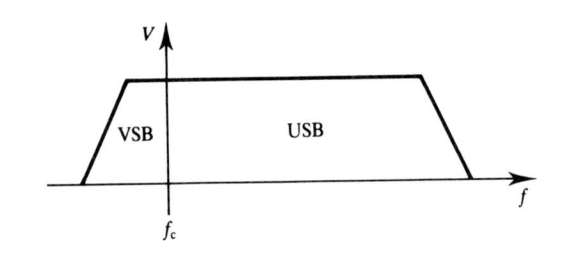

圖 8.16 TV 信號頻譜之殘邊帶

然後乘積的 LSB 和變成

$$\cos \omega_c t \cos (\omega_m t + \alpha) + \cos (\omega_c t - \pi/2) \cos (\omega_m t + \beta)$$
$$= \cos \omega_c t \cos (\omega_m t + \alpha) + \cos (\omega_c t - \pi/2) \cos (\omega_m t + \alpha - \pi/2)$$
$$= \cos \omega_c t \cos (\omega_m t + \alpha) + \sin \omega_c t \sin (\omega_c t + \alpha)$$
$$= \cos [(\omega_c - \omega_m)t - \alpha]$$

因此得到 LSB。此相位偏移 α 隨信號頻率線性地變化且對大部份信號沒有作用。

還有一個第三種方法，**Weaver and Barber**，較為複雜但避開了相位偏移的問題。

我們需要看一下 SSB 的兩種變化。一個是使用在電視信號傳輸的**殘邊帶**（VSB）。大部份的影像基頻是以線譜的方式在一個 USB 調變波封內傳送，其在視訊載波之上，但一些較低之邊帶也同時被傳送，如圖 8.16。

這允許直流成份被接收到，以及避免低頻成份的相位失真。調變頻寬又增加 1.25 MHz。第二個是使用**獨立邊帶**。這很顯然的是一個雙邊帶但每一個邊帶有不同的基頻，它將兩個資訊信號放在同一個（被抑制的）載波上而不增加頻寬。

8.8 在高功率的調變

全 AM 可以由直接調變 E_c 而產生,並且此種方法在功率情況下,例如無線電發射器是經常使用的。如圖 8.17 中,調變是在射頻載波的最後一級放大（C 級）中完成的,其中電路操作在一個高度非線性狀態中。

使用基頻信號來改變至輸出狀態的瞬時電源供應器之電壓可達到調變之目的。圖 8.18 所示之電路即可為此電路。

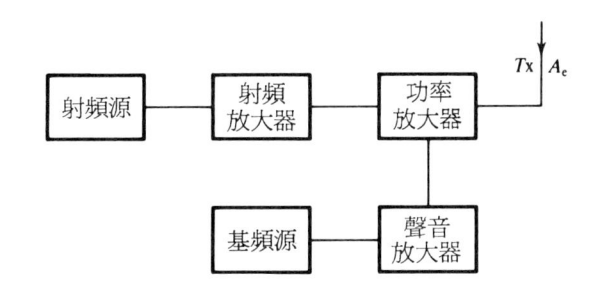

圖 8.17　輸出級的直接調變

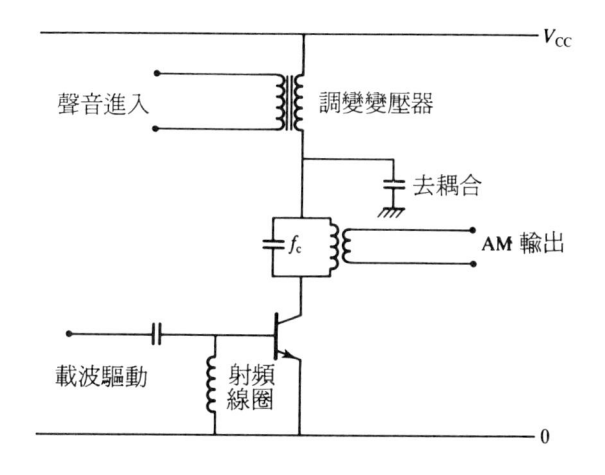

圖 8.18　直接調變 V_{cc} 之全 AM

8.9 摘　要

要達到調變，信號必須在某種非線性電路中有交互作用，非線性可以是遽變的（如截波調變器）或連續變化的（如"平方律"二極體）。每一種的各個形式都已描述且也有今天的積體電路的形式。SSB 也使用合成的方法。

本章其他重要觀念為平衡調變器，其中不需要的調變乘積以抵銷方式移走。

8.10 結　論

很自然的，在知道了如何調變一個載波之後，我們現在需要知道如何解調以復原基頻信號。我們將在下章中看到某些方法是很直接的。

8.11 習　題

8.1 一個非線性電路的輸入電壓 v_i 及 輸出電壓 v_o，其中

$$v_o = 0.5v_i + 0.1v_i^2$$

v_i 包含一個在 100 kHz 峯對峯值 1.0 V 的載波及在 5 kHz 峯對峯值 0.7 V 的音調。寫出 v_o 的式子，包含所有頻率及振幅，並畫其頻譜。現在 v_o 通過一個理想的低通濾波器，頻率範圍 65 到 135 kHz，證明現在信號頻譜為一全 AM 頻譜且 $m = 0.28$。

求出調變音調之最大值及在濾波器輸出上沒有失眞或干擾之最大頻率。

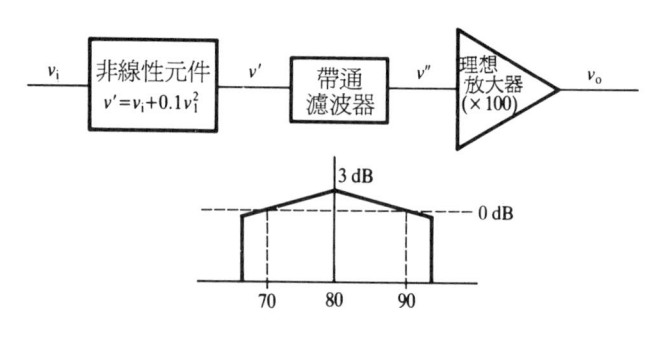

圖 8.19　習題 8.2 之系統

第八章　振幅調變器　*121*

8.2 圖 8.19 所示為一非線性調變系統及其特性曲線，輸入由 80 kHz，20 Vp-p 振幅之載波及 10 kHz，2.0 Vp-p 振幅之信號組成。決定在濾波器輸出中所有成份之振幅及頻率。求出在濾波器之前及之後的調變因子之值。計算在理想放大器輸出中邊帶功率對總功率之比值。

8.3 類似於圖 8.19 的系統有一理想帶通濾波器，範圍為 70 到 90 kHz，調變器特性為

$$v_o = 0.1v_i + bv_i^2 + cv_i^3$$

且輸入為

$$v_i = 10 \cos(2\pi \times 80 \times 10^3 t) + 1.0 \cos(2\pi \times 10^4 t)$$

證明全 AM 輸出之 $m=1$，只有當 $b=0.05$ 及 $c=0$。同時證明 $c=0.4$ 若 f_m 之最高諧振只為 f_m 本身振幅之 1/10。

8.4 一個二極體之理想特性為

$$I = I_o[\exp(40V) - 1]$$

(i) 造成 I 有 1% 失真之 V 值為何？
(ii) 將 I 以級數展開至 V^3。
(iii) 若 $V = 0.1 \cos \omega_1 t + 0.1 \cos \omega_2 t$，列出 I 中的頻率及相對之大小。使用(ii)中之模型。

8.5 兩個一樣的非線性調變器用來表示圖 8.20 系統中的 DSBSC。每一個特性為

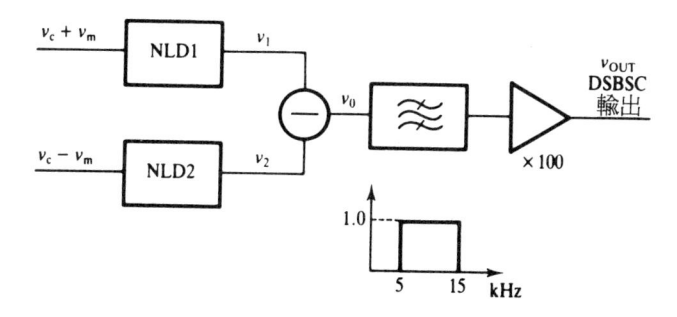

$$v_{out} = 0.5v_{IN} + 0.2v_{IN}^2 + 0.1v_{IN}^3$$

圖 8.20 習題 8.5 之電路

輸入為

$$v_c = 2.0 \cos(2\pi \times 10^4 t) \text{ 及 } v_m = 0.2 \cos(2\pi \times 10^3 t)$$

畫出 DSBSC 輸出之頻譜，並計算其可用之功率（在 1Ω 上）。

現讓 f_m 增加至最大值而不會造成失真或干擾於輸出中。

8.6 解釋在圖 8.7 中片段式線性調變器之調變如何發生。若當 $v_m = 0$ 時載波正好為半波整流，估計 m 之值當 $E_m = E_c/10$。〔假設乘積調變由整流之 f_c 的傅立葉諧振之不變的 f_m 產生。〕

8.7 乘積調變器有時稱為"平衡調變器"。
(i) 在這裏"平衡"表示什麼？
(ii) 為何使用"平衡"？
(iii) 什麼是雙平衡調變器？
(iv) 用來產生平衡調變之電路有何要求之特點？
(v) 在 i.c. 乘積調變器中這些要求如何達到？

8.8 解釋在圖 8.13 之電路中使用可變超電導原理之兩個信號的乘積調變背後之原理。計算 "I_3" 之值（圖 8.12）及當每一個輸入為 10 mVp-p 振幅時之輸出電壓之值。

8.9 估計需要用來分開上下邊帶之濾波器級數，當一個標準的電話頻道被乘積調變至一個 64 kHz 的載波上時。

9 振幅解調

9.1 簡 介

　　解調為當調變後的載波到達傳輸系統的接收端時，由其復原原始之基頻的過程。由於歷史的原因，它通常稱為"檢波"，並且兩個名詞將交換使用。

　　對於 a.m. 信號，解調器有**兩種**基本形式：波封檢波器及同調解調器，每一個有它特別的應用，兩者都將在下面介紹。

9.2 波封檢波

　　這是一個簡單基本電路的普遍的方法且有多方面的應用。它侷限於基頻波形為調變的載波電壓範圍之波封的信號（即全 AM）；因此又叫做**波封檢波器**。一個熟知的應用為日常的廣播無線電接收器。其用到全 AM 信號，但在 VHF 的一些檢測系統中的 FM 接收器也可發現到。這些使得它們確實非常普遍——但在電路中通常很難發現到波封檢波器，因為它只有一些零件而已。

　　基本的電路為一個二極體整流器有 CR 時間常數，再接一個阻隔直流的 CR 高通濾波器，部份當作負載。圖 9.1 所示為一代表性之裝置。

　　我們選擇 CR 之乘積使得整流的信號緊密的隨著調變波封走，但又不會像載波變化的那樣快。一個有用但粗略而實際的方法是 $\omega CR=1$，其中 ω 為檢測到之最高基頻頻率。C' 必須遠大於 C 使得所有的基頻頻率可以通過並且只阻隔直流成份。R' 必須遠大於 R 使得它不會增加 CR 及改變其有效值。稍後在 9.3 節有較詳之描述。唯一外在的條件為輸入電壓必須足夠大，使得波封電壓總是遠大於二極體之臨界電壓（Ge 為 0.3 V，Si 為 0.6 V），否則將發生失真。

　　圖 9.2 所示為波封檢波的動作。

　　二極體只允許載波的正半週通過。這個效果就是每一次對 C 充電至載波峯值電壓。但因為 C 經由 R 放電相當的慢，它的電壓並不會隨著載波下降至峯

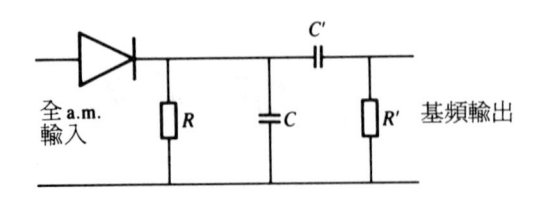

圖 9.1 基本波封檢波電路

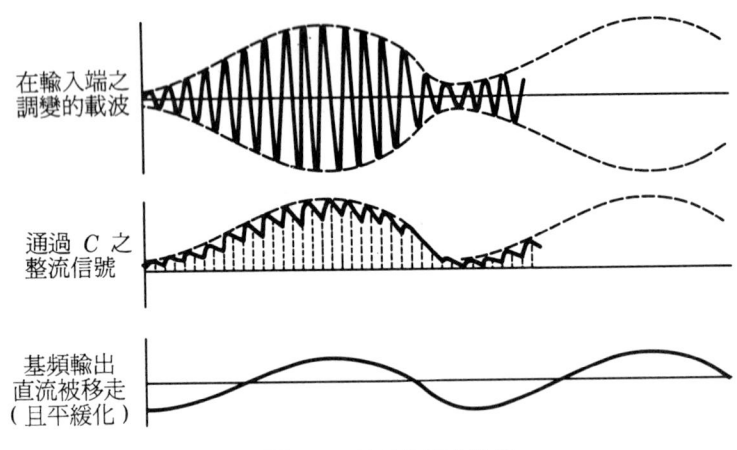

圖 9.2 波封檢波之動作

值間的零值。相反的,它下降一很小的量,然後被下一個載波電壓的正半波再充電,上面的圖形顯示了一些失真(鋸齒線),但這可被忽略,因載波頻率相當大,所以電容電壓在峯值之間有很短的時間下降。實際上 f_c 比 f_m 大 100 倍以上。

最後 C' 阻隔掉直流成份,並在輸出端得到原來的基頻波形。

這個技巧就是安排 C 的放電速率足夠慢使得它不會在載波峯值之間下降太多,但又要足夠大使得它能夠追得上波封電壓下降的最快速率。正如你所看到,這發生在基頻波形的正向邊。若電容電壓下降得太慢,它就不能沿著波封凹處走,而造成失真。若它下降得太快,它只傾向於沿著載波電壓走,則基頻就不能被分別出來。裝置這樣的一個可工作的檢波器是一個有意思的練習,並且可改變 C(或 R)之值來看這些效果。

9.3 決定元件之值

上面所考慮的點推導出決定使用時間常數(CR 乘積)的值的理論方法。這

個答案視調變因子 m 而定，且對一個單一正弦基頻，可推導如下：

$$\text{取一載波} \quad v_c = V_c \cos \omega_c t$$
$$\text{並調變} \quad v_m = V_m \cos \omega_m t$$
$$\text{以全 AM 形式} \quad v_{AM} = V_c(1 + m \cos \omega_m t) \cos \omega_c t$$
$$\text{以調變波封} \quad v_{ENV} = V_c(1 + m \cos \omega_m t)$$

我們要來求出時間常數（CR 乘積）的值，其電容放電速率恰等於波封電壓下降得最快的速率。首先將這些速率令其相等：

$$\frac{dv_{ENV}}{dt} = -V_c m \omega_m \sin \omega_m t$$

$$\frac{dv_{CAP}}{dt} \simeq \frac{-v_{ENV}}{CR} = \frac{-V_c}{CR}(1 + m \cos \omega_m t)$$

這個近似是可行的，因為當充電至載波峯值的波封電壓，我們只關心 v_c 的少量下降的值。然後放電可視為線性的而非指數的。若你不確定可自行推導。

現在讓兩個放電速率相等，即

$$-V_c m \omega_m \sin \omega_m t = \frac{-V_c}{CR}(1 + m \cos \omega_m t)$$

或

$$CR = \frac{1 + m \cos \omega_m t}{m \omega_m \sin \omega_m t}$$

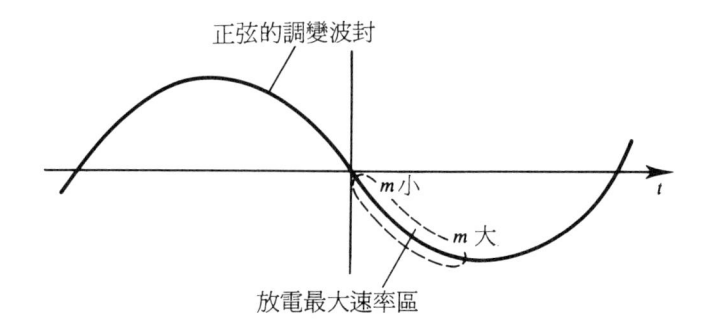

圖 9.3 放電最大速率的點

顯然地，這個值有一個很大的範圍，可大至 ∞ 視時間而定（即視 $\sin \omega_m t$ 及 $\cos \omega_m t$ 值而定），但我們要知道最糟的情形，即當其最限制 CR 之值。這發生在當成比例的放電速率是最大的，即在平均波封電壓之後，如圖 9.3 所示。

最大放電率的準確點將依 m 而定，並且我們需要求出發生此點的時間（或 $\cos \omega_m t$ 之值）。這可由微分及時間等於零來找出 CR 改變速率的點來得到——標準微積分的最小值。

即，當 $d(CR)/dt=0$，我們求出 CR 值：

$$\frac{d(CR)}{dt} = \frac{d}{dt}\left(\frac{1+m\cos \omega_m t}{m\omega_m \sin \omega_m t}\right)$$

$$= -\frac{m\omega_m \sin \omega_m t}{m\omega_m \sin \omega_m t} - \frac{\omega_m \cos \omega_m t}{m\omega_m \sin^2 \omega_m t}(1+m\cos \omega_m t)$$

$$= -1 - \frac{\cos \omega_m t}{m \sin^2 \omega_m t} - \frac{\cos^2 \omega_m t}{\sin^2 \omega_m t}$$

這等於零當

$$1 = -\frac{\cos \omega_m t}{\sin^2 \omega_m t}\left(\frac{1}{m}+\cos \omega_m t\right)$$

或

$$\boxed{m = -\cos \omega_m t}$$

即

$$CR_{\text{MAX}} = \frac{1-m^2}{m\omega_m(1-m^2)^{1/2}}$$

或

$$\boxed{CR \leq \frac{(1-m^2)^{1/2}}{m\omega_m}}$$

[例如，若 $f_m=1$ kHz 且 $m=0.5$，則 $CR=2.76\times10^{-4}$，所以選擇 $C=10$ nF 則需要 $R=28$ kΩ。]

當然，這並不能準確符合 C 或 R 的值，只能符合他們的乘積，一個適當的選擇之決定必須有一些理由。幾個有用的想法列在下面：

- R 不能太小否則它將過度負載信號源。
- R 不能太大否則它須要一個更大的 R'（這兩者使 R 限制在 1 或 10 kΩ）。
- 先將 C 固定（幾個較常用的值），再求 R。
- 然後取 $R' \geq 10\,R$ 及 $C' \geq 10\,C$
- 記住 C' 可以很大，因為它只須阻隔直流。
- R' 也許已經內建在輸入級或下一級中了。
- 先使用粗略的估計法 $CR \approx 1/\omega_m$。

乍看之下，這個準則似乎與 f_c 一點也沒有關係，但它的確以一隱藏的方式與 f_c 有關，因為我們已假設小量之線性電容放電於載波峯值之間，保險起見，這需要至少 $f_c=100\,f_m$。達不到這個要求的結果在上面已經提過——解調的波形呈現很大的鋸齒狀且偏離了正確的平均線位置而引起誤差。

再者，當靠近波封的零電壓部份，幾乎百分之一百調變的波封無法被準確地檢波。起初我們會認為這是須要 $CR=0$。但較可能的理由為在那裏電壓低於二極體之臨界電壓。

取 $CR=1/\omega_m$ 的簡單法則對大部份實用上的調變並不會差太多，且在 $m=0.7$ 是一正確的值。在上面的例子中使得 $CR=1.6\times10^{-4}$。

波封檢波器同樣可以用二極體以相反方式達到。其唯一的效果是可以從調變的載波負的部份檢出基頻。

9.4 平方律二極體檢波

對小信號之輸入，二極體之特性可以用平方律來近似，這在第 8 章已解釋過。它的結果是將信號與信號混合（v^2）產生混合調變乘積，其中有原始基頻信號本身。類似圖 9.4 的簡單電路將可實現此過程，但需要接上一個低通濾波器以分別出基頻。

對一個全振幅調變信號，電路動作可用數學描述如下：

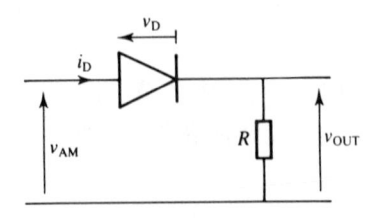

圖 9.4 平方律解調

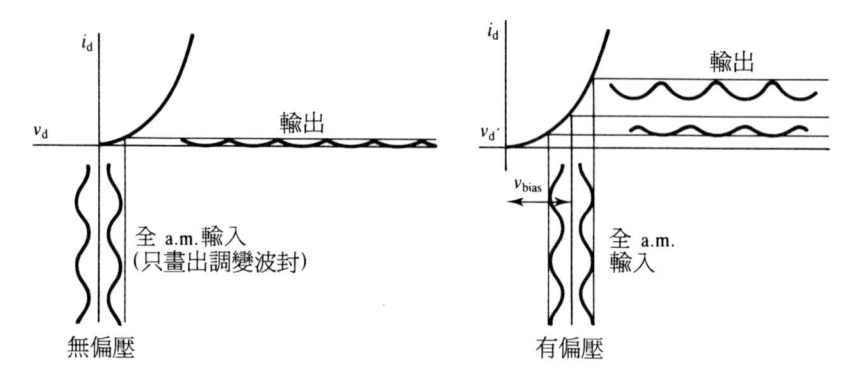

圖 9.5 二極體平方律檢波器動作

$$v_{AM} = V_0(1 + m\cos\omega_m t)\cos\omega_c t$$
$$= V_0\cos\omega_c t + \tfrac{1}{2}V_0 m\cos(\omega_c - \omega_m)t + \tfrac{1}{2}V_0 m\cos(\omega_c + \omega_m)t$$

現在

$$v_{out} = Ri_D$$
$$= R(av_D + bv_D^2)$$

然後假設 $v_{out} \ll v_D$

$$v_{out} = R(av_{AM} + bv_{AM}^2)$$

完成此分析可以看出第一項正是載波及其邊帶，而其他項則有在 f_m（需要的基頻），$2f_m$, $2(f_c - f_m)$, $2f_c$ 及 $2(f_c + f_m)$ 的頻率以及直流部份。讀者若存有疑問可自行推導。

檢波器可需要或不需要有直流偏壓在二極體，圖 9.5 所示即為二者之動作。
這個方法的主要缺點為在輸出中有 $2\omega_m$ 出現，這將使它無法作寬頻調變。

一個普通的應用為微波檢測器，其中一個 1 kHz 的調變音調用來檢測 GHz 載波。然後一個校準過的放大器只選出此音調。這個方法使用了數個毫安的偏壓電流及一個特別裝上的"同軸"二極體。一個特別有用的點是檢出的 1 kHz 輸出電壓大小正比於微波信號功率，因為用到了二個平方律。

9.5 同調解調

不論 DSBSC 或 SSB 都不能用波封檢波器來解調，因為它們沒有一個正確形式的"波封"。DSBSC 的確有一個，但它通過橫軸而不能由整流來復原。

取而代之的是完全不同的方法，是基於在前面所介紹過的標準混波技術。其唯一新的特點是輸入的形式。它們是要被調解的信號及一個本地產生的載波，其形成一"本地振盪器"，如圖 9.6 所示。

這個名字的由來是因為使用的載波信號，它是在接收端產生，必須與在發射端送出的調變信號內的載波的頻率及相位完全一樣，即它必須與進來的載波同調，因此它稱為**同調檢波**，你可以想像這個要求將產生問題出來。

但首先讓我們來作這基本的分析。我們只對 **DSBSC** 來作，因為它自動地包括了 SSB 的兩個形式。基本上混波器產生 $v_c \cdot v_{MOD}$ 之乘積，然後我們要證明這將產生原來的基頻。簡單起見，我們取一正弦基頻，但這原理適用於基頻內所有頻率。忽略振幅（即等於 1）：

$$v_{DSBSC} \cdot v_c = [\cos(\omega_c - \omega_m)t + \cos(\omega_c + \omega_m)t] \cos \omega_c t$$
$$= \cos(\omega_c - \omega_m)t \cdot \cos \omega_c t + \cos(\omega_c + \omega_m)t \cdot \cos \omega_c t$$
$$= \tfrac{1}{2}[\cos(-\omega_m)t + \cos(2\omega_c - \omega_m)t] + \tfrac{1}{2}[\cos \omega_m t + \cos(2\omega_c + \omega_m)t]$$
$$= \cos \omega_m t + \tfrac{1}{2}[\cos(2\omega_c - \omega_m)t] + \cos(2\omega_c + \omega_m)t]$$

$2\omega_c$ 項被濾掉只留下在 ω_m 的原始基頻，因此信號已成功地被解調。顯然地在較寬的基頻內每一個頻率可以用這個方式被還原而產生在接收端的 v_m 的複製。

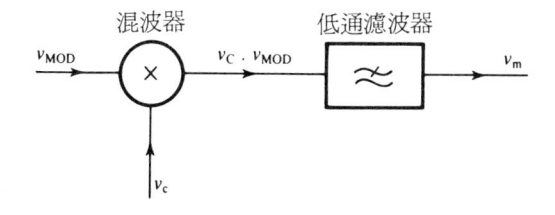

圖 9.6 同調解調原理

SSB 是類似的分析,是上述 DSBSC 的兩個一半,每一個各別產生 v_m。

不論 DSBSC 或 SSB 都不能以其他方式解調,而特別是 SSB 是這樣一個重要的解調技術,因為功率及頻寬的考量,電路(及成本)的額外的複雜性是可以容忍的。大的問題是同調的要求,有二類方法可以解——引導音調及載波復原。例如,VHF FM 立體廣播使用了 DSBSC 調變的中間級在一個 38 kHz 的副載波上,將它以 19 kHz 的引導音調發射出去。在微波無線電通訊中,副載波通常以將信號平方後在接收端還原——載波還原電路。

9.6 同調解調中相位及頻率誤差的效果

要準確地還原原始基頻,本地產生之載波必須與被抑制的載波有相同的頻率與相位。如果不是這樣,在解調的信號中將有誤差發生而造成或多或少的失真,其接受程度視環境而定。我們現以分析的方式來看看 SSB 解調的信號的結果,SSB 是目前最普遍的抑制載波調變。

取一個振幅為 1 的 USB 信號

$$v_{USB} = \cos(\omega_c + \omega_m)t$$

以一個本地產生之載波(v_c)來解調,而 v_c 有相位誤差($\Delta\phi$)或頻率誤差($\Delta\omega$)。

若為**相位誤差**,則

$$v_c = \cos(\omega_c t + \Delta\phi)$$

然後

$$\begin{aligned} v_{DEMOD} &= v_{SSB} \cdot v_c \\ &= \cos(\omega_c + \omega_m)t \cdot \cos(\omega_c t + \Delta\phi) \\ &= \tfrac{1}{2}\cos(2\omega_c t + \omega_m t + \Delta\phi) + \tfrac{1}{2}\cos(\omega_m t - \Delta\phi) \end{aligned}$$

第一項在解調器內由濾波器移走留下正確還原的基頻,除了相位誤差之外。在聲音信號上這很顯然地沒有什麼影響。

對於**頻率誤差**,則

$$v_c = \cos(\omega_c + \Delta\omega)t$$

然後

$$v_{\text{DEMOD}} = v_{\text{SSB}} \cdot v_\text{c}$$
$$= \cos(\omega_\text{c} + \omega_\text{m})t \cdot \cos(\omega_\text{c} + \Delta\omega)t$$
$$= \tfrac{1}{2}\cos(2\omega_\text{c} + \omega_\text{m} + \Delta\omega)t + \tfrac{1}{2}\cos(\omega_\text{m} - \Delta\omega)t$$

同樣 $2f_\text{c}$ 項由 LPF 移走留下需要的基頻，但有頻率偏移。對於只有幾個 kHz 的 $\Delta\omega$ 而言，誤差可以是相當嚴重，在音調上可能會增加（或減少）而造成不能辨認的意義。

對 DSBSC 調變的信號，相對應的結果（讀者可自行驗證）為

$$\text{相位誤差} \quad \cos\omega_\text{m}t \cdot \cos\Delta\phi$$
$$\text{頻率誤差} \quad \cos\omega_\text{m}t \cdot \cos\Delta\omega t$$

頻率誤差的效果類似 SSB，但有兩個偏移（一邊帶向上，另一個向下），相位誤差看起來較嚴重（因 $\cos\Delta\phi$ 很容易變成零），但實務上這不是一個嚴重的問題。

一般的法則是避免這些誤差，這可很容易地辦到──若與現在的載波還原電路一起使用。

最後須注意全 AM（有載波）也可以用同調解調。讀者可嘗試用上面的方法自行證明。它有比較好嗎？

9.7 摘　要

解調 AM 信號有二個方法常使用。

波封檢波在濾波電路（圖 9.1）中使用一個二極體當作整流器，只適用於全 AM，工作原理很簡單但細節較難理解。它的元件大小為

$$CR \leqslant \frac{(1-m^2)^{1/2}}{m\omega_\text{m}} \simeq \frac{1}{\omega_\text{m}}$$

對正常之 m 值。

同調解調混合了調變信號及原始載波（圖 9.6），適用於 DSBSC 及 SSB。工作的基本方程式為

$$v_{\text{MOD}} \cdot v_\text{c} \rightarrow v_\text{m} + \text{接近 } 2\omega_\text{c} \text{ 的項}$$

解調用的載波信號**必須**與在調變的信號完全同調，否則發生誤差──9.6 節。這

132 基礎通信理論

需要引導音調或載波還原電路。

9.8 結 論

在上面三章中我們已討論了以振幅調變的通訊方法的基本概念及方法。接下來我們必須來看頻率調變——首先它是較難理解，但其動態範圍及雜訊抑制的優點將使我們的努力是值得的。

9.9 習 題

9.1 一個波封檢波器，有一全 AM 輸入，回答下列問題：
  (i) 當 $m=1$，0.3 及 0.9，$f_m=1.0$ kHz 時 CR 之最大值爲何？
  (ii) $CR=1/\omega_m$ 及 0 時求出 m 值。
  (iii) CR 值似乎與 f_c 無關，在什麼樣的假設下這是成立的，並且在什麼樣的條件下它不成立？這時會發生何事？
  (iv) 對於 (i) 的結果，選定 C，R，C' 及 R' 的值並解釋你的理由。
  (v) $m=0.3$ 畫出輸入峯值電壓爲 10，1 及 0.1 V 的波封檢波輸出波形。
  (vi) 若二極體反向連接，則在 (v) 中之輸出波形有何結果？
  (vii) 若在 (vi) 中有任何輸出波形失眞，你如何改進它們？
  (vii) 在 (iv) 中對一適當之 CR 值，指定 C，R，C'，及 R' 值。

9.2 一個同調檢波器混合了載波 f_c 及一個 AM 輸入信號，求出檢波器輸出之頻率（以及適當之相對振幅），在下列輸入條件下，並說明基頻如何被分別出來：
  (i) SSB (USB)：$f_i=101$ kHz，$f_o=100$ kHz [f_i 爲進來信號之"瞬時"頻率；f_o 爲"本地振盪器"頻率]。
  (ii) DSBSC：f_o 與 (i) 同，f_i 爲 99 kHz 及 101 kHz。
  (iii) 全 AM：與 (ii) 一樣的 f_m 及頻寬。
  (iv) 同 (i) 及 (ii)，但 f_o 與原始載波 f_c 有 $\pi/2$ 相位偏移；$f_o=f_c$。
  (v) 同 (i) 及 (ii)，但 $f_o=1010$ kHz，f_c 不變。
  (vi) SSB 在頻帶 990~999 kHz，$f_o=1$ MHz。
  (vii) 同 (vi) 但 DSBSC 在頻帶 990~1010 kHz。
  (viii) 同 (vii) 但 $f_o=1010$ kHz。
  (ix) 當輸入同 (ii) 時，你期望波封檢波器之輸出爲何？

9.3 畫出波封檢波器之電路圖,並解釋其工作原理,假設由一單一調變音調產生之全 AM 信號當作輸入。

9.4 證明在一個全 AM 信號中二極體可用來檢測基頻信號,小心地解釋檢波器要成功地操作的所有條件,證明你的電路的時間常數 τ 與調變因子 m 有關,當單一正弦基頻的角頻率為 ω_m 時:

$$\tau = \frac{(1-m^2)^{1/2}}{m\omega_m}$$

指定檢波器的元件的值以還原頻率範圍至 15 kHz,$m=0.5$ 的基頻。

9.5 圖 9.7 所示之電路接收載波頻率為 198 kHz 而載有基頻至 7500 Hz 的全 AM 信號。

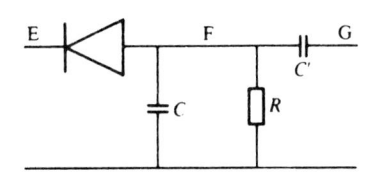

圖 9.7 習題 9.5 之電路

選擇一個適當的 m 值然後計算元件的值,並解釋你所作之任何假設。畫一簡圖說明波形中標為 E,F 及 G 點的主要特點。

9.6 設計一波封檢波器以解調 $m=0.6$ 之 AM 信號,它有標準的廣播頻寬及中頻頻率。給定所有元件的值,並解釋這些值如何得到的。推導你所用到的式子,並寫出代表性的電壓值及原因。

9.7 解釋一個波封檢波器如何從一個全 AM 信號還原出基頻。

討論從 100 kHz 載波中還原一個 1 kHz 正弦波的元件值的選擇。

9.8 設計一波封檢波器以解調一穩定的 5 MHz 信號,此信號在 $m=0.6$ 調變一 1 MHz 之載波。你必須解釋所有設計之過程,但不需詳細推導式子。

寫出並解釋準確還原基頻信號的條件。說明那些條件已滿足,而那些還需其他條件來補足。

10 頻率調變理論

10.1 簡 介

在第 6 章（6.8 節）我們看到一個載波波形的一般式

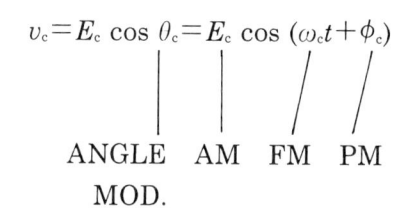

$$v_c = E_c \cos \theta_c = E_c \cos(\omega_c t + \phi_c)$$

ANGLE MOD.   AM   FM   PM

如何導致**類比調變**的三種形式。

改變 E_c 導致振幅調變，這在前面已討論過。另外二種則發生在當 θ_c 被基頻所改變而通稱為**角調變**。改變 ω_c 產生**頻率調變**而改變 ϕ_c 造成**相位調變**。後二者在動作上似乎非常類似（畢竟，頻率只是相位的變化率）且有類似的分析，雖然，他們的效果實際上不相同（應用上也不同）。其差別在圖 10.1 中可看得很清楚，其為一方波基頻；但對一連續變化之基頻就沒有那麼容易了。因為他們實際上是非常不同的，在這裏先討論 FM 而將 PM 留待至 13 章。

10.2 FM 的一般原則

頻率調變的基本原則為基頻電壓（v_m）以**微量方式**（即保持 $\delta f_c \ll f_c$）**線性**地**改變載波頻率**。在這個方式下，頻率之改變載有資訊而在接收端予以還原。

因此基本式子為

$$\delta \omega \propto v_m$$
或
$$\delta \omega_c = K v_m$$
          FM 原則

— 135 —

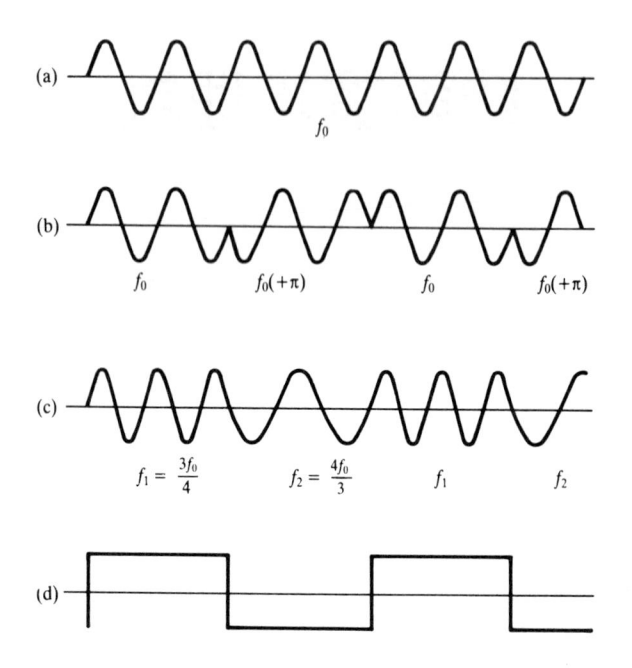

圖 10.1 方波基頻的頻率及相位調變：(a) 未調變之載波波形，ω_c 及 ϕ_c 不變；(b) 相位的階變調變，$\Delta\phi_c=180°$；(c) 頻率的階變調變，$f_1=3f_0/4$，$f_2=4f_0/3$；(d) 方波基頻

K 為**調變靈敏度**，單位為 rad s^{-1}V^{-1}，雖然實際上較常表示為 kHz mV^{-1}，K 通常寫成 K_F 以與相位調變所用之 K_P 有所區別。

$\delta\omega$ 為基頻造成瞬時載波頻率 ω_i **偏離**未調變頻率 ω_c 的量，即

$$\omega_i = \omega_c + \delta\omega$$

乍看之下，你也許認為你可簡單寫成

$$v_{FM} = E_c \cos \omega_i t \qquad \text{錯誤}$$

但這是不對的，因為 ω_i 以前的值可能引進未知的相位項。相反的，你應寫成

$$\boxed{v_{FM} = E_c \cos \theta_i}$$

其中 θ_i 為載波的瞬時相位角，然後回到基本的概念即頻率為相位的變化率，所

以 $\omega_i = d\theta_i/dt$。

θ_i 的正確式子可以由零積分至現在時刻 t 的 ω_i 找出，即

$$d\theta_i = \omega_i \, dt$$

因此

$$\int_0^{\theta_i} d\theta_i = \int_0^t \omega_i \, dt$$

$$\theta_i = \int_0^t (\omega_c + \delta\omega) \, dt$$

$$= \int_0^t (\omega_c + Kv_m) \, dt$$

$$= \int_0^t \omega_c \, dt + \int_0^t Kv_m \, dt$$

所以

$$\theta_i = \omega_c t + K\int_0^t v_m \, dt$$

得到

$$v_{FM} = E_c \cos\left(\omega_c t + K\int_0^t v_m \, dt\right) \qquad \text{f.m. 波形的一般式}$$

這是任何基頻信號以頻率調變一載波的一般式。

10.3 以單一正弦基頻的頻率調變

顯然的，上面的式子不能告訴我們太多東西。特別是它沒有說明頻率調變載波的頻譜為何。要看到頻譜，它必須將分析限制在單一頻率組成之基頻，如 AM。這並不像表面看到的這樣限制，因為任何真實信號是由許多個單一頻率信號所組成，如第 3 及 4 章的傅立葉分析，因此它是有用的且有效的寫成

$$\boxed{v_m = E_m \cos \omega_m t}$$

得到

$$\delta\omega = KE_m \cos \omega_m t$$
$$= \Delta\omega \cos \omega_m t$$
$$= 2\pi \Delta f \cos \omega_m t$$

其中 $\Delta\omega$ 及 Δf 為發生的**最大偏移**（當 $\cos \omega_m t = \pm 1$），二個量僅指明其為**偏移**。在任一 f.m. 系統中它們是重要的參數（如 ±75 kHz 的 VHF）：

$$\Delta\omega = KE_m$$
$$\Delta f = KE_m / 2\pi$$

偏移

將 v_m 代入 v_{FM} 的通式中得到

$$v_{FM} = E_c \cos \left(\omega_c t + K \int_0^t E_m \cos \omega_m t \, dt \right)$$
$$= E_c \cos \left(\omega_c t + KE_m \int_0^t \cos \omega_m t \, dt \right)$$
$$= E_c \cos \left(\omega_c t + \Delta\omega \int_0^t \cos \omega_m t \, dt \right)$$
$$= E_c \cos \left(\omega_c t + \frac{\Delta\omega}{\omega_m} \sin \omega_m t \right)$$

現將 $\Delta\omega/\omega_m$ 寫成一常數 β，得到

$$v_{FM} = E_c \cos (\omega_c t + \beta \sin \omega_m t)$$

其中 β 為**調變指數**並且為任一 f.m. 通訊系統中另一重要參數。β 為

$$\beta = \frac{\Delta\omega}{\omega_m} = \frac{\Delta f}{f_m}$$

調變指數

顯然的 β 值隨 f_m 而變，所以 β 將在一信號頻率的頻帶內變化且其值可能很大。例如，300 Hz 的語音及 75 kHz 的偏移得到 β 值為 250 而 15 kHz 語音 β 只有 5。在 10.5 節中有更詳細之探討。

現在 v_{FM} 之通式可以更進一步的分析而得出

$$v_{FM} = E_c \cos \omega_c t \cos (\beta \sin \omega_m t) - E_c \sin \omega_c t \sin (\beta \sin \omega_m t)$$

就是這個式子可以被分析來得出一個 f.m. 信號的頻譜成份。有兩個方法，其中

一個需要簡化的假設，另一個則不需要。

10.4 窄頻帶頻率調變（NBFM）

這裏作了一個簡化的假設即 β 很小──小致可以使得 $\beta \sin \omega_m t$ 也很小，而得到下面進一步的假設：

$$\cos (\beta \sin \omega_m t) = 1$$
$$\sin (\beta \sin \omega_m t) = \beta \sin \omega_m t$$

檢驗這些假設成立的一般標準爲 $\beta \leqslant 0.2$ rad。［$\cos (0.2) = 0.980$ 及 $\sin (0.2) = 0.199$──夠好了吧？］

現在 v_{FM} 之通式可以寫成更簡化的形式：

$$v_{FM} = E_c \cos \omega_c t \cdot 1 - E_c \sin \omega_c t (\beta \sin \omega_m t)$$
$$= E_c \cos \omega_c t - \beta E_c \sin \omega_c t \sin \omega_m t$$

得到

$$v_{NBFM} = E_c \cos \omega_c t - \tfrac{1}{2} \beta E_c \cos (\omega_c - \omega_m)t + \tfrac{1}{2} \beta E_c \cos (\omega_c + \omega_m)t$$

這是一個很簡單的式子，很容易理解，它由一個載波及類似於全 AM 的邊帶對組成，唯一的差別是以 β 取代 m 且下邊帶的大小爲負的。圖 10.2 爲二者頻譜之比較。β 的值可由頻譜中測出，如同 m（97 頁）。

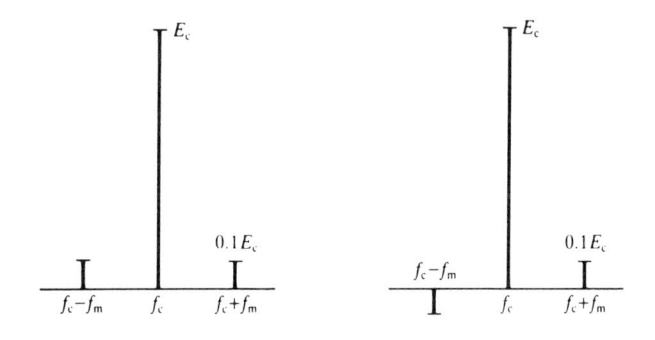

圖 10.2　全 AM（左）及 NBFM（右）頻譜比較（$\beta = m = 0.2$）

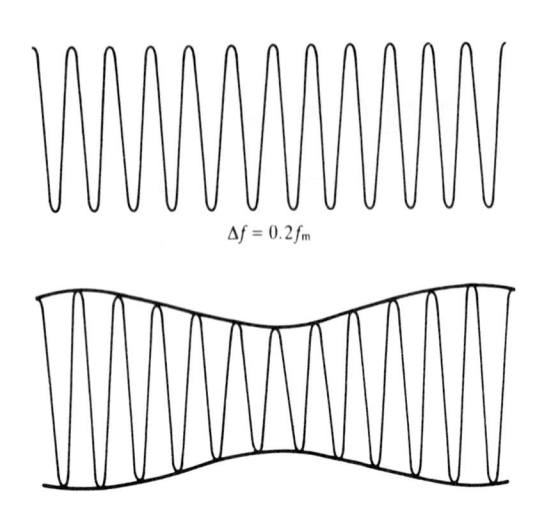

圖 10.3　NBFM(上面) 及全 AM (下面) 波形比較 ($\beta=m=0.2$)

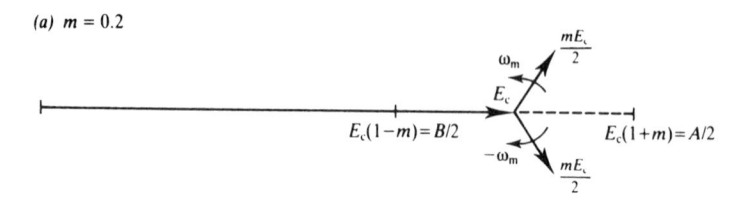

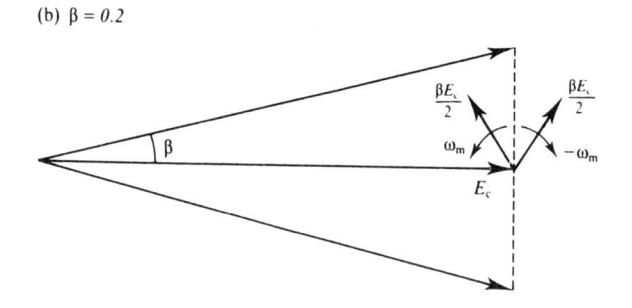

(a) $m = 0.2$

$E_c(1-m)=B/2$　　$E_c(1+m)=A/2$

(b) $\beta = 0.2$

圖 10.4　(a) 全 AM 及 (b) NBFM 的靜止相量圖

下邊帶為負是重要的事實；它使得調變波形相當不一樣，如圖 10.3 所示。在 NBFM 中 $\beta=0.2$ 的頻率遷移是太小（βf_m 與 f_c 比較）以致無法清楚地說明，不像 $m=0.2$ 的波封變化。這個負的下邊帶的效果可以用圖形看出，藉由圖 10.4 的**靜止的相量**圖。

在這裏我們可以清楚的看到下邊帶符號的改變如何造成 NBFM 相角的改變，但對全 AM 則只有大小改變。它也說明了 FM 如何產生相位調變形式的效果（$\Delta\phi_{FM}=\beta=\Delta f/f_m$）。注意在 NBFM 中振幅的變化很小（最大約 3%），但這無關緊要，因為 f.m. 解調將忽略不計。

由圖 10.3，讀者可看到 NBFM 信號的**頻寬**與全 AM 的一樣

$$B=2f_m \qquad \text{NBFM 頻寬}$$

因此有**窄**頻之稱——與 WBFM 比較。

NBFM 並不是只為了好奇，它是許多 f.m. 系統的重要部份——稍後我們將在 11 章中看到。部份是因為它的窄頻寬，但也是由於偏移太小以致線性很容易達到。

10.5 寬頻帶頻率調變（WBFM）

當 β 的值大於 0.2 時，10.3 節後段的通式不能再進一步簡化而必須依原式使用。很幸運的，這一可怕的部份可以用下面的關係式展開（在這裏只敘述而不推導）：

$$\cos(\beta \sin \omega_m t) = J_0(\beta) + 2J_2(\beta)\cos 2\omega_m t + 2J_4(\beta)\cos 4\omega_m t + \cdots$$

$$\sin(\beta \sin \omega_m t) = 2J_1(\beta)\sin \omega_m t + 2J_3(\beta)\sin 3\omega_m t + 2J_5(\beta)\sin 5\omega_m t + \cdots$$

其中 $J_n(\beta)$ 等等為 β 的貝索（Bessel）函數，級數 n。

並不需要完全了解貝索函數才可使用這些式子，但一定程度的了解是有幫助的。它們來自實際的物理情況的微分方程的解。貝索函數的值都有 β 的假週期函數的形式，當 β 增加時則衰減，且隨 n 增加而有週期性的增大。當 $\beta=0$ 時，除了 J_0 從 1 開始外，都由零開始。這些都在圖 10.5 中。

要使用貝索函數的數值，必須能夠查表，如表 10.1 及 10.2 所列的值。

現在讓我們來看看一個正弦基頻以 WBFM 調變一個載波通式的關係式結果：

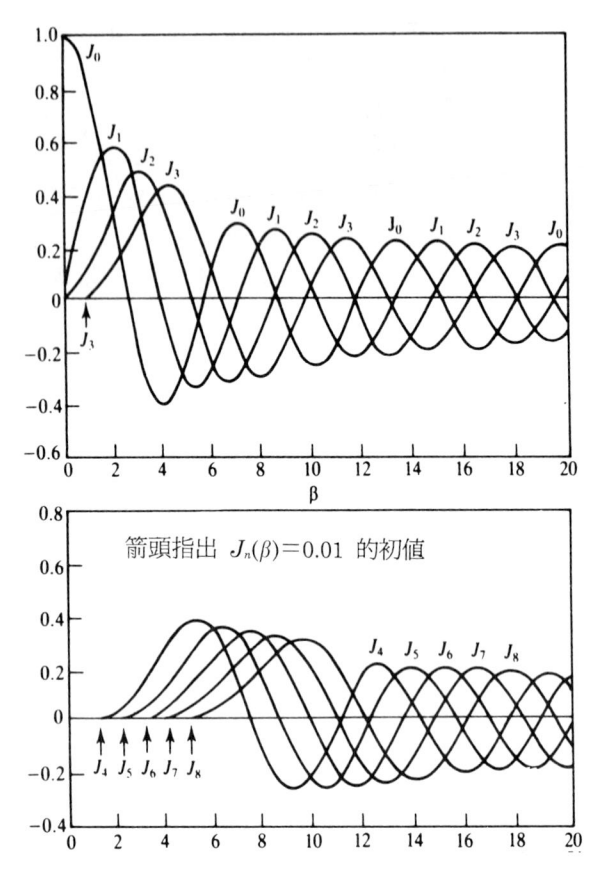

圖 10.5 貝索函數如何隨 β 及 n 變化（取自 Brown 及 Glazier, 1964）

箭頭指出 $J_n(\beta)=0.01$ 的初值

$$\begin{aligned}
v_{\text{WBFM}} &= E_c \cos \omega_c t \cos (\beta \sin \omega_m t) - E_c \sin \omega_c \sin (\beta \sin \omega_m t) \\
&= E_c \cos \omega_c t [J_0(\beta) + 2J_2(\beta) \cos 2\omega_m t + \cdots] \\
&\quad - E_c \sin \omega_c t [2J_1(\beta) \sin \omega_m t + 2J_3(\beta) \sin 3\omega_m t + \cdots] \\
&= J_0(\beta) E_c \cos \omega_c t + 2J_2(\beta) E_c \cos \omega_c t \cos 2\omega_m t + \cdots \\
&\quad - 2J_1(\beta) E_c \sin \omega_c t \sin \omega_m t - 2J_3(\beta) E_c \sin \omega_c t \sin 3\omega_m t - \\
&= J_0(\beta) E_c \cos \omega_c t + J_2(\beta) E_c \cos (\omega_c - 2\omega_m) t \\
&\quad + J_2(\beta) E_c \cos (\omega_c + 2\omega_m) t + \cdots \\
&\quad - J_1(\beta) E_c \cos (\omega_c - \omega_m) t + J_1(\beta) E_c \cos (\omega_c + \omega_m) t \\
&\quad - J_3(\beta) E_c \cos (\omega_c - 3\omega_m) t + J_3(\beta) E_c \cos (\omega_c + 3\omega_m) t - \cdots
\end{aligned}$$

表 10.1 貝索函數值，$\beta = 0 \sim 2.5$（0.2 一級）及 $n = 0 \sim 8$（取自 Betts, 1970）

n	$J_n(0.2)$	$J_n(0.4)$	$J_n(0.6)$	$J_n(0.8)$	$J_n(1.0)$	$J_n(1.25)$	$J_n(1.5)$	$J_n(1.75)$	$J_n(2.0)$	$J_n(2.5)$
0	+0.9900	+0.9604	+0.9120	+0.8463	+0.7652	+0.6459	+0.5118	+0.3690	+0.2239	−0.0484
1	+0.0995	+0.1960	+0.2867	+0.3688	+0.4401	+0.5106	+0.5579	+0.5802	+0.5767	+0.4971
2	+0.0050	+0.0197	+0.0437	+0.0758	+0.1149	+0.1711	+0.2321	+0.2940	+0.3528	+0.4461
3	+0.0002	+0.0013	+0.0044	+0.0102	+0.0196	+0.0369	+0.0610	+0.0918	+0.1289	+0.2166
4			+0.0003	+0.0010	+0.0025	+0.0059	+0.0118	+0.0209	+0.0340	+0.0738
5					+0.0002	+0.0007	+0.0018	+0.0038	+0.0070	+0.0195
6							+0.0002	+0.0006	+0.0012	+0.0042
7								+0.0001	+0.0002	+0.0008
8										+0.0001

表 10.2 貝索函數值，$\beta = 0 \sim 20$（1.0 一級）及 n＝0～25（取自 Betts, 1970）

n	$J_n(1)$	$J_n(2)$	$J_n(3)$	$J_n(4)$	$J_n(5)$	$J_n(6)$	$J_n(7)$	$J_n(8)$	$J_n(9)$	$J_n(10)$
0	+0.7652	+0.2239	−0.2601	−0.3971	−0.1776	+0.1506	+0.3001	+0.1717	−0.0903	−0.2459
1	+0.4400	+0.5767	+0.3391	−0.0660	−0.3276	−0.2767	−0.0047	+0.2346	+0.2453	+0.0435
2	+0.1149	+0.3528	+0.4861	+0.3641	+0.0466	−0.2429	−0.3014	−0.1130	+0.1448	+0.2546
3	+0.0196	+0.1289	+0.3091	+0.4302	+0.3648	+0.1148	−0.1676	−0.2911	−0.1809	+0.0584
4	+0.0025	+0.0340	+0.1320	+0.2811	+0.3912	+0.3576	+0.1578	−0.1054	−0.2655	−0.2196
5	+0.0002	+0.0070	+0.0430	+0.1321	+0.2611	+0.3621	+0.3479	+0.1858	−0.0550	−0.2341
6		+0.0012	+0.0114	+0.0491	+0.1310	+0.2458	+0.3392	+0.3376	+0.2043	−0.0145
7		+0.0002	+0.0025	+0.0152	+0.0534	+0.1296	+0.2336	+0.3206	+0.3275	+0.2167
8			+0.0005	+0.0040	+0.0184	+0.0565	+0.1280	+0.2235	+0.3051	+0.3179
9				+0.0009	+0.0055	+0.0212	+0.0589	+0.1263	+0.2149	+0.2919
10				+0.0002	+0.0015	+0.0070	+0.0235	+0.0608	+0.1247	+0.2075
11					+0.0004	+0.0020	+0.0083	+0.0256	+0.0622	+0.1231
12						+0.0005	+0.0027	+0.0096	+0.0274	+0.0634
13						+0.0001	+0.0008	+0.0033	+0.0108	+0.0290
14							+0.0002	+0.0010	+0.0039	+0.0120
15								+0.0003	+0.0013	+0.0045
16									+0.0004	+0.0016
17									+0.0001	+0.0005
18										+0.0002
19										
20										
21										
22										
23										
24										
25										

表 10.2 （續上表）

n	$J_n(11)$	$J_n(12)$	$J_n(13)$	$J_n(14)$	$J_n(15)$	$J_n(16)$	$J_n(17)$	$J_n(18)$	$J_n(19)$	$J_n(20)$
0	−0.1712	+0.0477	+0.2069	+0.1711	−0.0142	−0.1749	−0.1699	−0.0134	+0.1466	+0.1670
1	−0.1768	−0.2234	−0.0703	+0.1334	+0.2051	+0.0904	−0.0977	−0.1880	−0.1057	+0.0668
2	+0.1390	−0.0849	−0.2177	−0.1520	+0.0416	+0.1862	+0.1584	−0.0075	−0.1578	−0.1603
3	+0.2273	+0.1951	+0.0033	−0.1768	−0.1940	−0.0438	+0.1349	+0.1863	+0.0725	−0.0989
4	−0.0150	+0.1825	+0.2193	+0.0762	−0.1192	−0.2026	−0.1107	+0.0696	+0.1806	+0.1307
5	−0.2383	−0.0735	+0.1316	+0.2204	+0.1305	−0.0575	−0.1870	−0.1554	+0.0036	+0.1512
6	−0.2016	−0.2437	−0.1180	+0.0812	+0.2061	+0.1667	+0.0007	−0.1560	−0.1788	−0.0551
7	+0.0184	−0.1703	−0.2406	−0.1508	+0.0345	+0.1825	+0.1875	+0.0514	−0.1165	−0.1842
8	+0.2250	+0.0451	−0.1410	−0.2320	−0.1740	−0.0070	+0.1537	+0.1959	+0.0929	−0.0739
9	+0.3089	+0.2304	+0.0670	−0.1143	−0.2200	−0.1895	−0.0429	+0.1228	+0.1947	+0.1251
10	+0.2804	+0.3005	+0.2338	+0.0850	−0.0901	−0.2062	−0.1991	−0.0732	+0.0916	+0.1865
11	+0.2010	+0.2704	+0.2927	+0.2357	−0.1000	−0.0682	−0.1914	−0.2041	−0.0984	+0.0614
12	+0.1216	+0.1953	+0.2615	+0.2855	+0.2367	+0.1124	−0.0486	−0.1762	−0.2055	−0.1190
13	+0.0643	+0.1201	+0.1901	+0.2536	+0.2787	+0.2368	+0.1228	−0.0309	−0.1612	−0.2041
14	+0.0304	+0.0650	+0.1188	+0.1855	+0.2464	+0.2724	+0.2364	+0.1316	−0.0151	−0.1464
15	+0.0130	+0.0316	+0.0656	+0.1174	+0.1813	+0.2399	+0.2666	+0.2356	+0.1389	−0.0008
16	+0.0051	+0.0140	+0.0327	+0.0661	+0.1162	+0.1775	+0.2340	+0.2611	+0.2345	+0.1452
17	+0.0019	+0.0057	+0.0149	+0.0337	+0.0665	+0.1150	+0.1739	+0.2286	+0.2559	+0.2331
18	+0.0006	+0.0022	+0.0063	+0.0153	+0.0346	+0.0668	+0.1138	+0.1706	+0.2235	+0.2511
19	+0.0002	+0.0008	+0.0025	+0.0068	+0.0166	+0.0354	+0.0671	+0.1127	+0.1676	+0.2189
20		+0.0003	+0.0009	+0.0028	+0.0074	+0.0173	+0.0362	+0.0673	+0.1116	+0.1647
21			+0.0003	+0.0010	+0.0031	+0.0079	+0.0180	+0.0369	+0.0675	+0.1106
22			+0.0001	+0.0004	+0.0012	+0.0034	+0.0084	+0.0187	+0.0375	+0.0676
23				+0.0001	+0.0004	+0.0013	+0.0037	+0.0089	+0.0193	+0.0381
24						+0.0005	+0.0015	+0.0039	+0.0093	+0.0199
25						+0.0002	+0.0006	+0.0017	+0.0042	+0.0098

$$v_{\text{WBFM}} = E_c[\cdots - J_3(\beta)\cos(\omega_c - 3\omega_m)t$$
$$+ J_2(\beta)\cos(\omega_c - 2\omega_m)t - J_1(\beta)\cos(\omega_c - \omega_m)t$$
$$+ J_0(\beta)\cos\omega_c t + J_1(\beta)\cos(\omega_c + \omega_m)t$$
$$+ J_2(\beta)\cos(\omega_c + 2\omega_m)t + J_3(\beta)\cos(\omega_c + 3\omega_m)t + \cdots]$$

現在注意，不像 NBFM，這裏有許多邊帶對（到 $\beta+1$ 對）。它們的正負號也有一個規則——除了低階的幾個奇數項外都是正的——但這些簡潔的規則在實際上是有所失眞的，由於貝索函數本身傾向於有正有負，如圖 10.6 所示。

重要的是這些譜線的大小，每一邊帶對中的上、下邊帶大小一樣，而產生對於載波位置的振幅對稱的特徵圖形。載波本身並不特別重要，可能非常小或甚至爲零。這些都在圖 10.7 中，其中 β 及 Δf 變化很大。

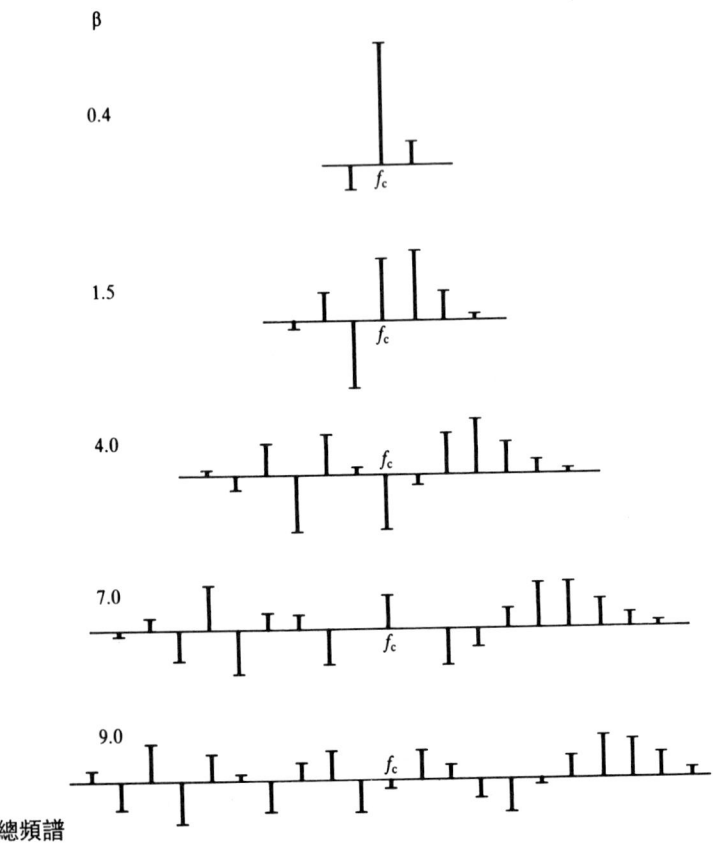

圖 10.6 小 β 值的總頻譜

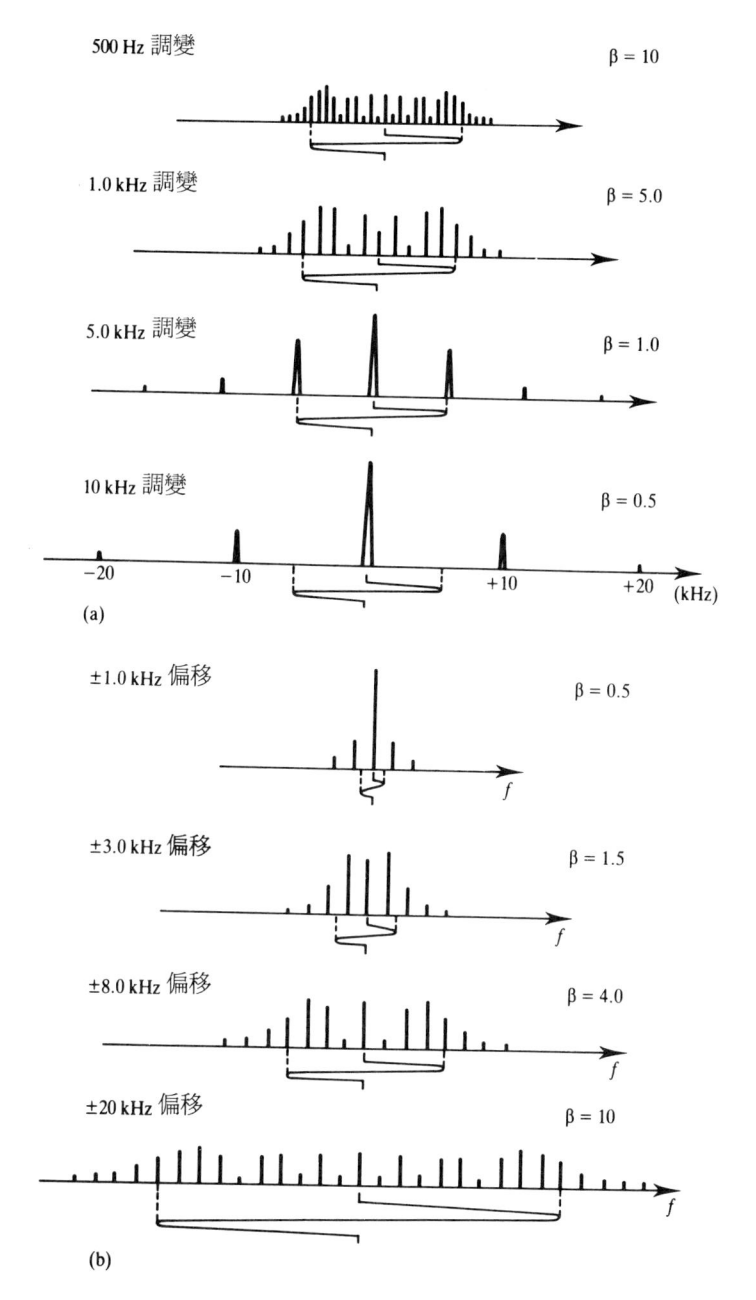

圖 10.7　不同 β 值的頻率調變振幅頻譜：(a) Δf 固定（±5 kHz），f_m 及 β 改變；(b) f_m 固定（2 kHz），Δf（及 β）改變（取自 Hardy, 1986）

注意這些線譜在頻率超出偏移時如何快速地下降，這與後面要討論的頻寬有關（10.6 節）。

也要注意這些振幅頻譜的峯值，恰好在它們變成不重要之前。一般的規則是基頻波形拖得最長時間的偏移有最強的譜線。對正弦波，它靠近峯值，且產生特徵的"耳朵"波封形狀，如圖 10.7。其他的波形在不同的地方有其頻譜峯值，例如，方波在極值處有更大的集中，圖 10.8 為一說明。

貝索函數值有用的應用為幫助辨認特定頻譜的 β 值。這是因為譜線當作乘法器的話，其零值產生零振幅。表 10.3 為一些例子說明。

設立一個簡單的 FM 系統，例如以 VCO 當作信號產生器的輸入並改變 v_m 是有助於說明的，可以從零往上來檢驗 β 值，也可往下來測量頻寬。這形成一個非常好的實驗室中的教學實驗。

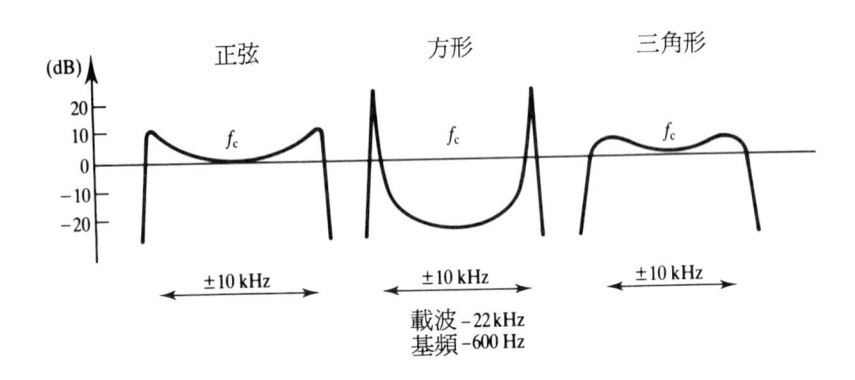

圖 10.8 靠近偏移"暫停"的頻譜集中

表 10.3 譜線零值

在	$\beta = 2.4$	載波為零
在	$\beta = 3.8$	第一對為零
在	$\beta = 5.2$	第二對為零
在	$\beta = 5.5$	載波又為零
在	$\beta = 6.4$	第三對為零
在	$\beta = 7.0$	第一對又為零
在	$\beta = 7.6$	第四對為零

等等（例如載波在 8.7，11.9，15.0 及 18.0 又為零）

10.6 WBFM 頻寬

讀者可從圖 10.7 的頻譜中看到，不像 NBFM 及全 AM，WBFM 的頻寬並沒有明顯的界定。另一方面，譜線大小在偏移大於 $\pm\Delta f$ 時的確有快速地下降，所以不確定性只存於很窄的範圍裏，這可清楚地在圖 10.7 中看到。$2\Delta f$ 是一個很好的近似值而稱爲**名義上的頻寬**，特別是當 β 值較大時，但在一般應用上，需要較定量的定義。

最常使用的爲**卡爾森（Carson）頻寬**，定義爲至少包含有 98% 的信號功率。此定義的用處在於任何 β 值時，它總要求 $\beta+1$ 個邊帶對，因爲頻譜線之間相距 f_m，這表示頻寬 B 爲

$$B=2(\beta+1)f_m \qquad \text{卡爾森頻寬}$$

也可以寫成
$$B=2(\Delta f+f_m)$$

注意這比名義上的頻寬多了一對邊帶，但當 β 很大時多出的寬度是可忽略的。

另一個爲 **1% 頻寬**，定義爲當振幅頻譜比最大線譜振幅的 1% 還小時，在此之前的邊帶對爲其頻寬。這通常比卡爾森頻寬還寬一些。

當 $\beta=1$，卡爾森頻寬有下列之值：

$$v_{FM}=E_c \cos(\omega_c t + \sin \omega_m t)$$

產生正規化功率（在 1 Ω 上）$P=\frac{1}{2}E_c^2$。同時

$$\begin{aligned}v_{FM}&=J_0(1)\cos\omega_c t-J_1(1)\cos(\omega_c-\omega_m)t+J_1(1)\cos(\omega_c+\omega_m)t\\&\quad+J_2(1)\cos(\omega_c-2\omega_m)t+J_2(1)\cos(\omega_c+2\omega_m)t\\&=0.765E_c-0.440E_c+0.440E_c+0.115E_c+0.115E_c\end{aligned}$$

因此

$$\begin{aligned}P&=[0.765^2+2(0.440)^2+2(0.115)^2]E_c^2\\&=[0.4997]E_c^2\end{aligned}$$

這是總功率的 99.93%──非常符合卡爾森定義。第三個邊帶對 $J_3(1)$ 爲 0.0196 增加得很少──讀者自行檢驗。

10.7 頻帶頻率之調變

目前為止,我們只考慮了單一正弦信號的調變。而當實際的情況即信號含有一個頻帶之頻率——真實之基頻帶時將會如何?類似這樣頻帶的例子為名義上頻率 0~4 kHz (300~3400 Hz 有用的) 單一電話頻道。顯然的,第一步是將這頻帶考慮為許多頻率之和,然後看看它們之間有何相同及相異之處。

主要的**共同因子為** Δf,對所有的 f_m 皆**相同**,因為它只與信號振幅有關,而非頻率。另一方面,β **較沒關係**,因為它與 f_m 成反比($\beta = \Delta f / f_m$)。基頻**波形**本身仍然是週期的,但非正弦的且當 E_m 及 f_m 快速地改變時,在形狀上會連續地改變。因此,除了給我們信號會像什麼的印象外,並不特別有用。但它的確告訴了我們一幅用到之波長範圍的圖畫。**頻譜**仍由不同之譜線組成。他們會更多,更靠近,且當 v_m 的頻譜內容改變時在位置上會連續地變化。在振幅頻譜上仍有瞬時的對稱,但這沒太大用處。

頻寬將部份地隨 f_m 而變,因此必須比 f_m 最大值還大。例如,一個電話頻道需要

$$B = 2(\Delta f + 3400) \text{ Hz}$$

由這些考慮,我們可以看到唯一**有用的量**為 Δf 及 B,因此被稱為**實用的規格**。例如 UK 之 VHF FM 無線電廣播的主要規格為

$$\Delta f = \pm 75 \text{ kHz} \quad \text{及} \quad B = 225 \text{ kHz}$$

10.8 公式總結

FM 基本公式:

$$\delta \omega = K v_m$$

任何基頻的通式:

$$v_{FM} = E_c \cos \left(\omega_c t + K \int_0^t v_m \, dt \right)$$

單一正弦基頻的通式:

$$v_{\text{FM}} = E_c \cos [\omega_c t + \beta \sin \omega_m t]$$

NBFM：

$$v_{\text{NBFM}} = E_c \cos \omega_c t - \tfrac{1}{2}\beta E_c \cos (\omega_c - \omega_m)t + \tfrac{1}{2}\beta E_c \cos (\omega_c + \omega_m)t$$

WBFM：

$$\begin{aligned}
v_{\text{WBFM}} &= E_c \cos \omega_c t \cos (\beta \sin \omega_m t) - E_c \sin \omega_c t \sin (\beta \sin \omega_m t) \\
&= \cdots - J_3(\beta) \cos (\omega_c - 3\omega_m)t + J_2(\beta) \cos (\omega_c - 2\omega_m)t \\
&\quad - J_1(\beta) \cos (\omega_c - \omega_m)t + J_0(\beta) \cos \omega_c t + J_1(\beta) \cos (\omega_c + \omega_m)t \\
&\quad + J_2(\beta) \cos (\omega_c + 2\omega_m)t + J_3(\beta) \cos (\omega_c + 3\omega_m)t + \cdots
\end{aligned}$$

定義

(i) 調變靈敏度（K）　　　　$\delta \omega = K v_m$
(ii) 偏移（$\Delta \omega$）　　　　　$\Delta \omega = K E_m$
(iii) 調變指數（β）　　　　$\beta = \Delta \omega / \omega_m = \Delta f / f_m$
(iv) 卡爾森頻寬（B）　　　$B = 2(\Delta f + f_m)$
　　　　　　　　　　　　　　$= 2(\beta + 1) f_m$
(v) 名義頻寬　　　　　　　　$B = 2\Delta f$

10.9 結　論

　　頻率調變可以有高度的線性及大的動態範圍。與振幅調變比較它也較不容易受到振幅雜訊干擾，假設信號功率夠大的話，雖然這裏並沒有相關的分析。藉由使用較高的載波頻率，較大的基頻頻寬可以用來使立體聲廣播品質更好。

　　真實的 NBFM（Δf 為幾個 Hz）用在廣播中以提供高度的線性調變，然後在轉成 WBFM 以供傳輸。低的 Δf 值（如 ±2.5 kHz）也用在通訊應用中，例如移動的無線電、CB 及業餘無線電。它們有雜訊的優點且保持小的頻道頻寬。

　　現在讓我們來看看 FM 如何作成及還原。

10.10 習　題

10.1 當 $f_m=3$ kHz，$E_m=3.0$ V，$\beta=4.0$，$E_c=2.0$ V 及 $f_c=200$ kHz，計算
(i) 頻率偏移（Δf）。
(ii) 頻率調變靈敏度（K）。
(iii) 最大及最小之瞬時頻率（f_i）。
(iv) 卡爾森頻寬（B）。
(v) f.m. 邊帶頻率及振幅。

10.2 畫出習題 10.1 (v) 之頻譜，並註明頻寬。

10.3 當 $\beta=0.04$ 及 $\beta=40$，重複習題 10.1 及 10.2〔你需要許多時間〕。

10.4 $\Delta f=75$ kHz，$f_c=100$ MHz，語音基頻範圍爲 300 Hz 至 3400 Hz，計算：
(i) r.f. 頻寬。
(ii) 最大及最小調變指數。
(iii) 不需使用 NBFM 而傳送出去之最高基頻頻率。
(iv) 立體聲在 19 kHz 之引導音調的調變指數。

10.5 重複頻率爲 2.5 kHz 及大小爲 ±6 V 之方波基頻被頻率調變至 25 kHz 的載波，K 值爲 2500 rads^{-1} V^{-1}：
(i) 調變指數爲何？
(ii) 頻率偏移爲何？
(iii) 頻寬爲何？
(iv) 畫出調變後之頻譜。
(v) 畫出在高電壓之兩個極端處的瞬時振幅頻譜。
(vi) 畫出 f.m. 頻譜並與 (v) 比較。

10.6 $\beta=0.2$，畫出相量圖，並特別註明：
(i) 最大及最小相位偏移（與計算值比較）。
(ii) 當 $f_i=f_c$ 的相量位置；在最小 f_i；最大 f_i；及 v_m 爲離開 v_c 45°。
(iii) 估計有多少 AM 發生（計算等效之 m）。

10.7 解釋爲何在高品質聲音廣播中用 FM，並解釋它爲何不用在中波廣播。

10.8 求出下列調變指數（β）的値：

（ⅰ）$v_{PM} = E_c \cos(\omega_c t + \int K \cos \omega_m t \, dt)$。

（ⅱ）$v_{FM} = 1.0 \cos(10^5 t + 10 \sin 10^3 t)$。

（ⅲ）$v_{FM} = 5.0 \cos(2\pi \times 10^6 t + 0.5 \sin 2\pi \times 10^4 t)$。

（ⅳ）$1.0 \cos 100t$ 頻率調變至 $1.0 \cos 10^5 t$，$K = 10^4$。

（ⅴ）同（ⅳ）但相位調變 $\beta_P = 1$（第 13 章）。

10.9 求出習題 10.8 中每一個波形的第一對邊帶的頻率間隔。

10.10 當 $\beta = 0.1$，2.0，20 及 100 時，求出 f.m. 波形的相對邊帶振幅，並求至第 $(n+1)$ 對。

10.11 在下面對載波的關係下，畫出全 AM 及 NBFM（$m = \beta = 0.2$）及上、下邊帶之相量圖：

（ⅰ）LSB 與載波同相。

（ⅱ）LSB 與載波反相。

（ⅲ）LSB 領先載波 $\pi/2$。

（ⅳ）LSB 落後載波 $\pi/2$。

10.12 在習題 10.11 的情形下，求出：

（ⅰ）振幅調變深度。

（ⅱ）在 NBFM 信號中 AM 的量。

（ⅲ）在 NBFM 信號中最大相位偏移。

（ⅳ）若 $f_m = 1$ kHz，在 NBFM 中相位最大變化率。

（ⅴ）若 $f_c = 100$ kHz，在相位最大偏移時的瞬時頻率。

10.13 當 $\beta = 0.4$，2.0，10 及 50 時，求出卡爾森頻寬中傳送出去之功率百分比。當最外面的邊帶對沒有送出去時，計算損失之功率百分比。

10.14 求出 VFH FM 無線電的最高調變信號頻率，若 Δf 滿足卡爾森規則。

10.15 一載波信號的電壓爲

$$v_c = 10 \cos(2\pi \times 10^6)t$$

被一電壓爲下式之音調作頻率調變

$$v_m = 2.0 \cos(2\pi \times 10^4)t$$

使用之調變指數爲 5。

寫出調變信號的式子，並清楚地註明頻率變化如何與調變振幅有關，由此求出調變信號的頻譜中在卡爾森頻寬內之振幅及頻率的所有成份。畫出你求出之振幅頻譜。

解釋你用來決定頻寬的條件及驗證若在此例中它是正確的。

10.16 圖 10.9 的電路有一頻率調變的輸入信號，其波形如下式所示

$$v_c = E_c \cos \left(\omega_c t + \int_0^t K v_m \, dt \right)$$

其中 v_m 為原始基頻之波形，K 為調變靈敏度，及 E_c 為載波振幅。

由此式，求出單一正弦信號之以頻率偏移及基頻頻率表示之調變指數的關係。

已知：載波中心頻率為 90 MHz

i.f. 信號之中心頻率為 10.7 MHz

頻率偏移為 ±75 kHz

基頻從 30 Hz 至 15 kHz

計算：(i) 調變指數之極值。

(ii) 最大之卡爾森頻寬。

(iii) 本地振盪器之頻率。

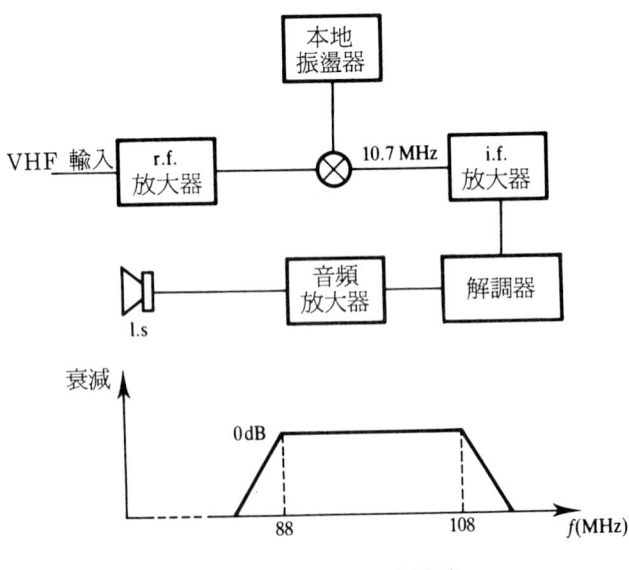

圖 10.9 習題 10.16 之電路

(iv) 可能之實際 i.f. 頻寬。

推導你使用之任何額外增加之式子。〔注意：本題須要對無線電接收器之組成有一些了解。〕

10.17 定義頻率調變信號之調變指數，一載波之波形為 $v_c = 5.0 \cos(2\pi \times 10^8)t$，它被波形為 $v_m = 1.0 \cos\omega_m t$ 之基頻信號作頻率調變，其中 $\omega_m = 2\pi f_m$ 且 f_m 介於 200 Hz 到 20 kHz 之間。頻率偏移保持在 200 kHz。當 f_m 在其較低之範圍時，計算調變指數、調變靈敏度及頻寬。你必須推導或解釋所使用之任一式子。

現在計算同樣的三個量，當 f_m 在其較高之範圍時。此外，畫出調變信號的振幅頻譜並註明每一成份之正負號及相對之大小。

10.18 寫出頻率調變之基本定義，並證明其可導出相位變化正比於基頻信號電壓之積分。

一頻率為 3 kHz 之單一正弦基頻被頻率調變至 300 kHz 之載波上，頻率偏移為 450 Hz，導出調變載波之波形的式子並畫出相對大小之頻譜。

使用靜止相量圖證明此調變如何在載波上產生相位變化，並與低調變因子之全振幅調變作一比較。

10.19 一 FM 單音廣播電台正傳送範圍為 15 kHz 之音樂頻道。它使用了 150 kHz 之卡爾森頻寬，當音調在基頻之上面範圍時，計算調變指數。寫出載波在 95 MHz 而被此音調作調變的全部卡爾森頻寬，註明每一頻譜成份之相對振幅，包括正負號。推導你要得到此頻譜所用到之所有理論。

使用同樣的基頻及廣播頻寬，說明一個立體聲廣播的調變指數之可能最小值。

10.20 定義振幅調變信號之調變因子及頻率調變信號之調變指數。

一載波電壓為 $v_c = 10 \cos(2\pi \times 10^6)t$，被信號電壓為 $v_m = 2.0 \cos(2\pi \times 10^4)t$ 調變。若為振幅調變，求出調變輸出之表示式。並畫其頻譜，註明所有相關之值。同時求出調變因子之值。

若此載波為頻率調變，調變指數等於你剛求出之調變因子，求輸出波形之式子並畫此新的頻譜，註明所有相關之值。比較此二頻譜。當調變指數慢慢地增加至 25 倍時，解釋你將期望此頻譜會作何變化。

10.21 一載波及一基頻信號分別表示如下：

$$v_c = E_c \cos\omega_c t$$
$$v_m = E_m \cos\omega_m t$$

v_m 被頻率調變至 v_c，調變靈敏度為 K 以致產生一 NBFM 信號，且調變指數為

0.1，從最基本的理論推導出調變信號的頻譜並畫出來，註明相對的相位。現在將此頻譜表示在一適當之相量圖上，並有相位偏移，此偏移發生在 NBFM 的常數上。若此調變改為 NBPM，簡要的表明相量圖將如何不同。

11

頻率調變器

11.1 簡 介

所有的頻率調變皆由輸出頻率呈線性正比於輸入調變電壓的電路所產生。此線性在一小範圍的頻寬是必須的（ $\Delta f \ll f_c$ ），但在這個範圍（即 $\Delta f/v_m$ 單位為 kHz mV^{-1}）必須是相當的靈敏及線性的（即 $\delta \omega \propto v_m$ ）。許多不同的電路及元件均可達成此目的。我們將看其中具有代表性的三種類型的方法。他們是：變容器可調電路、電壓控制振盪器以及阿姆斯壯（Armstrong）法。

11.2 變容器可調電路

最簡單的載波產生電路為可調電路振盪器，如圖 11.1 所示。
輸出頻率為

$$f_c = \frac{1}{2\pi(LC)^{1/2}}$$

若 L 或 C 的值改變，則 f_c 也改變。若這些元件值的改變很小，則頻率的改變量正比於元件值的改變。這可以下面的推導看出。假設 C 增加了 δC，則 f_c 也會改變（ δf_c ），因此

$$\begin{aligned}f_c + \delta f_c &= \frac{1}{2\pi[L(C+\delta C)]^{1/2}} \\ &= \frac{1}{2\pi(LC)^{1/2}(1+\delta C/C)^{1/2}} \\ &= f_c(1+\delta C/C)^{-1/2}\end{aligned}$$

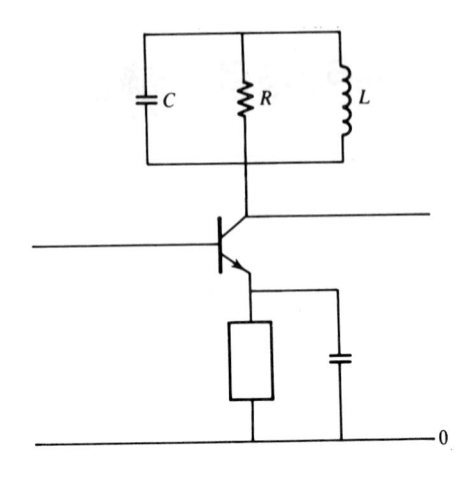

圖 11.1　可調電路載波源

若 $\delta C \ll C$（很小的改變量之條件），則

$$f_c + \delta f_c = f_c(1 - \delta C/2C)$$

$$\delta f_c = \frac{-f_c}{2C}\delta C$$

亦即

$$|\delta f_c| \propto |\delta C|$$

[類似的分析可證明當 $\delta L \ll L$ 時，$|\delta f_c| \propto |\delta L|$。]

　　現在的問題則是如何應用調變信號 v_m 在一小範圍內線性地改變 C。最簡單及最常用的方法是利用**變容二極體**，此二極體之 p 及 n 區域有少量的摻雜以允許接面電壓（C_v）隨逆向偏壓（V_b）而有一可觀的改變量。圖 11.2 爲此效應之代表曲線。

　　變容器爲"可變的電抗"的縮寫，變容器之最大的 C 值的範圍可設計從幾個微微法拉（pf）至數百個 pf 以涵蓋至微波的無線電頻率。對頻率調變而言，其重要之特點爲，在偏壓的有限範圍內，C_v 隨 V_b 呈線性的變化──當然是以一負的斜率。因此，我們可以寫成

$$C_v = C_{v0} + \delta C = C_{v0} - kV_b \quad (C_{v0} \gg \delta C)$$

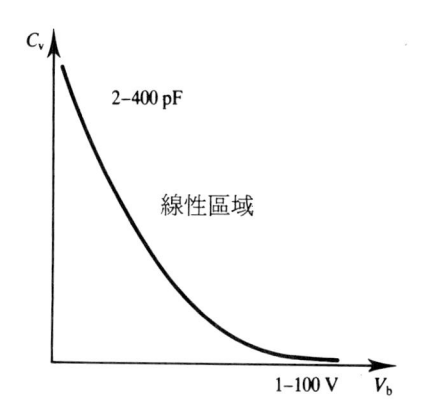

圖 11.2 變容器之特性曲線：C_v 及 V_b 之值視形式及頻率而定

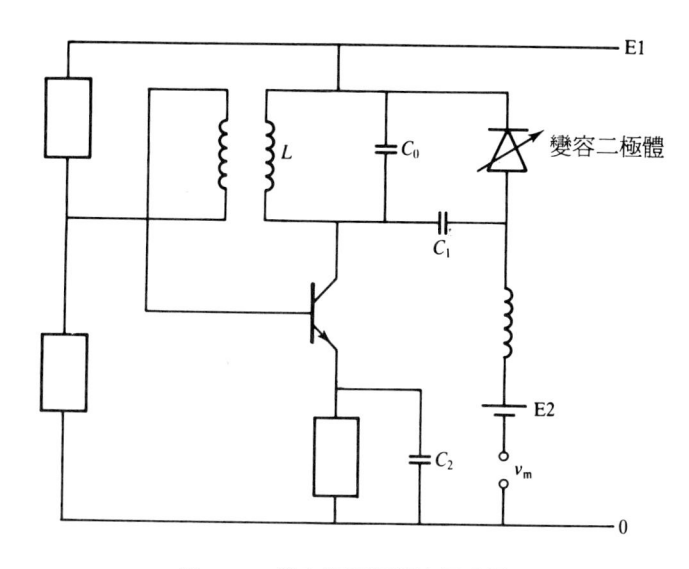

圖 11.3 變容器可調載波振盪器

如圖 11.3 所示，將變容器與一很大的 C_0 並聯，在振盪器電路中，這個特點可用來改變 f_c。

如讀者可看到的，變容器被一直流源 V_{b0} 偏壓，此偏壓以 r.f. 抗流線圈送至變容器，這將固定變容器電容的零值 C_{v0}，以致未偏移之載波頻率為

$$f_c = \frac{1}{2\pi[L(C_0 + C_{v0})]^{1/2}}$$

調變信號 v_m 與直流偏壓串聯並提供 V_b 的變化量，δv_b，以改變 C_v，δC 來作調變，即

$$C_\text{v} = C_\text{v0} + \delta C$$
$$= C_\text{v0} - kv_\text{m}$$

但是

$$\delta f = \frac{-f_\text{c}}{2C} \delta C$$

所以

$$\delta f = \frac{f_\text{c}}{2C} kv_\text{m}$$

或者

$$\delta f = \frac{kf_\text{c}}{2(C_0 + C_\text{v0})} v_\text{m} = Kv_\text{m}$$

其中 K 為電路之**調變靈敏度**，單位為 Hz V^{-1}，雖然通常為 kHz mV^{-1}。例如，一個偏壓為 5.0 V 之 MV1405 二極體有 $C_\text{v0} = 75\text{ pF}$ 及 $K = 25\text{ pF V}^{-1}$。即

$$C_\text{v} = 75 - 25 \cdot v_\text{m}\text{ pF}$$

這得到在 $f_\text{c} = 1.0\text{ MHz}$ 的 $K = 0.17\text{ kHz mV}^{-1}$，若使用自己的電容值（即 $C_0 = 0$），L 的值將需要多少？若使用 55 pF 電容器則靈敏度為何？

其他電壓靈敏元件也可用來得到隨輸入信號電壓呈線性變化的頻率——被 v_m 控制的偏壓磁通量的電壓或在低 v_D 工作的 FET 可在適當之電路上產生可變的電抗。

11.3 電壓控制振盪器

嚴格來說，輸出頻率可由外加電壓控制的任何電路就是**電壓控制振盪器**（VCO）。但在實用上，這個名詞是保留給弛張形式之振盪器，其工作原理為在固定電壓間以一固定速率對一電容進行充、放電。這個結果是三角波或方波波形（圖 11.4），其中很容易將諧振移走而得到一正弦波輸出。

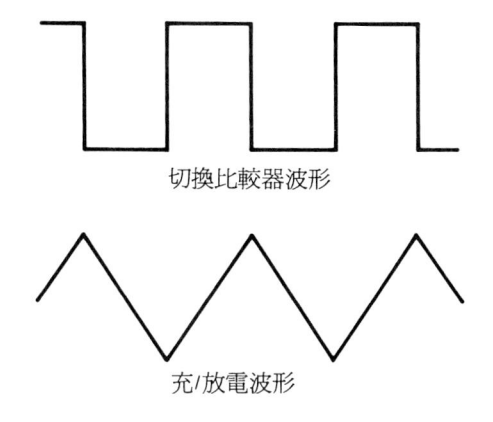

图 11.4 VCO 輸出波形

輸出頻率則可以兩種方式來控制，基本上皆是改變其週期：

1. 充／放電速率可藉由改變元件值或充電電流大小來改變。這些是用來設定頻率範圍。
2. 最高及最低的電容器電壓範圍可以藉改變 T 而成比例的變化。這些是用來設定中心頻率並調變用。

11.4 多諧振盪器

多諧振盪器是作頻率調變的普通分立（或 i.c.）元件方式，雖然，其動作解釋起來是相當的複雜。最簡單的方式就是在前半週時，一個電晶體是截止（$i_C = 0$，$V_C = V_{CC}$）而另一個為飽和（$i_C = V_{CC}/R_L$，$V_C \simeq 0$），然後突然地將它們的狀態交換。這個效果就是使兩個集極電壓形成由附於基極的 RC 電路之時間常數決定的反相方波。

欲詳細地了解，請參照圖 11.5 之簡化電路。

假設一開始 T1 已被截止而 T2 剛被開啟。則

1. $i_{C_1} = 0$　　　　$V_{C_1} = V_{CC}$　　　　$V_{B_1} \simeq -V_{CC}$
   $i_{C_2} = V_{CC}/R_L$　　$V_{C_2} = 0$　　　　$V_{B_2} \simeq 0.7V$
2. 現在 V_{B_1} 開始上升，因為跨於 C_2 之電壓（約等於 V_{CC}）開始經由 R_2 之電流放電。

162 基礎通信理論

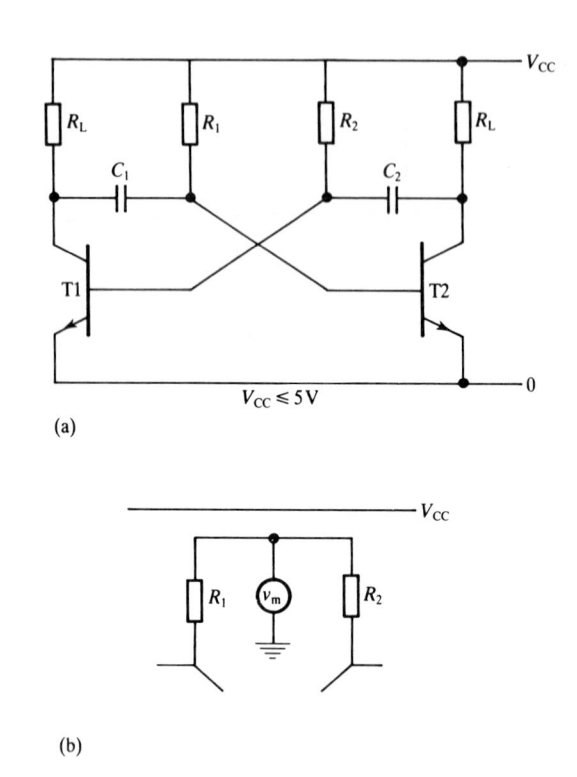

圖 11.5 (a) 分立多諧振盪器之 VCO 電路；(b) 適當修改以適合調變

3. 當 V_{B_1} 到達約 +0.6 V 時 T1 開始開啓，這使 V_{C_1} 下降及 V_{B_2} 經由 C_1 下降。
4. 這使 T2 截止而造成 V_{C_2} 上升及 V_{B_1} 經由 C_2 上升。
5. 這使 T1 開啓，驅使 V_{C_1} 下降至 0 V。
6. 這驅使 V_{B_2} 下降至幾乎爲 $-V_{CC}$（原先爲 0.7 V）並完全截止 T2。

因此切換動作完成——非常迅速地，然後整個週期對相反的電晶體重複一次，然後我們又回到起始狀態，這些都可由圖 11.6 的電壓圖形看得非常清楚。

　　這個圖告訴我們週期如何被基極電壓上升而至開啓的時間固定。實際上它們是往 V_{CC} 值上升，但當切換發生時只到達 0.6 V。藉由改變這個電壓，調變可達成，此電壓爲往基極電壓上升的值而來，而達到此目的的一種作法在圖 11.5 中。調變信號藉由 1 kΩ 之電阻輸入至基極，然後基極電壓上升至由介於 v_m 及 V_{CC} 之分壓器設定的值。

　　因此在集極的輸出方波被週期性的調變，因此爲頻率調變。C 及 R 值設定

第十一章 頻率調變器 163

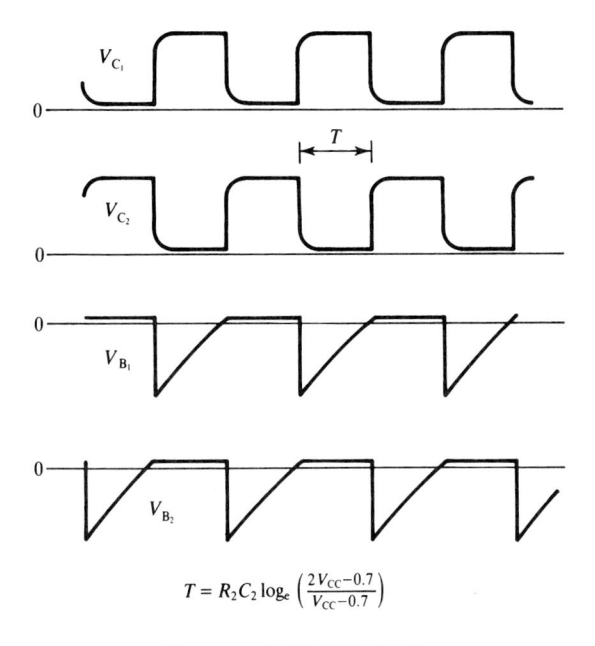

$$T = R_2 C_2 \log_e \left(\frac{2V_{CC}-0.7}{V_{CC}-0.7} \right)$$

圖 11.6 多諧振盪器波形

了頻率範圍，而 v_m 可用來設定中心頻率（和一直流值）及調變（以一可變之輸入）。

由於為分立元件，這些電路可用在相當高的 r.f. 中。

11.5 VCO 積體電路

一個 VCO 晶片，例如 566，可以順利地操作至 1 MHz 並形成一方便而容易被調變的源。Signetics 566 的**電路示意圖如圖** 11.7 所示。

所有的電路皆在晶片中除了外接之電容 (C) 及電阻 (R) 之外，它們是用來設定工作頻率範圍。

如圖 11.8 所示，566 提供方波及三角波之輸出波形在相同的重複頻率 f_o，如下所示：

$$f_o = \frac{2(V_{CC}-V_{CON})}{RCV_{CC}}$$

如下所示，其工作視在相同定電流 I 的外接計時電容器的充電及放電而定

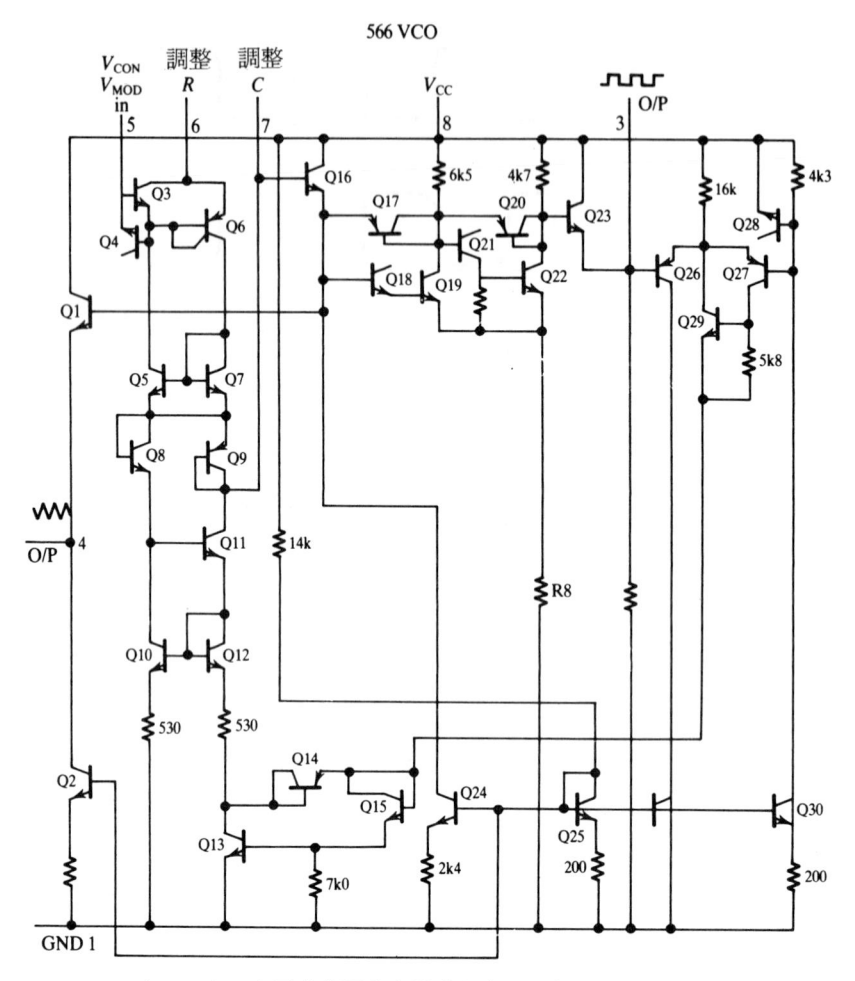

圖 11.7　566 VCO 晶片之電路示意圖（由國家半導體之資料表）

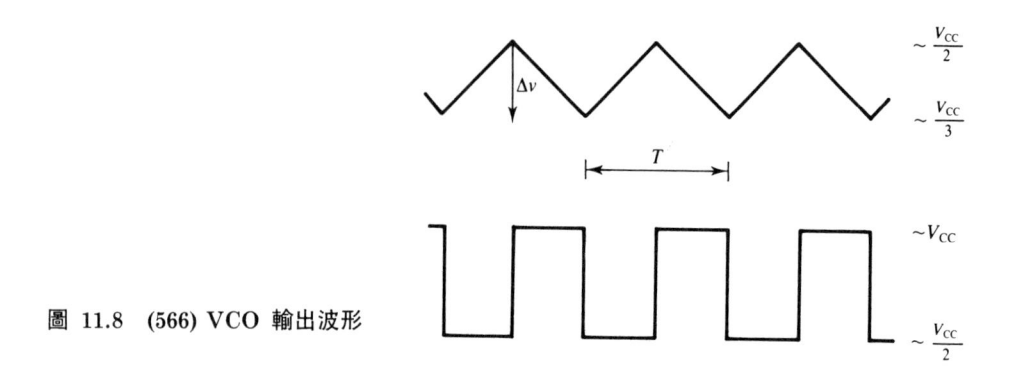

圖 11.8　(566) VCO 輸出波形

$$I=\frac{V_{CC}-V_{CON}}{R}$$

電容器電壓則提供三角形之輸出波形（在第 4 隻腳，Q16 及 Q1），而方波輸出（腳 3）來自用來切換電容器充電放電的電路。

f_o 的靜止值由改變 R（或 C）來改變，因此改變了 VCO 的工作範圍。然後 f_o 在此範圍可藉由改變 V_{CON} 的固定值及可變之 V_{MOD} 輸入而連續地變化，因此產生所需之頻率調變。達成此目的的電路如圖 11.9 所示，它是取自 566 的資料表。

這個電路的工作視由 R 提供的可控制定電流源及兩端之電壓而定，如圖 11.10 及上面之電流 I 公式所示。

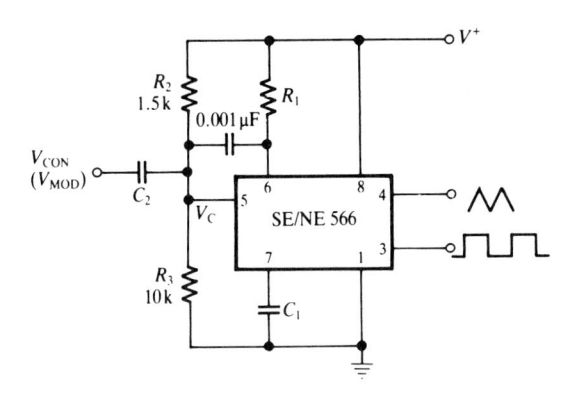

圖 11.9　使用 566 VCO 之頻率調變（由飛利浦元件資料表）

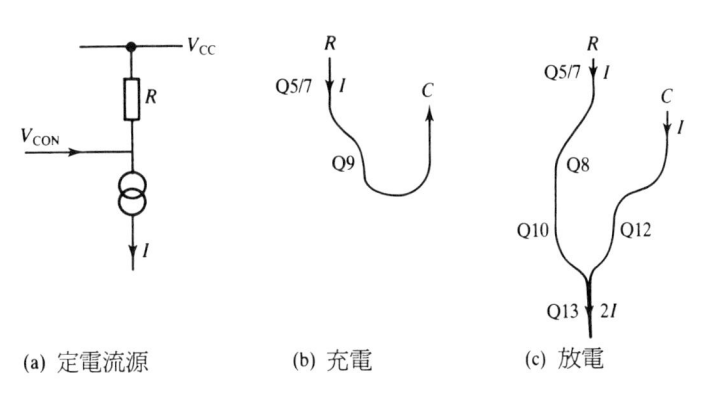

(a) 定電流源　　(b) 充電　　(c) 放電

圖 11.10　充電電流控制及路線

注意 V_{CON} 連接到第 5 隻腳但 R（腳 6）的底部有同樣的電位，因為它們只被兩個相反的基-射極電壓（$Q3$ 及 $Q7$）分開。

電流 I 的路徑則由不論電晶體（$Q13$）是完全開啓或關閉決定。當完全關閉時，沒有電流通過，$Q10$ 及 $Q12$ 也沒有電流（由電流鏡像對連結），迫使電流 I 流經 $Q9$ 然後由第 7 隻腳流出進入 C。若完全開啓，則 $2I$ 流過，其中一個 I 從定電流源（由 $Q8$ 及 $Q10$）而另一個 I 由電容經 $Q12$ 吸引過來（$Q12$ 之電流必須等於流經 $Q10$ 之電流）。

從充電到放電的切換是由在第 8 隻腳下，由 R8 上面之電位所固定之電壓值的史密特觸發電路所決定。切換的兩個電壓大小相距 ΔV，而 $\Delta V = V_{CC}/4$。若輸出波形的週期為 T，則

$$\frac{\Delta V}{T/2} = \frac{dV_{CAP}}{dt} = \frac{I}{C} = \frac{V_{CC}-V_{CON}}{CR}$$

因此

$$f_\circ = \frac{1}{T} = \frac{V_{CC}-V_{CON}}{2CR\Delta V} = \frac{2(V_{CC}-V_{CON})}{CRV_{CC}}$$

這和由資料表所取得之式子吻合。

例如，要得到 $f_c = 100$ kHz 在 $R = 500\ \Omega$ 時，則 $C = 1/2\ Rf_c = 1/(2\times 10^5 \times 500) = 1.0\times 10^{-8} = 10$ nF。此假設 V_{CON} 由圖 11.9 中之分壓器設定為 $\frac{3}{4}V_{CC}$。

一個 555 計時器 i.c. 也以類似的方法工作——見習題 11.2。

11.6 阿姆斯壯法

這是一個普遍使用的方法，而 WBFM 則需要高度的線性及好的頻率穩定性——如同在廣播中。基本的方法就是產生一個精確的 NBFM 信號在低 r.f. 載波上，然後以倍增及向下轉換的組合方式增加偏移及載波頻率，直到達到需求的目標。

原始的 NBFM 由合成法得到，而不是上述之任一種，這是為了保持載波頻率的穩定性。

因此，需要三個步驟：

1. 合成 NBFM。

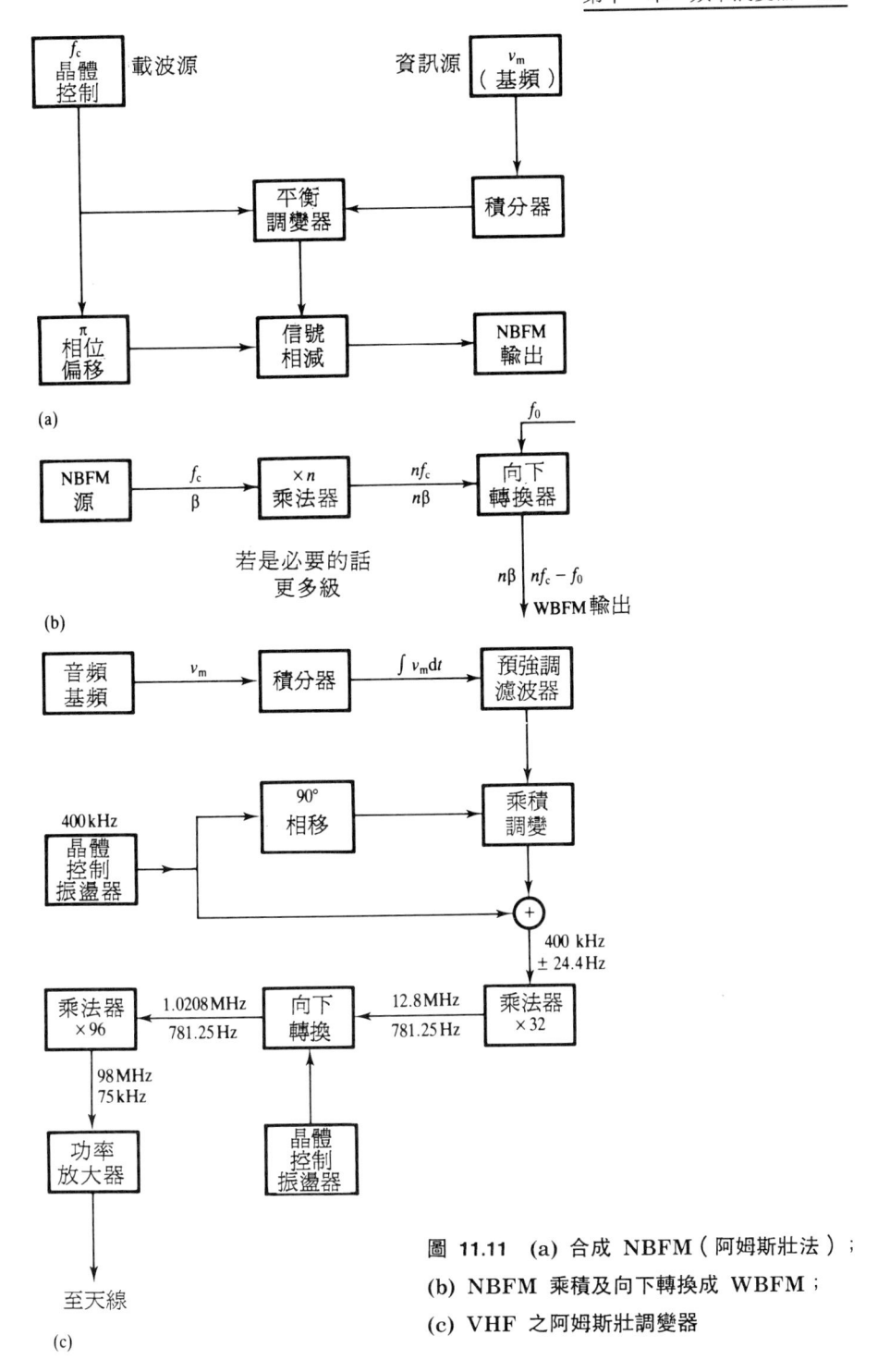

圖 11.11 (a) 合成 NBFM（阿姆斯壯法）；
(b) NBFM 乘積及向下轉換成 WBFM；
(c) VHF 之阿姆斯壯調變器

2. 頻率倍增。
3. 向下轉換。

對一個 NBFM 信號而言，**合成**是基於下面的方程式：

$$v_{\text{NBFM}} = E_c \cos \omega_c t - \beta E_c \sin \omega_c t \cdot \sin \omega_m t$$

這個方程式是由相位偏移、相乘等等而產生，如圖 11.11 所示。

K 及 M 為分別由積分器及乘法器產生的振幅因子。根據下式，可以調整 K 及 M 以得到需要之 β 值（$\ll 0.1$）

$$\beta = \frac{MKE_m}{\omega_m}$$

並由下式使偏移 Δf 變小

$$\Delta f = \frac{MKE_m}{2\pi}$$

一些代表性的數值則在圖 11.11 的系統中載明。如讀者所看到的，這個調變的 f_c 及 Δf 比需要使用（如 100 MHz 及 ± 75 kHz）的 f_c 及 Δf 值還小很多。要達到最後之值，調變的信號還須要上述的另兩個步驟。注意，因為只有倍增本身將意謂著載波及偏移都是不正確的值，故二者都必須在謹慎安排的系統中。此二步驟在此不作詳細的描述。

11.7 摘　要

可調電路調變器應用了一個可調電路在 C 上的小電容變化以產生

$$|\delta f| \propto |\delta C|$$

然後 δC 本身利用固定的直流偏壓的變容二極體隨調變電壓呈比例變化。即

$$\delta f = K v_m$$

其中 $K = -(kf_c)/2C$，k 為二極體常數及 $\delta C = k v_b$。

電壓控制振盪器為弛張振盪器，其輸出頻率正比於控制電壓。頻率範圍由外加之 C 及 R 值設定，並且藉由加在控制電壓輸入上的調變信號，頻率在此範

圍內呈連續變化。分立之多諧振盪器及 i.c. VCOs 皆在使用。566 VCO 產生輸出（調變的載波）信號，頻率為

$$f_\circ = \frac{2}{CR} - \frac{2v_\mathrm{m}}{CRV_\mathrm{CC}} = f_\mathrm{c} - \delta f$$

阿姆斯壯法應用了由合成方式產生非常窄頻帶的 NBFM，再由頻率倍增及向下轉換以改變 NBFM 而得到所要求之 WBFM 信號。這使得每一件事都非常穩定及線性。

請見 13.5 節。

11.8 結　論

我們可以看到，不同的應用有不同頻率調變的方法可以選擇。而在解調方面，還有更多方法，將在下一章中介紹。

11.9 習　題

11.1 在下列條件下（使用 $v_\mathrm{OUT} = v_\mathrm{m}$）估計或計算調變靈敏度之值：
  （i）NBFM：$f_\mathrm{m} = 1.0$ kHz，$v_\mathrm{m} = 1.0$ V
  （ii）NBFM：$f_\mathrm{m} = 10$ kHz，$v_\mathrm{m} = 1.0$ V
  （iii）$\beta = 5$，$f_\mathrm{m} = 600$ Hz，$v_\mathrm{m} = 100$ mV
  （iv）$\beta = 5$，$f_\mathrm{m} = 6.0$ kHz，$v_\mathrm{m} = 100$ mV
  （v）$\Delta f = 75$ kHz，$f_\mathrm{m} = 15$ kHz，$v_\mathrm{m} = 75$ mV
  （vi）$\Delta f = 75$ kHz，$f_\mathrm{m} = 300$ Hz，$v_\mathrm{m} = 75$ mV

11.2 圖 11.12 為一個有外加計時元件（ R 及 C ）的 555 計時晶片電路示意圖。將這電路與同時提供之 555 方塊圖比較，並盡可能的解釋其工作原理。

11.3 在圖 11.3 中之電路，一變容器可調電路調變器使用了一個變容二極體，其特性曲線在圖 11.2 中，電容值為

$$C_\mathrm{v} = \frac{100}{(1 + 2V_\mathrm{b})^{1/2}} \text{ pF}$$

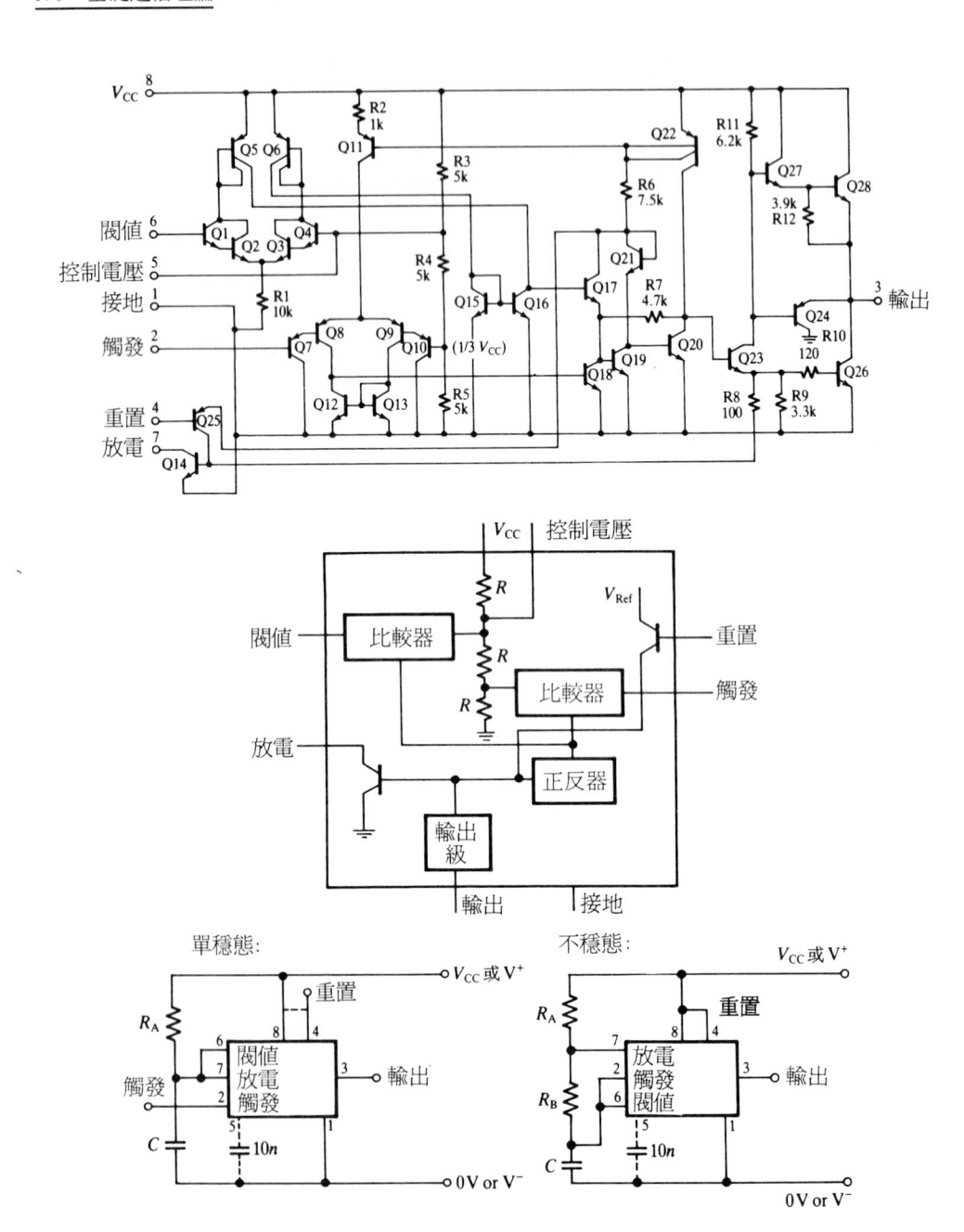

圖 11.12　555 計時電路示意圖（上面）、方塊圖（中間），及基本操作模式（下面）（上圖採自國家半導體資料表，中間及下圖採自 RS 元件資料表 2113，1984 年 7 月）

在二極體有 4 V 之直流偏壓下，電路準確的在 5.0 MHz 共振。電容器之值為 200 pF。然後二極體電容由下面之音頻信號調變

$$v_m = 0.045 \cos(2\pi \times 10^3)t \text{ V}$$

計算：
(i) 全部未偏壓的可調電路電容值，C'_0 及 L 之值。
(ii) 頻率偏移 Δf 及調變指數 β。
(iii) 在卡爾森頻寬內之調變的信號的頻譜成份的振幅。畫出此頻譜。

11.4 在 20 Hz 至 20 kHz 範圍內之基頻信號頻率調變在 200 kHz 之副載波，而得到 0.2 rad 之最大相移，計算 B 及 Δf 之值。

現在信號轉換至 $f_c = 108$ MHz 且 $\Delta f = 80$ kHz。畫出可得到此信號之電路方塊圖，並註明所有相關值。

11.5 使用 566 VCO（11.5 節）的頻率調變器有一未偏移之 100 kHz 載波。作合理之假設以計算外接之 R 及 C 值。同時計算最大信號電壓，它可以用來調變此 VCO，在 1 kHz 基頻頻率及 NBFM 臨界值。

11.6 (a) 畫出阿姆斯壯窄頻帶相位調變器之方塊圖，並分析其工作原理，當調變信號為單一音調時。

(b) 一窄頻且頻率調變的信號有一載波為 100 kHz，調變指數為 0.005，$\Delta f = 25$ kHz 及 5.0 kHz 之頻寬，調變指數為 10 及載波頻率為 100 MHz 之寬頻 FM 信號欲由 (a) 之窄頻信號產生。畫出系統之方塊示意圖，使用頻率倍增器、向下轉換器及帶通濾波器以完成此工作。寫出所需之頻率倍增值。同時，藉由本地振盪器的兩個允許之頻率來完整地定義混波器，及帶通濾波器的中心頻率及頻寬。

11.7 需要一個振盪器以產生 100 MHz 的載波並可被頻率調變而產生 100 kHz 的頻率偏移。最大調變頻率為 10 kHz。畫出一適當之電路以達成此目的，並註明控制中心頻率及偏移的所有元件的可能值。解釋電路的工作原理並分析它以指出控制介於調變電壓及頻率遷移之間的線性關係。

說出另二個方法可以達到同樣的結果。

12 頻率解調

12.1 簡　介

頻率調變使得載波頻率從其原先之值偏移了正比於基頻信號之電壓的一個量。即

$$\delta\omega \propto v_m$$

這裏我們將看見逆向之過程，即從調變之載波中還原原始之基頻信號，此過程稱為**頻率解調**或**檢波**。這需要得電壓正比於一信號之頻率偏移的反向操作。即

$$v_o \propto \delta\omega$$

圖 12.1 所示為一般情況的簡單圖示。

一個電路能夠充分地執行此項動作的主要要求為其輸出電壓（v_o）是線性地正比於輸入載波信號的偏移（$\delta\omega$），如圖 12.2 所示。

一般 FM 解調器需要滿足三個性能上的要求。

1. **線性**——如上所示。在輸入信號的整個調變範圍（$\pm\Delta\omega$，如在 VHF 之 ± 225 kHz）v_o 為線性正比於 $\delta\omega$。這個要求以一常數，**解調靈敏度**（k）表示，其中

$$v_o = k\delta\omega$$

2. **範圍**——足夠的線性必須包含整個輸入信號的偏移範圍，即超過 $\pm\Delta\omega$。

圖 12.1　FM 解調之一般概念

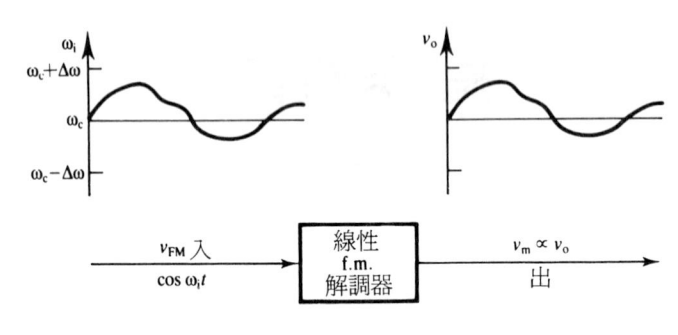

圖 12.2 線性 FM 解調

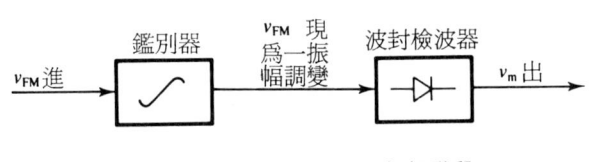

圖 12.3 FM-AM 轉換之解調階段

3. **靈敏度**──解調器必須產生足夠大之輸出電壓,以足夠地複製原始基頻的動態範圍。這需要常數 k (上面所定義的) 足夠大 (如在 VHF 之 mV kHz^{-1})。

許多電路將滿足這些要求中的某些部份,而其他則可全部滿足。這裏我們將先描述幾個舊的電路,然後看一些代表性電路,以不同程度來看看現在正在使用的四種主要方法。它們是:

1. 比例檢波器。
2. 直角檢波器。
3. 零點穿越檢波器。
4. 相鎖迴路。

但首先來看一題外話。

12.2 鑑別器

許多解調電路為一般形式,其中解調分兩階段完成,第一是將 f.m. 轉換成

a.m.，然後波封檢波此 a.m. 而解調。圖 12.3 說明此點。

第一個 f.m. 到 a.m. 的階段一般稱為**鑑別器**，是一個經常使用但不太嚴謹的名詞以包括所有解調過程。在這裏鑑別器這個名詞是指一個電路可以對不同頻率之信號作不同處理，亦即可鑑別它們。它特定應用在 f.m. 解調電路以將線性 FM 轉換至線性 AM。如圖 12.4 所示。

輸入至鑑別器的固定振幅通常是特地由一個限幅放大器產生的。這可避免在輸入上有不需要的 AM 被檢測到（例如雜訊）。因為線性的要求，鑑別器的作用可由圖 12.5 的特性曲線作最好的說明。此 S-形之曲線是在所有鑑別器形式中非常典型的曲線。

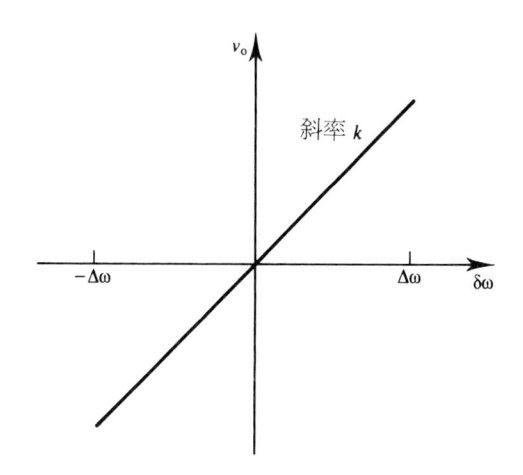

圖 12.4　鑑別器之動作

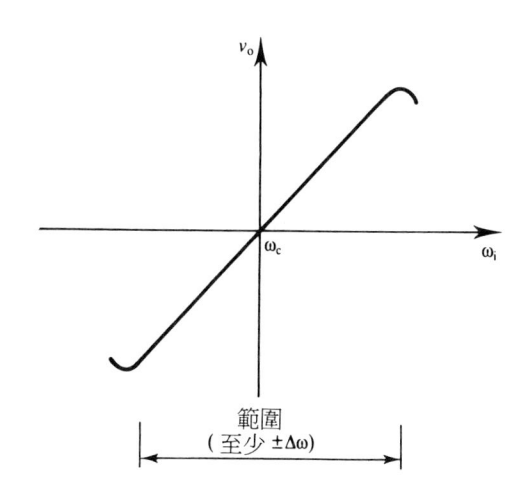

圖 12.5　鑑別器之 S- 特性曲線

12.3 簡單的解調器

有兩個簡單的原理可以作為鑑別器的工作原理。其為微分電路及可調電路。

12.3.1 微分電路

此電路是基於電感及電容的特性，其中 V 及 I 由一個 ω 的關係產生，其中之一為另一個的微分。若其中之一保持定值，則另一個正比於 ω 變化，如圖 12.6 所示。

如圖 12.7 所示，使用了一個如 CR 的簡單濾波器，這些特性可以很簡單的用來產生 f.m. 解調。

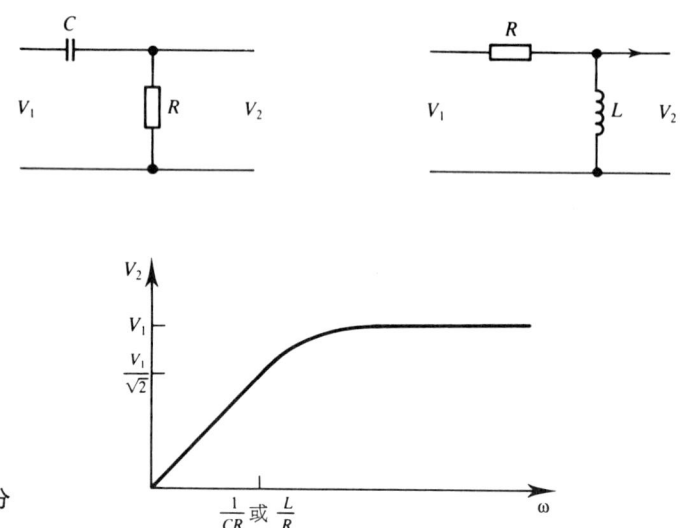

圖 12.6 L 及 C 的微分

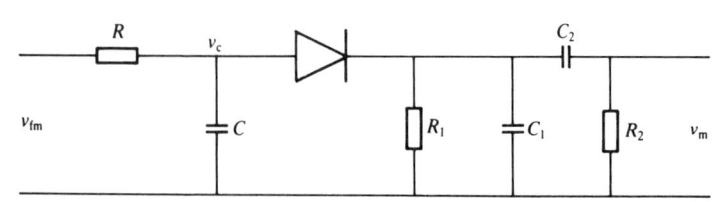

圖 12.7 簡單的低通 CR 濾波器當作 FM 解調器

作者曾經成功的使用這種形式的鑑別器當作實驗設備的一部份，來說明頻率調變及解調。

這些鑑別器的線性範圍很廣但並不很靈敏。例如，圖 12.7 之電路有（在線性部份）

$$v_C = v_{fm}/\omega CR$$
$$= v_{fm}/[(\omega_c + \delta\omega)\ CR] \simeq v_{fm}\left(\frac{\omega_i - \delta\omega}{\omega_c^2}\right)/CR$$

因此

$$\delta v_C = (2\pi/CR)v_{fm}\delta f/\omega_c^2$$
$$\simeq (2\pi v_{fm}/CR)kv_m/\omega_c^2$$

所以

$$\delta v_C \propto v_m$$

於是解調產生，δv_C 形成一個定電壓輸入的 a.m. 波封，並且由二極體等作波封檢波。

12.3.2 可調電路

這些有用的特性，即其響應隨共振峯值兩邊的頻率很快的變化，且在一小範圍內為線性的。這個特性可用來當作一個簡單而靈敏的鑑別器，再一次，作者也在實驗室中使用過。圖 12.8 所示為其動作原理。

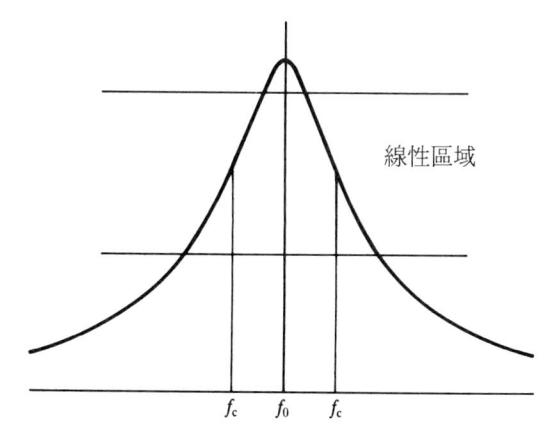

若 Q 很大則 $\frac{f_c}{2\Delta f} \simeq Q$

圖 12.8 可調電路鑑別器之動作

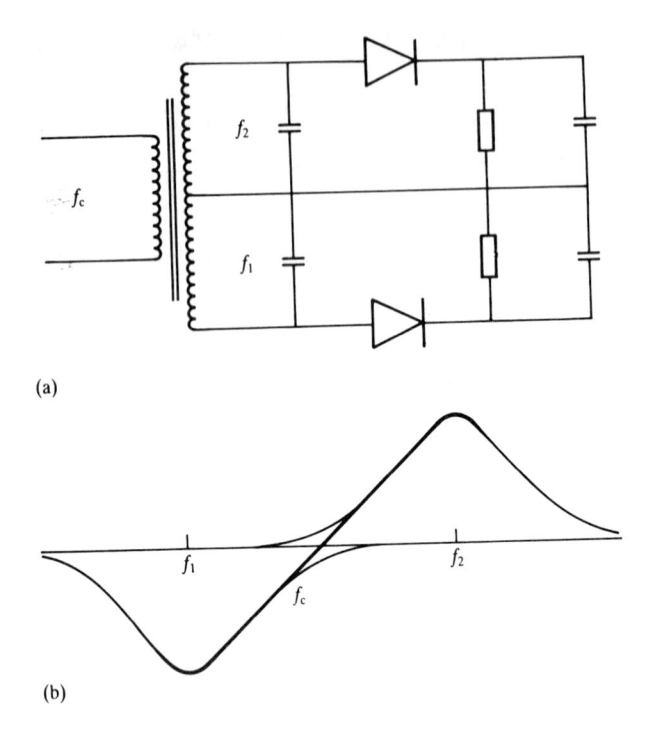

圖 12.9 (a) 雙可調電路鑑別器；(b) 鑑別器特性曲線

此一簡單方法的缺點為，因為其線性斜率的有限範圍，其範圍是受限制的。這個限制可以下列方法予以克服：將兩個共振頻率稍微不同的可調電路背對背連在一起，頻率為等間隔的在載波（或中波）頻率的兩邊，如圖 12.9 所示，這將產生一較長的線性範圍，圖中並畫多年前在無線電組裝中使用之電路（Round-Travis）。此背對背的工作是由波封檢波的二極體所產生。

12.4 可調電路相位偏移

在考慮四個主要方法之前，我們需要來看應用在比例及直角檢波器中之可調電路的另一個線性特性。即在共振峯值時，流過之電流（I）及跨在可調電路之電壓（V）為同相位，且在峯值的任一邊的小範圍頻率（$\delta\omega$）內相位差以小量（$\delta\phi$）作線性的變化。亦即，當 $\delta\omega \ll \omega_c$ 時，在 $\omega_c + \delta\omega$ 上，I 及 V（見圖 12.10）有 $\delta\phi$ 之相位差，其中 $\delta\phi \propto \delta\omega$。

這可由以下之推導得知。在圖 12.10 中之可調電路有一導納 Y 為

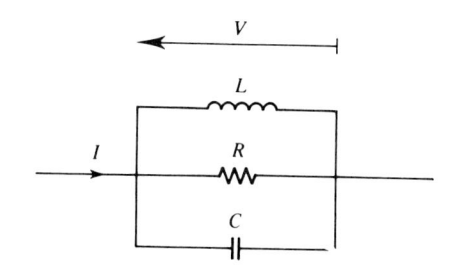

圖 12.10　並聯可調電路之等效電路

$$Y = \frac{I}{V} = \frac{|I|}{|V|} \angle \delta\phi = |Y| \angle \delta\phi$$

$$= \frac{1}{R} + \frac{1}{j\omega L} + j\omega C$$

$$= \frac{R(1-\omega^2 LC) + j\omega L}{j\omega LR}$$

$$= \frac{\omega L + jR(\omega^2 LC - 1)}{\omega LR}$$

$$= \frac{[\omega^2 L^2 + R^2(\omega^2 LC - 1)^2]^{1/2}}{\omega LR} \left(\frac{\omega L}{[\omega^2 L^2 + R^2(\omega^2 LC - 1)^2]^{1/2}} \right.$$

$$\left. + \frac{jR(\omega^2 LC - 1)}{[\omega^2 L^2 + R^2(\omega^2 LC - 1)^2]^{1/2}} \right)$$

$$= |Y_{TC}|(\cos \delta\phi + j \sin \delta\phi)$$

$$= |Y_{TC}| \exp(j\delta\phi)$$

其中

$$\tan \delta\phi = \frac{R(\omega^2 LC - 1)}{\omega L} = R(\omega C - 1/\omega L)$$

現在將 ω 寫成 $\omega_0 + \delta\omega$ 及應用 $\omega_0 C = 1/\omega_0 L$，並假設 $\delta\phi$ 很小以致 $\tan \delta\phi = \delta\phi$。則

$$\delta\phi = R\left((\omega_0+\delta\omega)C - \frac{1}{(\omega_0+\delta\omega)L}\right)$$

$$= R[(\omega_0+\delta\omega)C] - \frac{R}{\omega_0 L}\left[1+\left(\frac{\delta\omega}{\omega_0}\right)\right]^{-1}$$

$$= R\delta\omega\left(C+\frac{1}{\omega_0^2 L}\right)$$

$$= 2RC\delta\omega$$

亦即

$$\boxed{\delta\phi = 2RC\delta\omega}$$

當然，對 f.m. 信號而言，$\delta\omega$ 也正比於原始基頻電壓 v_m，所以 $\delta\phi$ 顯然的可用來作解調。在實務上，它是用來將頻率偏移轉換成振幅變化（即 FM 到 AM）然後被波封檢波。實際上，這樣作將變得更複雜，這將在下兩節中看到。

12.5 比例檢波器

這是使用在靠近共振頻率附近的線性相位偏移原理的第一個檢波器。電路則如圖 12.11 所示。

在此電路及 Round-Travis 檢波器之間有一很表面的相似存在，雖然在硬體部份有很明顯的不同──只有一個可調電路（在 f_c）及相反極性的波封檢波器。但真正精巧的差異卻不太明顯──電路的裝置允許不需要的高頻雜訊調變到 f.m. 信號上被大電容器 C_0 給排除掉。如此則不需要在前面加裝一個限幅器了。

比例檢波器的動作是很難完全了解的。解調發生在 i.f. 頻率（在 VHF 之 10.7 MHz）及頻率調變的信號（以 10.7 MHz 當作載波頻率）從最後一級的 i.f. 放大器（通常是第三級）饋入檢波器，中間經由兩個二級線圈之變壓器。

較低的線圈（見圖 12.11）提供一相當大之參考電流（圖 12.11 之 I_R），它是在中心位置進入上面的第二個線圈，並平分產生同樣大小（$I_R/2=I_{REF}$）及相位的電流而流入每一個二極體。這些電流不受可調電路之影響，並且與進入每一個獨立於頻率調變載波之瞬時頻率的波封檢波器有同樣的相位參考動作。

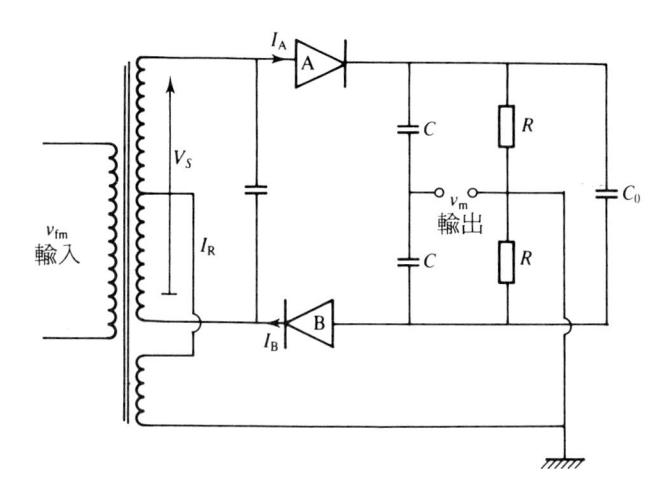

圖 12.11　比例檢波器電路

　　上述的二次線圈是共振於 f_c 的可調電路的一部份，此電路亦產生同樣振幅之電流（I_{TC}）進入每一個二極體，但現在有相反之極性（即 π 相位差）。這些電流與二次電壓同相（在 f_i 之 V_S），其中 I_R 有 $\pi/2$ 之相位差（因其二次線圈是一個電感）。這意謂進入每一個二極體之兩個電流為 $\pi/2$ 反相在相反的方向（在 f_c）。這些效果在如圖 12.12 所示。注意 I_{REF} 被安排比 I_{TC} 在振幅上大很多。

　　在 f_i（即未調變之中頻載波）進入每個二極體之總電流振幅是相等的（即 $|I_{A0}|=|I_{B0}|=|I_0|$）。其相位差是無關的，因為波封檢波器的關係，它們產生了大小相同但方向相反的直流電流（$|I_A|=-|I_B|=\pm|I_0|$）進入電阻 R。這些產生了相同的直流電壓（$V_A=V_B=V_0$）在相反的方向並跨在每一個電晶體上，它們的共同點是接地的。這也使它們的電壓和（V_A-V_B）跨在 C_0 上，並跨在串聯之兩個 C 上。這結果是介於兩個 C 之間的共同點也在地的電位（雖然未接地）且輸出電壓（v_0）為零──對一個未調變信號而言也應是如此。

　　若輸入信號現在被調變，某些頻率偏移會發生，且可調電路正操作在非共振模式。這表示它的電流現在是與其電壓稍微有些不同相（$\delta\phi$ 而 $\delta\phi \propto \delta f$），所以（見圖 12.12），

$$I_A = I_0 - \delta\phi \cdot I_{TC} \quad \text{及} \quad I_B = I_0 + \delta\phi \cdot I_{TC}$$

即

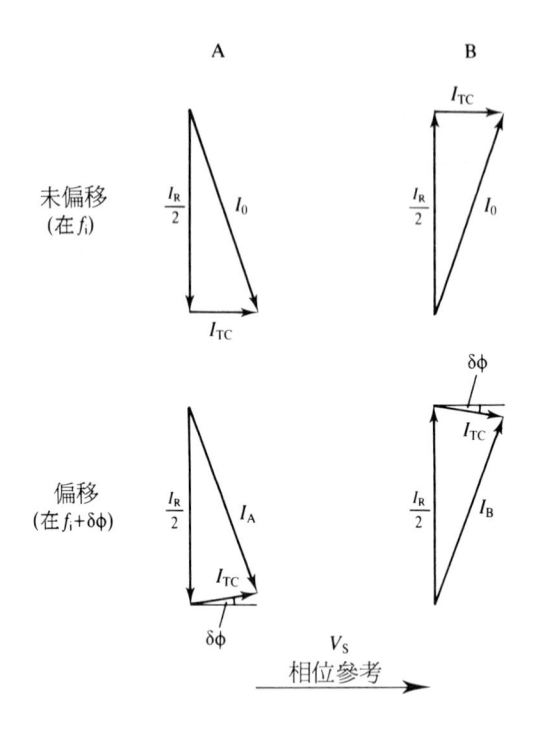

圖 12.12 在 f_c 及靠近 f_c 之進入二極體的載波電流向量和

$$I_A \not\approx I_B$$

因此

$$|I_A| \not\approx |I_B|$$

及

$$V_A \not\approx V_B$$

我們也可寫成

$$V_A = V_0 + \delta V$$

及

$$V_B = V_0 - \delta V$$

因此在電容器 C 的中心點之電壓現為 $\delta V/2$，電組 R 之中心點仍在地的電位，

所以輸出電壓 v_0 為

$$v_0 = \delta V/2$$

但

$$\delta V \propto \delta \phi$$

及

$$\delta \phi \propto \delta f$$

以及

$$\delta f \propto v_m$$

因此

$$\boxed{v_0 \propto v_m}$$

所以基頻被還原了。因為 V_A 及 V_B 以相同但相反的大小改變（$\pm \delta V$），它們的和保持在 $2V_0$。這表示跨在電容器 C_0 之電壓是不變的，且其 a.m. 抑制函數不會與 f.m. 解調相互干擾。

　　比例檢波器之名並不是那麼直接可看出，因為當檢波的電壓值之和仍是固定的，如上所示，其**比例**隨偏移而改變。即

$$\frac{|V_A|}{|V_B|} = \frac{|V_0 + \delta V|}{|V_0 - \delta V|}$$

$$\simeq 1 + 2\delta V/|V_0|$$
$$= 1 + （常數）\delta f$$

另一個將 v_m 自比例檢波器中取出來的一般方法為放一個電阻在共同的地線上（從兩個 R 的接點）。它的地電流為兩個檢測電流之差且正比於 δf。即

$$|I_A| - |I_B| = 2\delta V \propto \delta f \propto v_m$$

音頻級的音量控制通常是用此地線電阻。

12.6 直角檢波器

這是另一種**相位偏移鑑別器**。它應用了與線性相位偏移一樣的原理，在可調電路中操作在共振頻率的附近，如在比例檢波器中一樣，得到 FM 至 AM 之轉換，但是以一不同的方法。其主要優點為不需要變壓器；這使得大部份的電路可以作在一個 i.c. 晶片上（如 3089），當然，這對接收器之設計是很方便的。

圖 12.13 所示為此方法之略圖。

除了 90°相移器之外，每一個零件及可調電路都在晶片上，包括 i.f. 放大器/限制器（通常為三個微分級）。此固定的 90°相移器不是一個 C 就是一個 L 的阻抗（在 i.f.），比可調電路的阻抗大了許多。這表示進來之振幅限制的頻率調變的信號分為兩個電流，正好在 f_r 為 90°相位差（即當未偏移時）。這兩者在相位比較器內作比較而產生一脈波串之輸出，重複頻率為 $2f_r$ 且有同樣的信號高低比。

當進來之信號有偏移時（即頻率調變了），可調電路引進了額外的小相位偏移，如同在比例檢波器，造成在比較器的兩個輸入在每大約半個載波週期有同樣正負號。這使得輸出脈波稍微寬或窄一點，視偏移之正負號而定。這些在脈波寬度的變化將會線性地正比於偏移，因此正比於原始之基頻電壓。

然後脈波串被平滑化（即積分），以致對未偏移之輸入其振幅平均為零並在正或負的偏移時，會在零之上或下，然後此平滑的輸出為原始基頻波形之複製，解調已發生了！

相位比較器的動作在圖 12.14 的波形中。

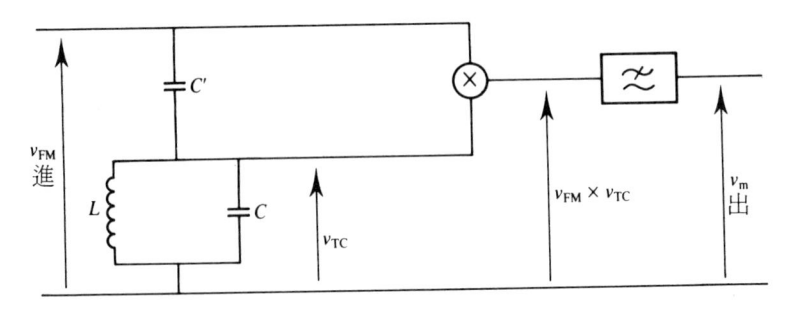

圖 12.13 直角檢波器原理：C' 對 v_{TC} 產生固定之 90°相位偏移；可調電路增加 $\delta\phi$（$\propto \delta f$）上去

零偏移 (f_i)

直接的

90°

90°偏移

乘積

平均電壓 = 0

$\delta\phi$ 偏移 ($f_i+\delta f$)

直接的

90°+$\delta\phi$ 偏移

$\delta\phi$

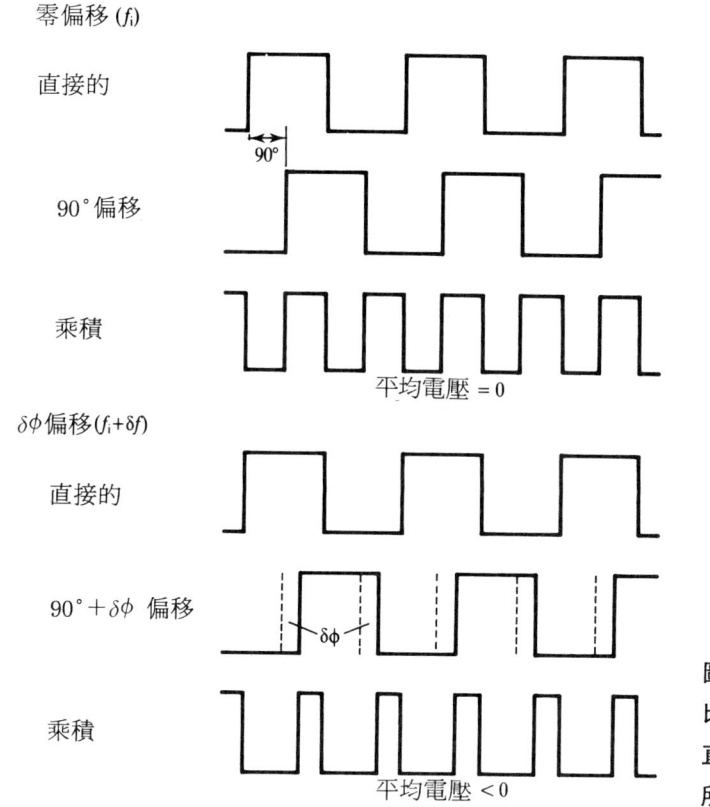

乘積

平均電壓 < 0

圖 12.14 波形顯示相位比較器之動作：乘積之直流平均值正比於 $\delta\phi$，所以也正比於 v_m

i.f. 放大器

相位比較器

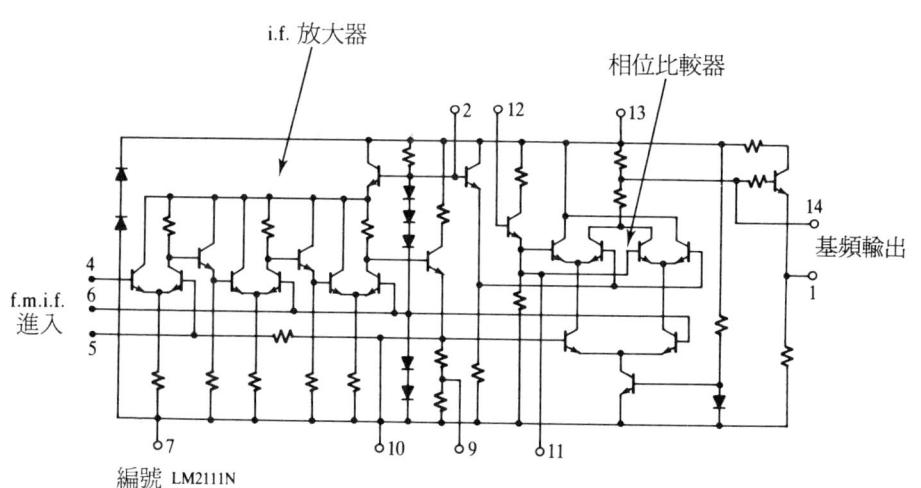

基頻輸出

f.m.i.f. 進入

編號 LM2111N

圖 12.15 簡單直角檢波器晶片之細部圖（採自國家半導體資料表）

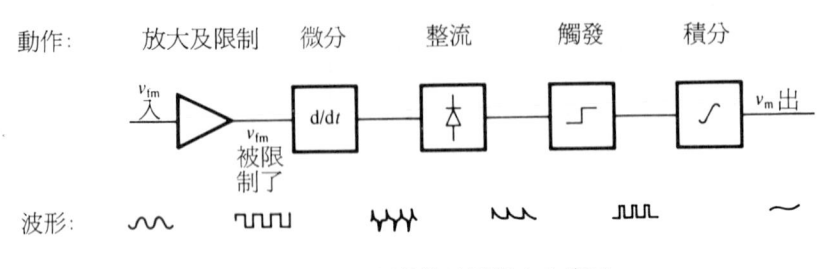

動作: 放大及限制　微分　整流　觸發　積分

v_{fm} 入 → [放大器] v_{fm} 被限制了 → [d/dt] → [▷|] → [⌐_] → [∫] → v_m 出

波形:　∿　⊓⊔⊓　ΛΛΛ　ɅɅ　ЛЛЛ　⌒

圖 12.16　穿越零值檢波器級之方塊圖

　　圖 12.15 的電路圖為一簡單直角檢波器晶片之內部設計。放在這裏是因為它的操作可以相當容易的看出來。

　　直角檢波器之名當然來自固定的 90°相位偏移，它將相位比較器之兩個輸入放在相位四分相中。

12.7 穿越零值檢波器

　　這是非常特別的應用方法，其中高度的線性（0.1%）在一寬的偏移範圍內是必須的。這使得它特別適合在非常重要的場合如線重複器上使用。原理較簡單但實用上卻較其他檢波器複雜。

　　這個原理就是信號頻率愈高時，在一定時間內，它的波形將穿越更多的零值。因此，這些穿越將在一特定間隔內被"計數"，此"計數"正比於頻率，因此隨頻率偏壓而線性的改變，當然也就隨原始基頻電壓而改變。因此，此"計數"可以用來作解調。圖 12.16 所示為達到此目的所需之方塊圖。

　　進來的調變載波（通常在中頻，例如 10.7 MHz）如往常一樣被限制以移去 a.m. 雜訊。然後被微分以轉換穿越零值為釘狀脈波，而負值則以整流除去。正的釘狀脈波藉由史密特觸發器被轉換成窄的長方形脈波，並且此產生的脈波串被平滑化（積分器），以產生脈波電壓的直流平均值。脈波速率越快，輸出電壓愈大，即由於線性關係，原始基頻電壓波形被忠實的複製了。

12.8 鎖相迴路

　　此方法是一個**回饋檢波器**的例子。對於有很多雜訊的信號，還有在相位及頻

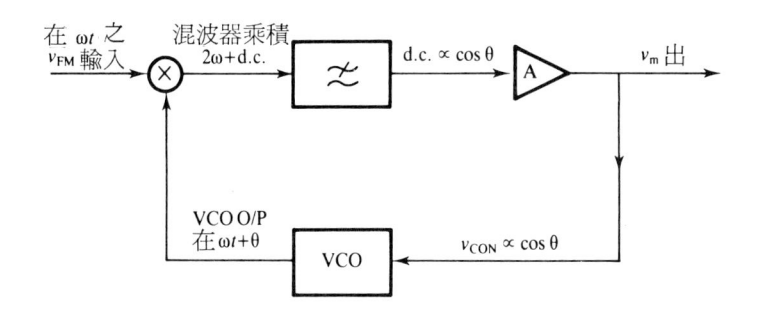

圖12.17　鎖相迴路工作方塊圖

率的準確性要求很高時，如在 VHF 立體聲廣播信號在 19 kHz 副載波的還原中是特別有用的。它有良好的線性，但對一般目的的 f.m. 解調動態範圍不夠，鎖相迴路被作成 i.c. 形式，且不需外部電感器相對於直角檢波器是一個優點。

原理就是將一個壓控振盪器（VCO）利用回饋迴路鎖在一個信號載波頻率上（通常為 i.f.）。鎖住是由介於兩個信號間的相位差（θ）來控制。因此稱為**鎖相迴路**（PLL）。基本裝置如圖 12.17 所示。

本方法的重點為 VCO。它產生一個固定振幅方波信號，其頻率隨直流控制電壓（v_{CON}）之值而線性的變化。當 $v_{CON}=0$ 時，VCO 之輸出為任意值或設定為載波（中頻）頻率 ω_i 的中心頻率，即

$$\omega = \omega_i + k \cdot v_{CON}$$

其中 k 為系統常數。VCO 工作原理為史密特觸發器。電容器線性的充放電，其速率介於低參考電壓（用來固定中心頻率）及 v_{CON} 之間。比較器在這些電壓之間轉換，將電容器由充電轉至放電（及放電至充電）以及提供方波電壓輸出。嚴格來說，被 v_{CON} 改變的是電容器三角形電壓波形的週期。此類電路的操作已在第 11 章中討論過（見圖 11.10）。

回饋迴路是用來使 v_{CON} 正比於頻率偏移，使 v_{CON} 也成為解調的信號。這可由下面的推導得出。我們已知

$$\omega = \omega_i + K \cdot v_m$$

然後改寫為

$$\omega = \omega_i + （常數）\cos\theta$$

藉由

$$v_{\text{CON}} \propto \cos \theta$$

我們得到

$$v_{\text{CON}} \propto v_{\text{m}}$$

關鍵在第三個步驟，即使 v_{CON} 正比於 $\cos \theta$。這是由**比相器**完成的，它產生一個正比於 $\cos \theta$ 之輸出——然後以 v_{CON} 回饋回去。

比較器只是一個類比混波器，它的兩個輸入同頻率但不同相位。其輸出包含兩個信號，一個兩倍於載波頻率（$2\omega_i$）另一個爲直流電壓，正比於 $\cos \theta$。下面的分析說明此論點。

首先寫出

$$v_{\text{FM}} = V_i \cos \omega_i t$$

及

$$v_{\text{VCO}} = V_0 \cos(\omega_i t + \theta)$$

兩者相乘

$$\begin{aligned} v_{\text{FM}} \cdot v_{\text{VCO}} &= V_i V_0 \cos \omega_i t \cos(\omega_i t + \theta) \\ &= \tfrac{1}{2} V_i V_0 [\cos(\omega_i t + \theta + \omega_i t) + \cos(\omega_i t + \theta - \omega_i t)] \\ &= \tfrac{1}{2} V_i V_0 [\cos(2\omega_i t + \theta) + \cos \theta] \end{aligned}$$

$2\omega_i$ 的成份由低通濾波器除去而留下一個直流電壓，正比於 $\cos \theta$。它被放大到 v_{CON} 所要求的值，於是完成了回饋迴路。

$$\boxed{v_{\text{CON}} \propto \cos \theta \propto v_{\text{m}}}$$

注意，$\theta = \pi/2$ 在零偏移時。若需要的話，某些 PLL 電路也工作在 $\theta = 0$，在零偏移。

注意，這裏只考慮到 VCO 的方波輸出的基本諧波。這是因爲較高諧波的乘積也會被低通濾波器濾掉。然而，它的確表示 ω_i 本身與 VCO 的比載波還小很多的基本波可能是一個較高的諧波。

PLL 是一個多用途的電路，這裏只是其中之一。當然，也還有更詳盡的理論尚未被提到，這裏只考慮了基本的工作原理。

12.9 摘　要

　　早期 f.m. 解調器皆為**鑑別器**的某一形式，將 FM 轉換至 AM，再予以波封檢波。我們也描述了一些簡單及早期使用的例子。現今普遍使用的鑑別器，**比例檢波器**，也有詳盡的描述，且較難以完全了解。其線性度視線性相位變化而定，發生在頻率靠近共振附近，我們是用一個並聯可調電路來分析，而得到

$$\delta\phi = 2CR\delta\omega$$

同樣的原理也用在另一個常用的解調器上，**直角檢波器**，其操作也有詳細的說明。因為它可以製成 i.c. 的形式，且也有最少的可用的外接元件，故在使用上是很方便的。

　　使用不同原理的另兩種方法則僅約略描述。穿越**零值檢波器**連續地"計算"頻率，它是計算載波波形穿過零電壓的動態平均的速率。在小頻寬的信號的準確解調上有特殊的用處。**鎖相迴路**則將 VCO 鎖在一進來之信號的瞬時頻率上，它是藉由回饋迴路中的相位差作成的。這也是一個準確的方法，且有方便的 i.c. 形式。

12.10 結　論

　　這是頻率調變討論的尾聲。還有一個類比調變方法，我們將在下一章中來看。它就是相位調變，因為它有多階數位的能力，故很快就可以發現比另外二者更重要。讀者拭目以待。

12.11 習　題

12.1 完成下列的計算：

(i) $\Delta f = 75$ kHz，$K = 40$ m V kHz^{-1}。求 v_{out}。

(ii) $\beta = 5$，Carson B/W $= 110$ kHz，$v_{out} = 2.0$ m V。求 K。

(iii) $v_{OUT} = 2.5$ V p-p，$K = 10$ m V kHz^{-1}。求出最大偏移。

(iv) $f_c = 100$ MHz，$\Delta f = 75$ kHz。求出 K 使 v_{out} 為 1.0 V。

(v) $f_c = 100$ kHz，$\Delta f = 3$ kHz。求出 K 使 v_{out} 為 1.0 V。

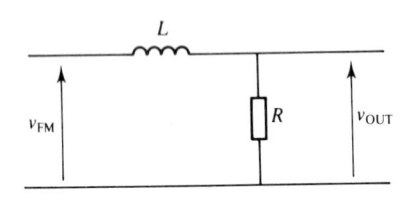

12.2 在圖 12.18 中，$|v_{FM}|=5$ V，$L=0.3$ μH，$R=100$ Ω，$f_c=100$ MHz 且 $\Delta f=10$ MHz。

證明 $|v_{out}| \simeq 2.5$ V 為最大值且最大振幅調變指數約為 0.08。

求出解調靈敏度之值。

圖 12.18 習題 12.2 之電路

12.3 解釋在直角檢波器中在可調電路前為何需要一個固定的相位偏移器。

若輸入信號為 ±75 kHz 偏移在 i.f. 10.7 MHz 載波上之標準 FM，估計：

(ⅰ) 可調信號之 Q 值以保持足夠之線性度。

(ⅱ) 電容器之值以形成一固定相位偏移器。你必須確定你了解所使用的每一個假設。

12.4 在鎖相迴路中，畫出進入 VCO 控制電壓對下列變數在比相器上變化的形式 (ⅰ) 頻率偏移，(ⅱ) 相位差。解釋為何設定一個未偏移之輸入信號在 $\pi/2$ 之相位差是有用的。考慮當設為零相位差之優缺點。

12.5 寫出三種用來解調 f.m. 信號的原理。詳細描述一個實用的系統使用其中之一的原理的操作情形，並評定使用此方法相對於另外二者的優點。

12.6 解釋當用來解調頻率調變信號時，什麼是鑑別器？寫出期望之特性。解釋在積體電路形式的 f.m. 解調器之其中一種形式的操作情形。

12.7 圖 12.19 中電路之輸入為頻率 $f_0+\delta f$ 之正弦，其中 f_0 為 LCR 之共振頻率而 $\delta f \ll f_0$。C_1 使得 $1/\omega C_1 \gg R$。

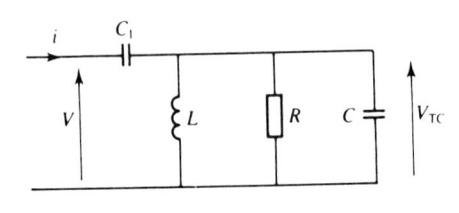

圖 12.19 習題 12.7 之電路

證明 V_{TC} 與 V 之關係為

$$V_{TC} = \frac{\omega C_1}{R} V \angle (\pi/2 + \delta\phi)$$

其中 $\delta\phi = -4\pi RC\delta f$。同時證明若 V 及 V_{TC} 相乘，其乘積為

$$V \times V_{TC} = V_0^2 CC_1 2\pi \delta f$$

其中 $V = V_0 \cos \omega t$。

簡短地解釋上述之乘積關係可用來作 f.m. 解調器。

12.8 討論使用在高品質聲音廣播接收器中一個 f.m. 解調器所必須的特性。

畫出相位偏移鑑別器之一的電路，並解釋其操作方法。

13 相位調變

13.1 簡　介

相位調變是第三種且是最後一種類比調變的方法。如 FM 一樣，它也是一個角調變，且與 FM 在許多方面都非常類似。它是由改變載波的相位常數 ϕ_c 而得到的，而如前面一樣，在載波方程式中此改變正比於基頻電壓

$$v_c = E_c \cos(\omega_c t + \underset{\mid}{\phi_c})$$
$$\text{PM}$$

調變改變了 ϕ_c 一個 $\delta\phi$ 的量，其中

$$\delta\phi = K_P v_m \qquad\qquad \text{相位調變的定義}$$

由於此分析非常類似 FM，在這裏將不再詳細討論。

13.2 一般性的分析

當 $v_m = 0$ 時，假設 $\phi_c = 0$，則

$$v_{PM} = E_c \cos(\omega_c t + K_P v_m)$$

當 v_m 為正弦形式而寫成

$$v_m = E_m \cos \omega_m t$$

則調變的信號成為

$$v_{PM} = E_c \cos(\omega_c t + K_P E_m \cos \omega_m t)$$

通常寫成

$$v_{\text{PM}} = E_c \cos(\omega_c t + \beta_P \cos \omega_m t)$$

其中 β_P 為**相位調變指數**。

然後,類似 FM,有一最大之**相位偏移** $\Delta\phi$,其中

$$\Delta\phi = \beta_P = K_P E_m$$

但由於有 2π 之不確定性,即

$$\Delta\phi + 2\pi \equiv \Delta\phi$$

有用的相位改變必須介於 π 及 $-\pi$ 之間。

上面的方程式以 β_P 展開得到

$$v_{\text{PM}} = E_c[\cos \omega_c t \cos(\beta_P \cos \omega_m t) - \sin \omega_c t \sin(\beta_P \cos \omega_m t)]$$

它非常類似 FM 的相對應方程式,並導出窄頻帶及寬頻帶調變—— NBPM 及 WBPM。

13.3 窄頻帶相位調變

NBPM 的一般式為

$$\begin{aligned} v_{\text{NBPM}} &= E_c \cos \omega_c t - \beta_P E_c \sin \omega_c t \cos \omega_m t \\ &= E_c \cos \omega_c t - \tfrac{1}{2}\beta_P E_c [\sin(\omega_c - \omega_m)t + \sin(\omega_c + \omega_m)t] \end{aligned}$$

表面上,非常類似 NBFM 的表示式。然而,更進一步的分析可看出其差異性,因為

$$\begin{aligned} v_{\text{NBPM}} &= E_c \cos \omega_c t - \tfrac{1}{2}\beta_P E_c\{\cos[\pi/2 - (\omega_c - \omega_m)t] + \cos[\pi/2 - (\omega_c + \omega_m)t]\} \\ &= E_c \cos \omega_c t - \tfrac{1}{2}\beta_P E_c\{\cos[(\omega_c - \omega_m)t - \pi/2] + \cos[(\omega_c + \omega_m)t - \pi/2]\} \\ &= E_c \cos \omega_c t + \tfrac{1}{2}\beta_P E_c\{\cos[(\omega_c - \omega_m)t - \pi/2 + \pi] \\ &\quad + \cos[(\omega_c + \omega_m)t - \pi/2 + \pi]\} \\ &= E_c \cos \omega_c t + \tfrac{1}{2}\beta_P E_c\{\cos[(\omega_c - \omega_m)t + \pi/2] + \cos[(\omega_c + \omega_m)t + \pi/2]\} \end{aligned}$$

當然,這就是一個載波及一對單一邊帶,其振幅恰等於 AM 及 NBFM,頻寬為 $2f_m$。

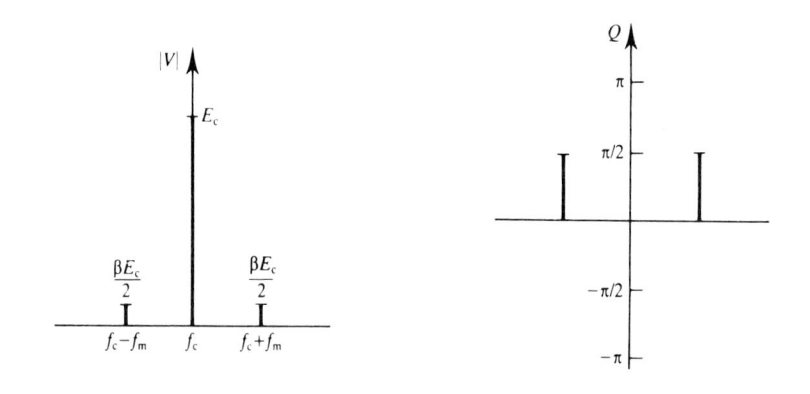

圖 13.1　NBPM 的振幅及相位頻譜

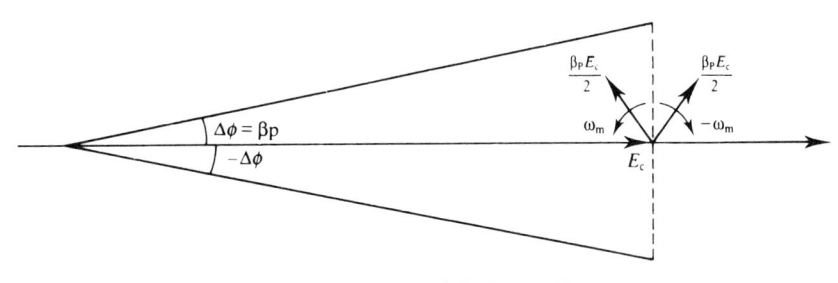

圖 13.2　NBPM 在靜止之相量

顯然的，相位頻譜是不同的，而這是 NBPM 的獨一性。$\pi/2$ 的相位偏移造成邊帶頻率以 90°角垂直地加在載波相量上，像 FM 一樣，但不在同一直線上，如 AM。圖 13.2 所示即為此相量圖。

信號為窄頻帶的標準為，如 FM，在於 β_P 之值，即 NBPM 要求 $\beta_P \leq$ 0.2 弳度。這表示相位偏移小於或等於 ±11°（0.2 rad）。

13.4　寬頻帶相位調變

PM 之通式為

$$v_{PM} = E_c[\cos \omega_c t \cos (\beta_P \cos \omega_m t) - \sin \omega_c t \sin (\beta_P \cos \omega_m t)]$$

如 FM，需要利用貝索函數的式子來展開上式。這可以輕易地藉由 $\cos \omega_m t = \sin (\pi/2 - \omega_m t)$ 等，並寫成下面的式子，如 FM（10.6 節）一樣，它們是

$$\cos(\beta_P \cos \omega_m t) = J_0(\beta_P) - 2J_2(\beta_P) \cos 2\omega_m t + 2J_4(\beta_P) \cos 4\omega_m t - \cdots$$
$$\sin(\beta_P \cos \omega_m t) = 2J_1(\beta_P) \cos \omega_m t - 2J_3(\beta_P) \cos 3\omega_m t + \cdots$$

由此推導出 WBPM 的完整式子以及所有邊帶頻率的正負號：

$$\begin{aligned}v_{\text{WBPM}} = &\cdots + J_4(\beta_P) \cos(\omega_c - 4\omega_m)t \\&+ J_3(\beta_P) \cos[(\omega_c - 3\omega_m)t - \pi/2] - J_2(\beta_P) \cos(\omega_c - 2\omega_m)t \\&- J_1(\beta_P) \cos[(\omega_c - \omega_m)t - \pi/2] + J_0(\beta_P) \cos \omega_c t \\&- J_1(\beta_P) \cos[(\omega_c + \omega_m)t - \pi/2] - J_2(\beta_P) \cos(\omega_c + 2\omega_m)t \\&+ J_3(\beta_P) \cos[(\omega_c + 3\omega_m)t - \pi/2] + J_4(\beta_P) \cos(\omega_c + 4\omega_m)t \\&- \cdots\end{aligned}$$

當然，振幅是與 WBFM 完全一樣（同樣的 β 值），有同樣的頻寬，而不一樣的差異性只在於相位。

13.5 PM 及 FM 之比較

這兩種方法是非常相關的，並且在某些方面是非常類似的。二者都有以基頻電壓爲函數的載波相位改變效果。這可由下面的通式清楚的看出來

$$v_{\text{FM}} = E_c \cos\left(\omega_c t + K \int v_m \, dt\right)$$
$$v_{\text{PM}} = E_c \cos[\omega_c t + K_P v_m]$$

因此，不令人意外的，NBPM 及 WBPM 較完整的式子非常類似 NBFM 及 WBFM。這表示窄頻及寬頻調變的振幅頻譜是一樣的，而 PM 及 FM 的差異在於諧波邊帶的相位。

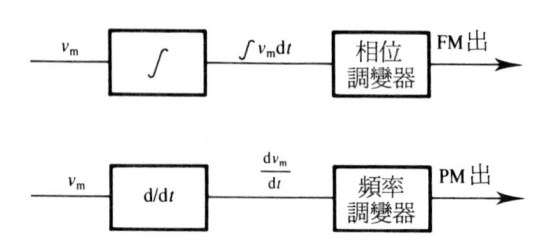

圖 13.3 FM 及 PM 可由對方互相得出

此相似性使得其中一個調變型態可由先微分或積分另一個基頻而得到。圖 13.3 說明了這一點。

此關係式可以容易地經分析而得證：若

$$v_m = E_m \cos \omega_m t$$

則

$$\int v_m \, dt = E_m/\omega_m \sin \omega_m t$$

及

$$v_{PM} = E_c[\cos \omega_c t \cos (\beta_P/\omega_m \sin \omega_m t) - \sin \omega_c t \sin (\beta_P/\omega_m \sin \omega_m t)]$$
$$= E_c[\cos \omega_c t \cos (\beta \sin \omega_m t) - \sin \omega_c t \sin (\beta \sin \omega_m t)]$$
$$= v_{FM} \, (\text{定義} \; \beta_P/\omega_m \equiv \beta)$$

微分有類似的分析。

我們將看到，這個方法是由 NBPM 調變器得到 NBFM 的一個方便的方式，因為電路較簡單且不需可調電路。

對簡單的基頻，FM 及 PM 之間的分別可以清楚地看出（見圖 10.1），但對連續的基頻就不是那麼容易了。讀者可嘗試對正弦基頻畫出 FM 及 PM 圖形。這的確可清楚看出二者之間的相似性。

13.6 PM 的使用

有兩個一般的用法：

1. 在 CB 及移動式無線電的應用上產生 NBFM。
2. 在下一章中將描述的在 BPSK 中對數位信號當作 WBPM。

第一個方法在只需要窄頻帶調變中比直接 f.m. 方法使用的電路較簡單（即無可調電路）。第二個也可簡單地作到──用一個乘法器──並有非常廣泛的應用。

13.7 PM 的產生及解調

窄頻帶相位調變可以由簡單 RC 低通濾波器得到，如圖 13.4 所示由一個固定電容器串聯變容器（提供 $\delta C \propto v_m$）組成。

未調變的載波進來而相位調變的信號出去，其分析如下：

$$\frac{v_{\text{NBPM}}}{v_c} = \frac{1/j\omega C}{R+1/j\omega C} \qquad c=c_0=c_r$$

$$= \frac{1}{1+j\omega CR}$$

$$= \frac{1}{(1+\omega^2 C^2 R^2)^{1/2}} \angle \theta \qquad (\tan \theta = -\omega CR)$$

若 ωCR 保持很小值（<0.2），則 $\theta \simeq -\omega CR$。所以若 C 改變了 δC，則 θ 改變了 $\delta\theta$，其中

$$\theta + \delta\theta = -\omega(C+\delta C)R$$

因此

$$\delta\theta = -\omega_c RK v_m$$

亦即

$$\delta\theta \propto -v_m$$

因此得到線性相位調變。當然，所作的假設意謂著 $\delta\theta$ 的改變必須很小（<11°）以致只有 NBPM 可以產生。但因為調變是線性的，它可以用在類比基頻以及特別在有前級積分器下得到 NBFM，這在前面已討論過。

相對的，WBPM 只用在切換於固定電壓值之間的分立基頻信號。其中最簡單的是二元 PSK 方法，在下一章中將描述。在那裏相位不是 0°（代表 1）就是 180°（代表 0）。

連續的 PM 的**解調**是幾乎不需要的，因為它並不是一種傳輸模式。讀者可見下一章二元 PSK 解調的討論。

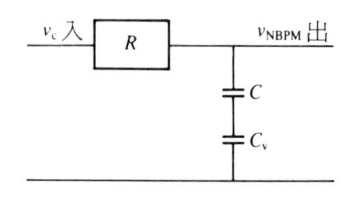

圖 13.4 *RC* NBPM 調變器

13.8 摘　要

當 θ_c 線性地隨 v_m 而改變時，**相位調變產生**，即

$$v_{PM} = E_c \cos(\omega_c t + K_P v_m)$$

其中 K_P 為**相位調變靈敏度**。

對單一正弦基頻

$$v_{PM} = E_c \cos(\omega_c t + \beta_P \cos \omega_m t)$$

其中 β_P 為**相位調變指數**，並且 $\beta_P = K_P E_m$。

當 $\beta_P \leq 0.2$ 且產生一對邊帶時，**NBPM** 發生，二邊帶皆為負的，

$$v_{NBPM} = E_c \cos \omega_c t - \tfrac{1}{2}\beta_P E_c \sin(\omega_c - \omega_m)t - \tfrac{1}{2}\beta_P E_c \sin(\omega_c + \omega_m)t$$

其**靜止相量**圖清楚說明它與 FM 及 AM 的不同。

WBPM 產生 $\beta+1$ 個邊帶對，有同樣的振幅頻譜如 WBFM，但正負號及相位不同（$\pi/2$）。WBPM 的完整式子牽涉到貝索函數且在 13.4 節討論到。

PM 及 FM 非常類似，且其中一個可由調變前先微分或積分基頻而從另一個得出。

PM 是得到 NBFM（如移動式無線電）的一個方便的方法。它也廣泛使用在調變中，藉由數位信號的頻率遷移，它的多階能力是非常重要的。

13.9 結　論

這是對下一章很好的切入，下一章將描述在類比調變方法中非常重要的一種應用——簡單但廣泛使用的鍵控方法。拭目以待。

13.10 習　題

13.1 $f_m = 3$ kHz，$E_m = 3.0$ V，$\beta = 4.0$，$E_c = 2.0$ V 及 $f_c = 200$ kHz，計算
（i）相位偏移（$\Delta \phi$）。
（ii）相位調變靈敏度（K_P）。

(iii) 最大及最小的瞬時相位偏移。
(iv) 頻寬。
(v) 載波及所有邊帶頻率的振幅及正負號（在頻寬內）。
［與習題 10.1 比較］

13.2 重複頻率為 2.5 kHz 及大小為 ±6 V 的方波基頻被相位調變至 25 kHz 之載波上，相位調變靈敏度為 0.25 rad V^{-1}：
(i) 調變指數為何？
(ii) 相位偏移為何？
(iii) 頻寬為何？
(iv) 畫出調變的波形。
(v) 畫出在偏移極值時的瞬時振幅頻譜。
(vi) 畫出 p.m. 頻譜，註明振幅及正負號。
［與習題 10.5 比較］

13.3 $\beta_P = 0.2$ 時，畫出相量圖，並特別標明：
(i) 最大及最小之相位偏移。
(ii) 在 $\pm |v_m|$ 之相量位置。
(iii) 估計有多少 AM 發生。
［與習題 10.6 比較］

13.4 見習題 10.8。

13.5 就下列各項討論使用 FM 及 PM 的相對優點：
(i) 語音基頻。
(ii) 數位基頻。
(iii) 鍵控調變。
(iv) 調變及解調之線性度。
(v) 由其中一個得到另一個。
(vi) 寬頻帶調變。

13.6 在 $\beta = 0.1$ 時畫出 NBPM 的靜止相量圖。並畫出在 $\beta = 1.0$ 時之相量圖。

14

二元（鍵控）調變

14.1 簡　介

　　這裏我們要來看前面已經討論過的類比調變方法中，一個相當特殊的應用領域。這些方法本身並非新的，但特別的應用使它們看起來非常不一樣。這個應用是對數位的基頻，其中基頻電壓只在兩個固定值之間改變。最普通的這樣子的基頻爲二位元字串，使得此應用有一通稱：**二元調變**。它是藉由頻率遷移的數位基頻的調變，因此它們可以很方便的以有線或無線電方式來傳送。

14.2 二元基頻

　　每一個類比調變方法都有其對應之二元方法。所牽涉到的基頻皆爲數位的，並且其中最簡單的爲二位元數字，我們將用它來發展基本理論。特別是此穩定的字串 101010 將被使用，因爲它是電壓變化最頻繁的一個，因此有最大的基頻頻寬。它是"最糟"的情形。

　　像這樣的字串可以是**單極**的（ $1 \equiv V$；$0 \equiv 0$ ）或**雙極**的（ $1 \equiv V$；$0 \equiv -V$ ），其中 V 爲由系統設定之固定電壓值。這些都如圖 14.1 所示。

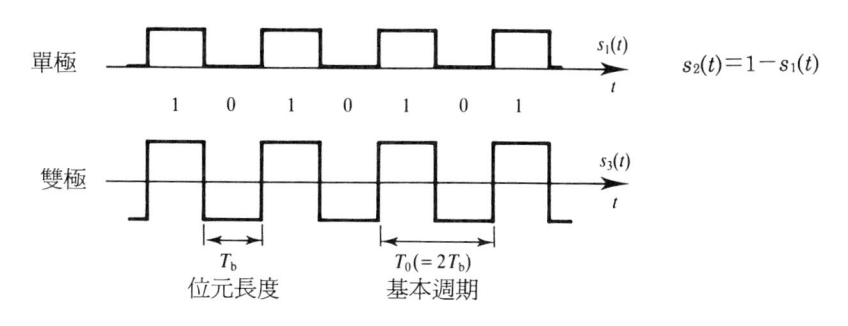

圖 14.1　"最糟情形"的位元串

要分析這些調變方法，我們需要知道每一形式的頻譜。它最好是用傅立葉級數來表示（若你無法確定，最好自己推導一遍）。對於圖 14.1 中的波形：

單極字串：$s_1(t) = \frac{1}{2} + \frac{2}{\pi}[\cos \omega_0 t - \frac{1}{3}\cos 3\omega_0 t + \frac{1}{5}\cos 5\omega_0 t - \cdots]$

$s_2(t) = 1 - s_1(t)$

雙極字串：$s_3(t) = \frac{4}{\pi}[\cos \omega_0 t - \frac{1}{3}\cos 3\omega_0 t + \frac{1}{5}\cos 5\omega_0 t - \cdots]$

其中 $\omega_0 = 2\pi/2T_b = \pi/T_b$ 為位元串的基本頻率〔$s_2(t)$ 稍後在 14.7 節中出現〕。

14.3 方法摘要

有三種基本方法，每一個對應到三種類比調變方法中的一個。它們有如下相當令人好奇的名稱：

    鍵控幅移（ASK）   應用 AM
    鍵控頻移（FSK）   應用 FM
    鍵控相移（PSK）   應用 PM

"鍵控偏移"這一名詞的來源有歷史上的因素，即在 19 世紀早期電報的信號方法。然後符號藉由送出電流脈波在電線中而傳送，電流脈波由一個鍵（即開關）移動（即改變）電流的值（由 0 到 1）來代表一個數字。摩斯"鍵"及電傳打字"鍵"仍然使用這個詞。然後，當技術由這些簡單的未調變脈波發展至較複雜的方法，由於使用上的相似性，"鍵"這一種稱呼仍被保留。技術上已不可分辨的與之結合，因此至今我們仍然使用它。至少它是一個特殊的稱呼。圖 14.2 藉由一"最糟情況"的位元串各自調變後來說明此三種方法的差異。

14.4 一個歷史上的小註

不談其在今日的重要性，傳送數位數據的方法可追溯至早期電的通訊。19 世紀的電線系統（例如使用在軌道上）只以未調變的直流電流送出脈波訊息。當無線（即無線電）通訊在 20 世紀最初十年間成為可能，並在 Marconi 影響下快速發展以提供商業的傳輸服務，它是由 on-off 摩斯鍵——一種 ASK 的形

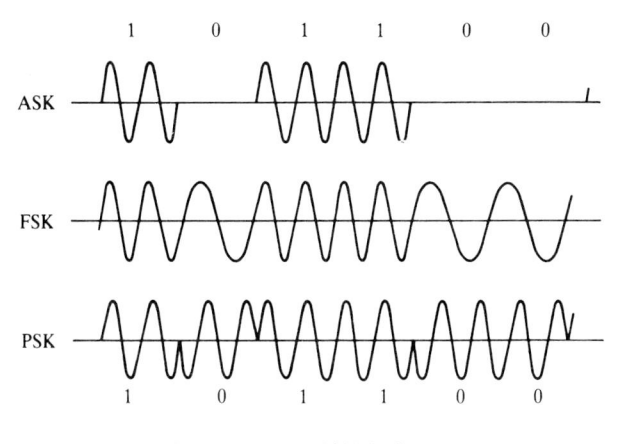

圖 14.2　三種鍵控調變

式，來完成的。這個非常直接的方法仍然被廣泛地使用，其主要缺點為雜訊衰減使調變波封失真且造成誤差。同樣的方法也用在早期的電傳打字上。

當藉由電話線路傳送電傳打字訊息的需要在 1930 年代變得重要時，數位信號必須被調變在低週波頻率。ASK 被嘗試使用但很快就發現到在所使用的位元速率上低偏移之 FSK 有其優勢。因此之故，所定義的聲音頻率電話頻道（0～4 kHz）可以正式地分隔成相鄰之電傳打字頻道精巧的組群，每一個頻道間由很小的頻率差來區隔，此頻率差之大小視數位基頻的 baud 率而定。在今天這些技術仍然在使用著。

然後，在二次大戰之後，無線電通訊快速地成長，特別是在短及中程距離的微波通訊，再來是衛星。最初，由於其雜訊免疫的特性，他們使用 FM，但開始於 1970 年代的"數位革命"促使數位調變技術的更迭。現在的標準則是較高階 PSK 系統。

現在 1980 年代最新的技術，光纖，又回到簡單的 ASK——因為，這技術不能作任何更先進的事。光本身只是被數據切換成開或關。但微波基頻的同調調變不久將出現。

14.5　使用的領域

現今鍵控技術用在三種不同領域，且在不同方面理論要求有所不同。這三個領域為：

1. 低週波頻率多工至聲音頻率通道。電傳打字或數據。主要為 FSK。
2. 在 HF 及 VHF 的無線電電傳打字（RTTY）。主要為電傳打字──FSK。
3. 微波無線電上之數位信號──地面或衛星。主要為使用 PSK 及 PAM 之 PCM。

由此表列可清楚知道這些基頻來自兩個主要領域的技術：

1. 電傳打字碼──數位但非二元，每一字元最多可有 $7\frac{1}{2}$ 個數字，視系統而定。
2. 二位元串列──不是直接的數據就是由 PCM 編碼的類比信號。

下面的描述將著重在特殊用法的差異，至於詳細的內容則需參考其他書籍。

14.6 鍵控幅移系統

這是三種方法中最簡單的一個也是目前最老的一種方法。在 a.f. 及 r.f. 中現今並不常使用，因為它太容易被不要的雜訊干擾，但由於其分析容易，仍值得來看一下。它是光纖傳輸的主要方法。

一個載波正弦的振幅由代表邏輯 0 的零伏移到某一固定值 V，代表邏輯 1，如圖 14.3 所示（或反過來）。

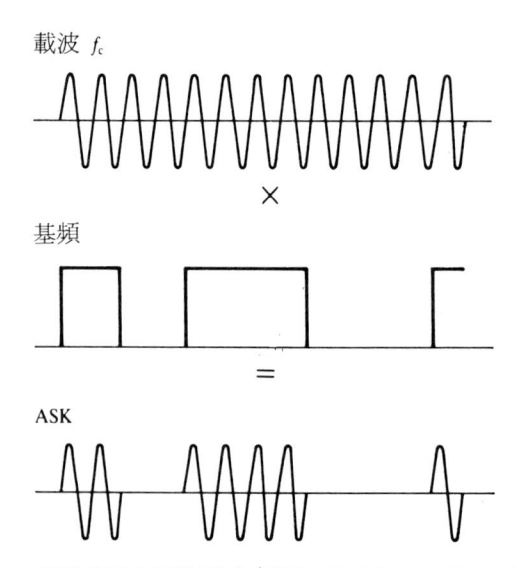

圖 14.3　ASK 調變位元串列的形成（取自 Holdsworth and Martin, 1991）

這個方法有 100% 的振幅調變，因此稱為開關鍵控（OOK）。
調變的完成只是載波與基頻的乘積。將大小為 1 的載波寫成

$$v_c = \cos \omega_c t$$

然後

$$v_{ASK} = v_c s_1(t)$$

$$= \cos \omega_c t \left(\frac{1}{2} + \frac{2}{\pi}(\cos \omega_0 t - \frac{1}{3} \cos 3\omega_0 t + \frac{1}{5} \cos 5\omega_0 t + \cdots) \right)$$

$$= \frac{1}{2} \cos \omega_c t + \frac{2}{\pi} \cos \omega_c t \cos \omega_0 t - \frac{2}{3\pi} \cos \omega_c t \cos 3\omega_0 t + \cdots$$

$$= \frac{1}{2} \cos \omega_c t + \frac{1}{\pi} \cos (\omega_c - \omega_0)t + \frac{1}{\pi} \cos (\omega_c + \omega_0)t$$

$$- \frac{1}{3\pi} \cos (\omega_c - 3\omega_0)t - \frac{1}{3\pi} \cos (\omega_c + 3\omega_0)t + \frac{1}{5\pi} \cdots$$

這只是一個方波串列的標準頻譜，頻率被遷移至 f_c。圖 14.4 所示為位元率 $1/T_b$（$=2f_0$）調變至載波 f_c。

所需要傳送的頻寬視應用的要求而定。只要在接收器有需要還原可辨認的方波脈波（如操作一印表機），則它也許需要有至少第三個諧波邊帶對（$f_c \pm 3f_0$）或甚至到第五個，這導致如下的標準：

$$B_{ASK} = 6 \cdot f_0 = 3 \text{（最大位元速率）}$$

即

$$B_{ASK} = 3 \text{（符號率）}$$

頻寬標示在圖 14.4 中。

以許多自動電傳打字機每分鐘 66 個字的標準符號速度為例。這相當於 50 個 baud（符號）每秒，它需要 25 Hz 的 f_0。因此其第三個諧波頻寬為 75 Hz（有保護帶寬時為 120 Hz）。

但真正需要的是能夠決定是否一個 1 或一個零被接收到，而位元形狀的準確與否並不需要，因此第一諧波對就足夠了。這給了下面的標準：

$$B_{ASK} = \text{位元速率}$$

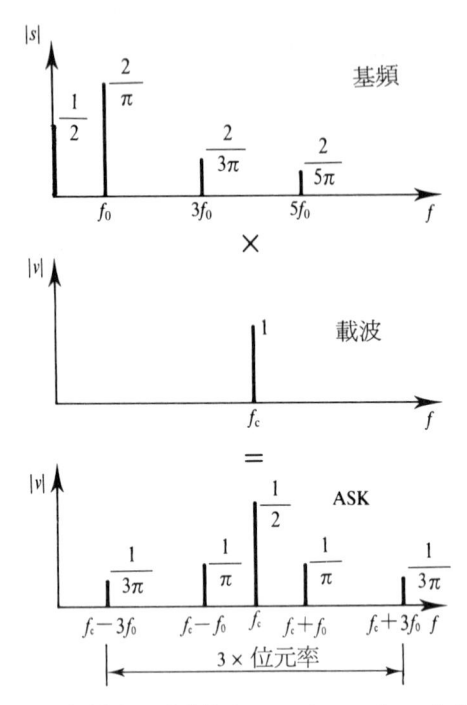

圖 14.4　ASK 頻譜之形成（取自 Holdsworth and Martin, 1991）

對於低週波 FSK 數據機，建議的最大速率以此依據而設定（見圖 14.7）。在微波數位無線電中也使用 PSK，但原因則大不相同（見 14.9 節）。

14.7　鍵控頻移系統

當一台電傳打字機開始/停止裝置啓動時，ASK 非常容易受雜訊的干擾，特別是來自脈衝。要克服此缺點，簡單的解決方法是在不同頻率下送出 1 及 0，當需要時將其中一個狀態移到另一個狀態。因此我們得到**鍵控頻移**系統，它被認爲是使用固定偏移，及只有兩個調變頻率的 FM 形式。這個結果已在圖 14.2 中說明，這就是如何在低週波頻率電傳打字數據機上得到的（見 14.8 節）。

然而，分析此調變最簡單的方法（即它的頻譜及頻寬爲何）爲將它們看作分開插入的數字串列──1 代表 1 的組合，0 代表 0 的組合。然後每一個都是 ASK 被不同的頻率調變，再加在一起而產生完整的 FSK 波形。其過程如圖

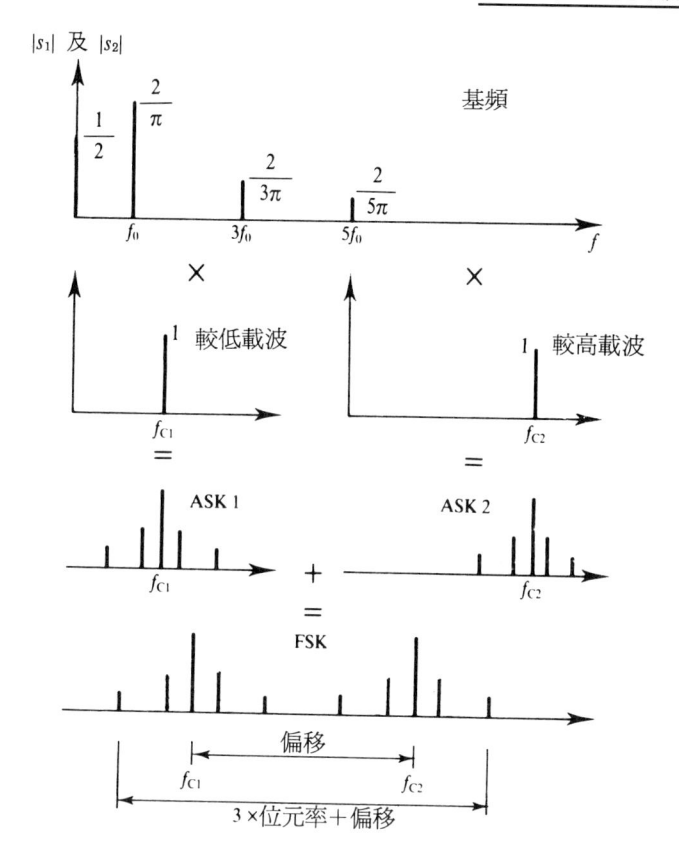

圖 14.5 FSK 的形成為兩個 ASK 信號之和（Holdsworth and Martin, 1991）

14.5 所示。

現在有兩個載波頻率，因此

$$v_{FSK} = \cos \omega_1 t \cdot s_1(t) + \cos \omega_2 t \cdot s_2(t)$$

其中 $s_2(t)$ 為 $s_1(t)$ 的互補，因此 $s_2(t) = 1 - s_1(t)$。所以

$$v_{FSK} = \cos \omega_1 t \left(\tfrac{1}{2} + \frac{2}{\pi}(\cos \omega_0 t - \tfrac{1}{3}\cos 3\omega_0 t + \cdots) \right)$$
$$+ \cos \omega_2 t \left(\tfrac{1}{2} - \frac{2}{\pi}(\cos \omega_0 t - \tfrac{1}{3}\cos 3\omega_0 t + \cdots) \right)$$

亦即

$$v_{FSK} = \tfrac{1}{2}\cos\omega_1 t + \frac{1}{\pi}\cos(\omega_1-\omega_0)t + \frac{1}{\pi}\cos(\omega_1+\omega_0)t$$

$$-\frac{1}{3\pi}\cos(\omega_1-3\omega_0)t - \frac{1}{3\pi}\cos(\omega_1+3\omega_0)t + \cdots$$

$$+\tfrac{1}{2}\cos\omega_2 t - \frac{1}{\pi}\cos(\omega_2-\omega_0)t - \frac{1}{\pi}\cos(\omega_2+\omega_0)t$$

$$+\frac{1}{3\pi}\cos(\omega_2-3\omega_0)t + \frac{1}{3\pi}\cos(\omega_2+3\omega_0)t + \cdots$$

如所預期的，只是兩個中心頻率在 ω_1 及 ω_2，且分開 $2\Delta f$（$=f_2-f_1$）的 ASK 頻譜，其中 $2\Delta f$ 為**頻率遷移**。圖 14.6 為位元率 $1/T_b$ 基本頻率為 f_0（$=1/T=1/2T_b$）的頻譜。

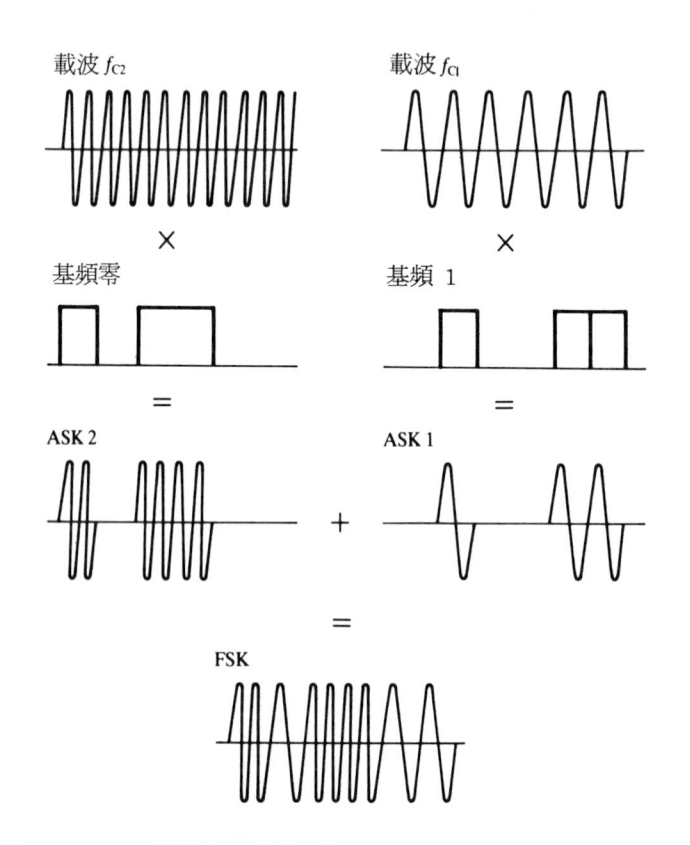

圖 14.6　FSK 頻譜之形成（取自 Holdsworth and Martin, 1991）

至於它的**頻寬**，讓我們先以第三諧波邊帶對為標準，則

$$B/W = 3f_0 + 2\Delta f + 3f_0$$
$$= 6f_0 + 2\Delta f$$
$$= 6(1/2T_b) + 偏移$$
$$= 3(1/T_b) + 偏移$$

即

$$B_{FSK} = 3（位元率）+ 頻率位移$$

若只取第一諧波對，則頻寬，當然，只為

$$位元率 + 位移$$

注意它們不可避免地比 B_{ASK} 大了頻率位移的量，而這是 FSK 不可避免的缺點。但這將被其主要的優點大大的蓋過，亦即它較不容易受到因雜訊或暫態所導致的不必要的振幅調變干擾。信號大小是無關的，且雜訊容易造成誤差的唯一方式為在通過零點的位置有大的偏移，以致頻率錯得非常離譜。這較不成為問題。

實際上，上面的分析將 FSK 以 AM 處理而非 FM（較接近事實）。然而，它也可能將它視為純 FM，藉由以中心頻率的位元雙極，將"最糟情況"位元串的每一個諧波分開處理。若其位階為 +1 及 −1，則各諧波的振幅及"位移"為

$$f_0 \rightarrow 振幅 \quad 4/\pi \rightarrow 位移 \quad \pm\Delta\omega/\pi \rightarrow B/W 2(\Delta f + f_0)$$
$$3f_0 \rightarrow 振幅 \quad 1.3/\pi \rightarrow 位移 \quad \pm\Delta\omega/3\pi \rightarrow B/W 2(\Delta f + 3f_0)$$
$$5f_0 \rightarrow 振幅 \quad 0.8/\pi \rightarrow 位移 \quad \pm\Delta\omega/5\pi \rightarrow B/W 2(\Delta f + 5f_0)$$

B/W 為卡爾森頻寬，$2（位移 + f_m）$，如第 12 章所示。

例如，一個 100 baud（$f_0 = 50$ Hz）信號，在位移為 ±60 Hz 的頻道上以兩種方法產生下列頻寬。其結果非常相符。讀者可自行推導。

諧波	AM（2ASK）方法	FM 方法
f_0	220	250
$3f_0$	420	350
$5f_0$	620	530

14.8 FSK 的使用

在實際上，FSK 經常使用到。主要有兩大應用範圍：

1. 電傳打字或數據上，低週波以多工方式送至 4 kHz 之電話頻道。
2. 在 HF 及 VHF 上電傳打字之 RTTY（無線電電傳打字）傳輸。

對於**語音頻率**多工系統，有一詳細的體系在標號/空白頻率及頻道分隔上，視需要之 baud 率（以及頻寬）而定。這些是由 CCITT 建議而定下的，且經協定而在國際間使用。頻道頻寬範圍由 120 Hz（±30 位移）到 960 Hz（±240 位移），分別將 24 及 3 個電傳頻道放入一個電話頻道。標準的聲音頻率載波電報（VFCT）頻道使用的一些例子如圖 14.7 所示。

傳統上，較低頻率為"標號"（1）且高頻為"空格"（0）。而名義上之中心頻率並不直接使用。所引用之偏移為由此中心頻率的差，而不是從標號到空格。

建議使用的兩個例子為：120 個頻道，60 Hz 位移，最多 50 個 baud；

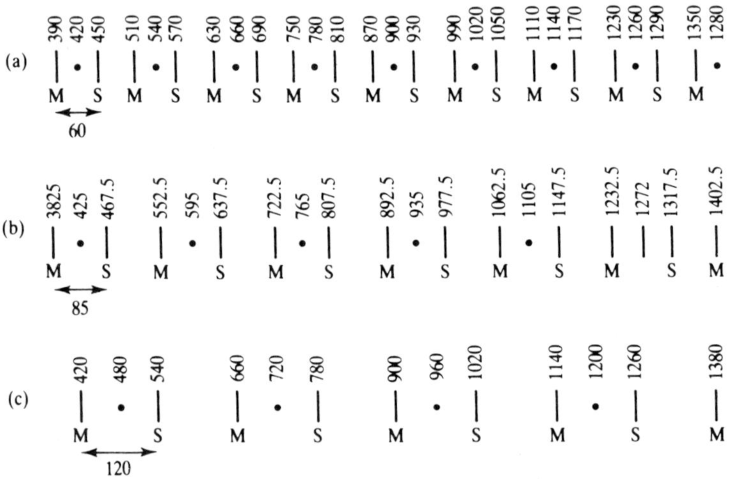

圖 14.7　VFCT 的 CCITT 部份頻道頻率：(a) 120 Hz 間隔；±30 Hz 位移；(b) 170 Hz 間隔；± 42.5 Hz 位移；(c) 240 Hz 間隔，±60 Hz 位移（取自 Freeman, 1981）

240 個頻道,120 Hz 位移,最多 100 個 baud。

對於在 HF 及 VHF 的**無線電電傳打字**,兩種 FSK 形式在使用——f.s.k. 及 a.f.s.k.。對於 f.s.k.,載波本身直接由基頻位移。對於 a.f.s.k.,首先位移由低週波完成,然後再以 SSB 調變至無線電頻率載波。因此,在 a.f.s.k. 中的"a"表示低週波的。整體而言,f.s.k. 使用在 HF 而 a.f.s.k. 在 VHF 更普遍,因為載波頻率穩定性的問題。對於業餘無線電,使用 170 及 850 位移,例如標號在 1275 Hz 而空格在 1445 或 2125 Hz。

14.9 鍵控相移系統

PSK 比 ASK 及 FSK 有其優越之處。它與 ASK 有相同的頻寬,當然,比 FSK 少了位移所需之量。它比 FSK 更不易受到雜訊之干擾,當然,也比 ASK 更好。

PSK 藉由改變載波的相位來分辨數字的形式。對於二元信號(BPSK),只有二種數字(1 及 0)。因此,只需要兩個相位(0°及 180°),如圖 14.8 所示。

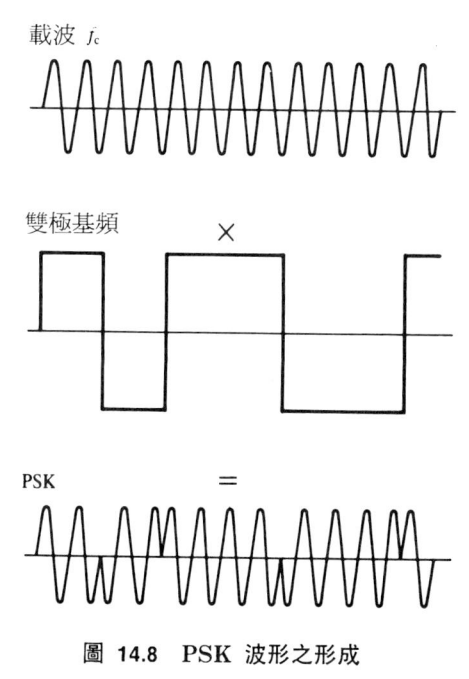

圖 14.8 PSK 波形之形成

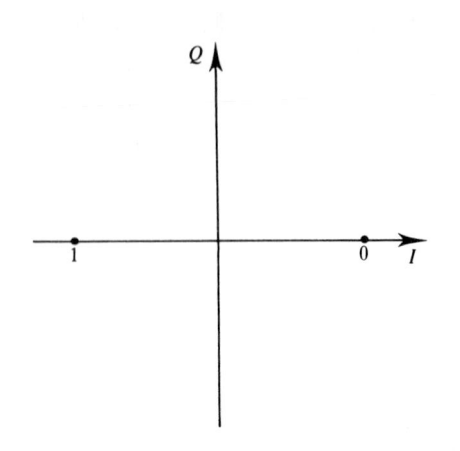

圖 14.9 PSK "星座"相位圖

　　如圖 14.9 所示，在相量圖上 "星座" 的形式表示更具有教育性。
　　注意，我們現在需要一個雙極基頻，因為其中一個相位只是減去另一個（180°相位改變≡乘上 −1）。也要注意相量圖上相位如何表示。這是非常有用的圖示法，特別是多階數字系統，其閃閃發亮的外表為它們取得了"星座"之名。
　　分析應用了"最糟情況"的雙極位元串（$s_3(t)$）及乘上載波得到 BPSK，如下所示：

$$v_{BPSK} = v_c \cdot s_3(t)$$

$$= \cos \omega_c t \cdot \frac{4}{\pi} \left(\cos \omega_0 t - \frac{1}{3} \cos 3\omega_0 t + \frac{1}{5} \cos 5\omega_0 t - \cdots \right)$$

$$= \frac{4}{\pi} \left(\cos \omega_c t \cdot \cos \omega_0 t - \frac{1}{3} \cos \omega_c t \cdot \cos 3\omega_0 t + \cdots \right)$$

$$= \frac{2}{\pi} [\cos (\omega_c - \omega_0)t + \cos (\omega_c + \omega_0)t - \frac{1}{3} \cos (\omega_c - 3\omega_0)t$$

$$- \frac{1}{3} \cos (\omega_c + 3\omega_0)t + \cdots]$$

而在圖 14.10 中所示為一系列消逝的邊帶。
　　很明顯的，這與 ASK 之頻譜相同但沒有載波（DSBSC 版本？）且頻寬也

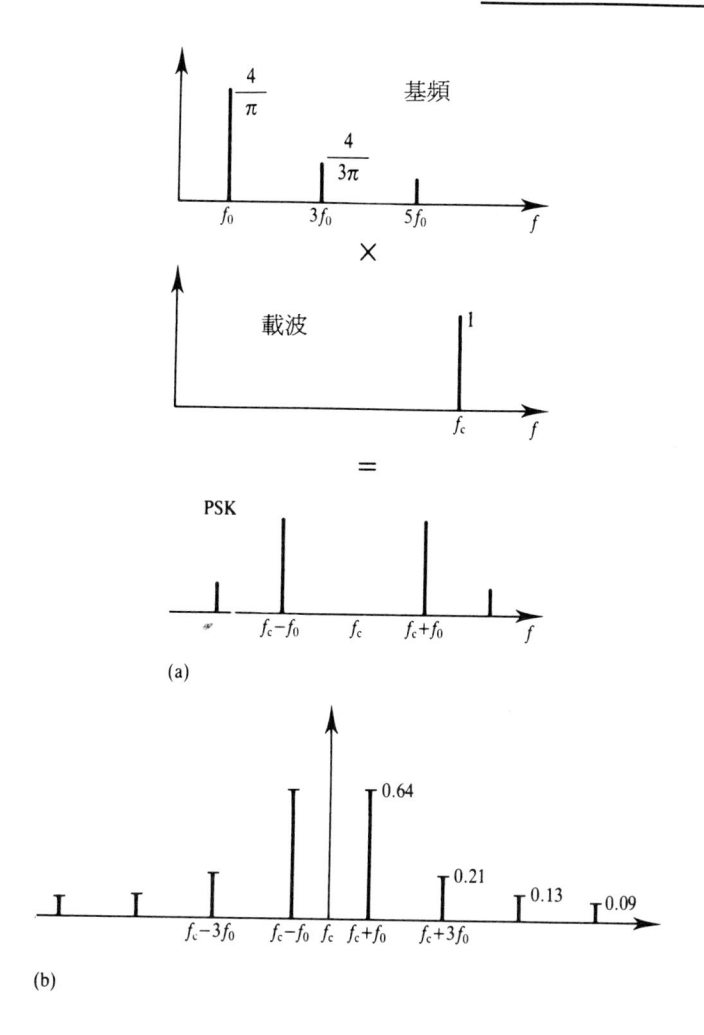

圖 14.10 BPSK 最糟情況頻譜及其形成 ((a)) 取自 Holdsworth and Martin, 1991）

許可用同樣的方式計算，所以，若包括第三諧波對，我們得到

$$B_{BPSK} = 3\,(\text{位元率})$$

（但往下看）。

　　PSK 有比其他兩種方法好的三個優點。前面提過兩個，而第三個是新的：

1. 較不容易受到雜訊衰減。
2. 比 FSK 之頻寬小（與 ASK 同）。
3. 可由多階體系而降低頻寬。

以上這些使 PSK 在某些應用上成為令人滿意的方法——例如高位元率及高載波頻率。因此在微波無線電上它已成為數位傳輸唯一使用的方法，雖然在其他頻率也可使用。

例如，8-階 PSK 用在**低週波**以得到每秒 4800 位元進入 4 kHz 的音頻道內，載波為 1800 Hz，佔有大部份有用的頻道（300 到 3400 Hz）。

在**數十億赫茲的無線電頻率**，位元率的要求為地面（16-QAM 標準）及衛星（QPSK 標準）連線上在百萬赫茲範圍。這些簡寫的解釋在 14.10 節，且分別表示每符號 4 及 2 位元，所以在一定頻寬內增加訊息速率。

在高頻率時，**頻寬**之計算有不同的考量。主要為避免符號間干擾（ISI），如 18.4 節中描述，這可得到相當簡單的規則，即**頻寬等於符號率**。

14.10 多階 PSK

多階數字已提過多次。它最常發生在 PSK 中，但也可能在 ASK 及 FSK 中。圖 14.11 所示即為此多階數字。然而，是在 PSK 中證明其有效性而在此將討論它。

首先：為什麼多階數字是一個好主意？這是因為它們之中的每一個都可以傳遞多於一個的二元數字，所以在一定之符號率中可增加位元率。例如，若一個符號傳遞兩個位元，則需要四個不同符號以包括 2 個位元的所有組合（00，01，10，11）而得到 4-PSK（QPSK）。提供所有組合的需要表示著有用的多階系統必須有一些以 2 為底數的符號。即每符號 3 位元需要 8 階，4 位元需要 16 階，以此類推，而 n 位元需要 M 階的一般要求為

$$M = 2^n$$

〔注意："階"來自 ASK 之用法，但一般用來表示"可分辨的符號"。〕

在 PSK 多階中，符號首先發生於在載波相位中有小的變化，自 0° 到 360° 的任一相位都可使用，而不只 0° 及 180°，其中最常使用的為 90° 相差，45°，135°，225° 及 315° 而得到**直角鍵控相移**或 QPSK（見圖 14.12）。

相位可以再細分（如 8-PSK），但在畫分程度上有一定限制，因為它們必

基頻 4-階數字

　　　　00　01　10　11　00　01

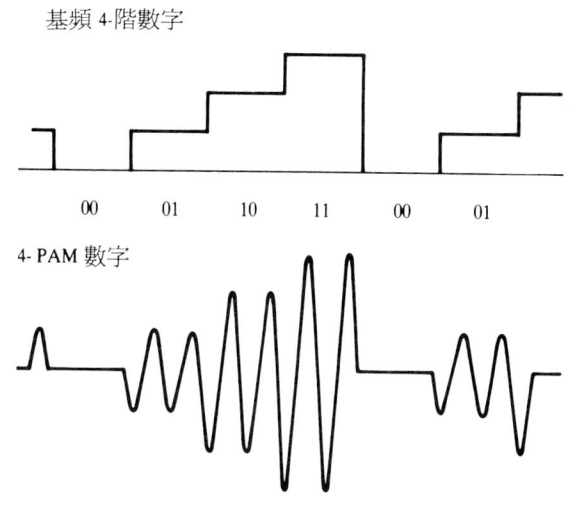

4-PAM 數字

圖 14.11　多階 PAM 數字

QPSK (4-QAM)

01　　11

00　　10

16-QAM

0000　0001　0011　0010

1000　1001　1011　1010

1100　1101　1111　1110

0100　0101　0111　0110

14-12　QPSK 及 16-QAM 星座 (二元數字 Gray 碼)

須在接收器上被準確地分開。要克服此限制，在系統中也可使用振幅的改變，稱作**相位振幅調變**（PAM）或**直角振幅調變**（QAM），其中常用的為 16-QAM，也如圖 14.12 所示。注意符號如何以同樣的距離（$2d$）被分開在同相（x）及直角（y）軸上，且在一定振幅下相差相當大。這個四方形的格子星座可以進一步延長 $2d$ 距離而得到較大的方形，如 64，256 等符號──令人憂心的。

　　當然，在位元率上令人高興的增加也會有意外的阻攔。系統現在又變為振幅相關的，所以會受到雜訊及干擾的影響，這表示需要較大之傳輸功率。位階之間也變得較靠近，因此系統必須非常線性，而這點在使用 r.f. 功率放大器的發射器上是不容易有效率使用的（特別當微波頻率使用時）。讀者可看更專門的書以了解詳細的內容。

14.11 摘　要

二元，或鍵控，調變由數位信號的類比調變產生，數位信號為二元或多階。由於它們來源不同以及分立的階段，它們是從其他類比調變中分開出來處理。有三種不同分類：

1. 鍵控幅移（ASK）AM 的形成
2. 鍵控頻移（FSK）FM 的形式
3. 鍵控相移（PSK）PM 的形式

ASK 為載波（v_c）及雙極位元串（$s_1(t)$）之乘積

$$v_{ASK}=v_c \cdot s_1(t)$$

FSK 最好是以兩個 ASK 調變在兩個頻率偏移為 Δf 的**載波頻率**上來處理：

$$\Delta f = f_2 - f_1$$

每一個載波乘上單極位元串，其一為1（$s_1(t)$ 如在 ASK），而其相反為零（$s_2(t)$）

$$v_{FSK}=v_{c1} \cdot s_1(t) + v_{c2} \cdot s_2(t)$$

PSK 為載波及雙極位元串（$s_3(t)$）的乘積

$$v_{PSK}=v_c \cdot s_3(t)$$

每一個將產生包括離載波頻率一半位元率（$f_0=f_b/2$）的諧波頻率的頻譜。

　　所需**頻寬**視應用而定。對大部份低週波頻率的應用（如數據機），高至 f_0 或 $3f_0$ 的邊帶頻率被視為必須。然後

$$B_{ASK}=f_b \text{ 或 } 3f_b$$
$$B_{FSK}=f_b+\Delta f \text{ 或 } 3f_b+\Delta f$$

$$B_{PSK} = f_b \text{ 或 } 3f_b$$

對無線電之應用，PSK 之頻寬通常只取 f_b。對多階 PSK。使用符號率（f_s）。
主要應用為

    ASK 一些低週波頻率的數據機；光纖
    FSK 大部份低週波頻率的數據機；HF 及 VHF 無線電
    PSK 節省頻寬的低週波頻率的數據機；微波無線電波

PSK 特別應用了多階數字的 QPSK 及 16-QAM 的形式。

14.12 結 論

  在本章，我們看到如何調變二元（及其他）數位基頻。但到底這些基頻從何而來？很顯然的，有一些直接來自數位源（如電腦數據），但很重要的部份來自類比信號源（如電話通話）及轉換成接近源的數位形式。這是使用何種方法？欲找出答案，請見下一章的取樣。

14.13 習 題

14.1 600 baud 率數據串列以下列方法調變：
  （ⅰ）ASK 在 $f_c = 1500$ Hz
  （ⅱ）BPSK 在 $f_c = 1500$ Hz
  （ⅲ）FSK 在 $f_c = 1500$ Hz 及 $\Delta f = 200$ Hz
  畫出每一項的信號波形及頻譜。並說明你使用的位元串及指定頻寬。

14.2 FSK 系統使用 600 Hz 及 1200 Hz 分別表示 1 及 0。求出最大值之數字率，它可以用兩種不同之標準來傳送──三倍位元率及一倍位元率。兩種信號都傳送至帶寬為 300 Hz 至 3400 Hz 的正常電話頻道。

14.3 在低週波頻率的 FSK 數據機上作下列之計算：
  （ⅰ）120 Hz 間隔；±30 Hz 位移；求出最高 baud 率。
  （ⅱ）100 baud；±60 Hz 位移；求出可能的頻道間隔。
  （ⅲ）1200 baud；頻道間隔 2000 Hz；求出可能之偏移。
  （ⅳ）頻率 500±200 Hz；600 baud；求出頻道間隔。

14.4 使用頻寬等於符號率的標準，指定下面的頻寬：
  (i) ASK：1.0 kbps 在 100 kHz
  (ii) PSK：1.0 kbps 在 100 kHz
  (iii) FSK：1.0 kbps 使用 90 及 100 kHz
  (iv) PSK：10 Mbps 在 5.0 GHz
  (v) ASK：4 kbps 在 64 kHz
  (vi) QPSK：10 Mbps 在 5.0 GHz

14.5 為波封檢波一個 100 baud 101010 ASK 位元串建議 C 及 R 之值，使用 1.0 kHz 載波並畫圖。

14.6 查出並畫出下面的調變之信號空間圖（星座）：
  (i) QPSK
  (ii) 8-PSK
  (iii) 16-QAM
  使用 Gray-碼版本。

14.7 出租線路可以傳送數據速率為每秒 9600 位元，它只使用了標準的聲音頻率之頻寬。解釋這如何是可能的及為何需要出租線路。

14.8 寫出 ASK，PSK 及 FSK 調變法的主要相對之優缺點。

14.9 聆聽從錄音機送至你的個人電腦的數據（若它以此方法進行）並決定其使用那一種二元調變形式。若可能指定其值。

14.10 解釋用來將二元數位信號印至一連續高頻載波的調變形式。寫出所需頻寬的式子，當使用鍵控頻移方法時；你的答案需與位元率有關。
　　　　一些電傳打字機頻道被同時在單一電話頻道上傳送。解釋一種可達成此目的的簡單多工方法及計算可傳送之頻道數目。

14.11 位元長度為 1.0 μs 的二元數據串列在無線電之 5.0 MHz 載波上傳送，它使用 BPSK 調變。計算頻道之頻寬，並解釋使用之任何式子的來源。按照你的結果，討論所選擇之載波頻率的合適性及，若需要，建議另一個不同之頻率。
　　　　畫出調變信號之波形；當以原始之載波頻率送出連續的 101010 位元串。
　　　　其他二元調變方法也可以使用。解釋為何它們可以或不可以被推薦為替換方法。
　　　　最後簡短陳述為何 QPSK 調變為 BPSK 改良的主要原因。

15 取樣

15.1 簡　介

　　現在我們採取第一個步驟來看看今日通訊中之特色的數位信號。需要這些初步的概念是因爲在生活中這些數位信號有很大的比例是來自類比信號。這些信號是如何轉換的呢？答案中的第一部份就是**取樣**。因爲這是一個令人驚訝的事實，即若你在很短的時間間隔內送出類比信號，則在接收端可以還原出**完整的**原始信號。唯一的條件爲取樣必須足夠快以滿足最低要求——**奈奎率**——等於最高頻率的兩倍。

15.2 取樣動作

　　取樣基本過程爲藉由週期性的脈波串來限制**類比信號**的通過；此脈波串只允許當脈波存在時讓信號通過。

　　此限制通過之信號，或**取樣信號** $s(t)$，有固定高度的脈波，長度爲 τ 秒，間隔爲 T 秒，如圖 15.1(b) 所示。類比信號，或**基頻** v_m，整個往上調整以至沒有負的成份，但形狀不變。這是使所有取樣均爲正，如圖 15.1(d) 所示。對於一個簡單的餘弦信號，它變成（假設單位振幅）

$$v_m = 1 + \cos \omega_m t$$

實際的通過限制是由此二信號**相乘**而產生，如圖 15.1(c) 及 (d) 所示取樣後之信號。其效果只是從提升之基頻中作切片或**取樣本**。

　　在此，T 爲**取樣間隔**，τ 爲**取樣時間**，及 $f_s\,(=1/T)$ 爲**取樣頻率**。

　　樣本保持在很短的間隔內（$\tau \leqslant T$）以使頂部平坦部份能在此瞬間準確地代表基頻的高度。其動作由下式表示

$$v_s = v_m \cdot s(t)$$

類比信號 v_m
(a)

取樣信號 $s(t)$
(b)

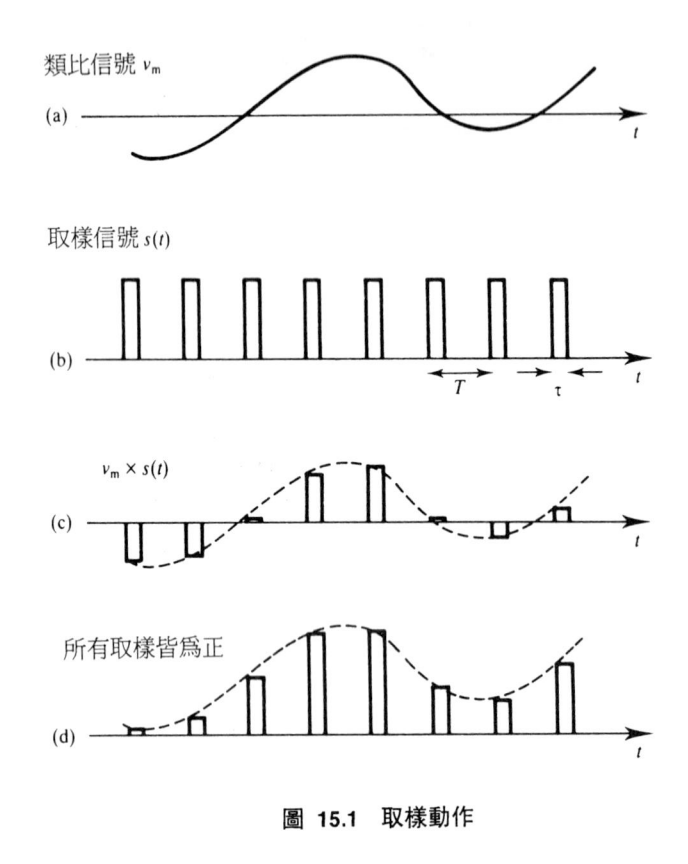

$v_m \times s(t)$
(c)

所有取樣皆為正
(d)

圖 15.1 取樣動作

在作此分析之前，我們需要仔細地來看一下取樣信號本身。

15.3 取樣信號

取樣信號 $s(t)$ 如圖 15.1 所示為一串窄脈波。由傅立葉分析，其頻譜為

$$s(t)=\frac{\tau}{T}\{1+2[(\text{sinc } \pi\tau/T)\cos \omega_s t+(\text{sinc } 2\pi\tau/T)\cos 2\omega_s t+\cdots]\}$$

圖 15.2 所示為其頻譜，它說明了脈波重複頻率（$1/T=f_s$）之諧波系列，其波封為 sinc 而零點為位於 $1/\tau$ 的整數倍之處。

$T = 5\tau$

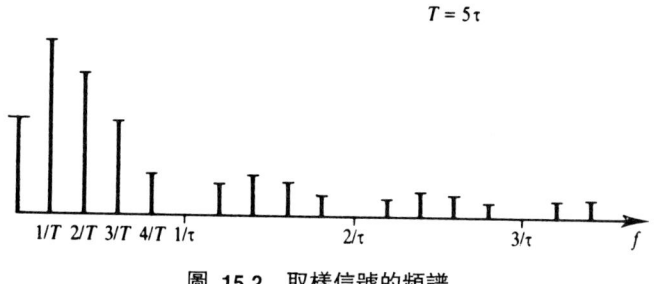

圖 15.2　取樣信號的頻譜

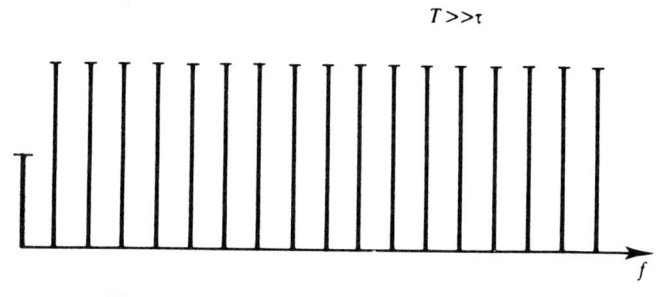

$T \gg \tau$

圖 15.3　$\tau \ll T$ 的取樣信號之簡化的頻譜

因為使用短的樣本，基於假設 $\tau \ll T$，可以作進一步之簡化，因此對於前面幾個諧波，我們可以寫成

$$\text{sinc}\,(n\pi\tau/T) \simeq 1$$

以及

$$s(t) = \frac{\tau}{T}(1 + 2\cos\omega_s t + 2\cos 2\omega_s t + 2\cos 3\omega_s t + \cdots)$$

這產生如圖 15.3 所示之固定振幅的頻譜。

此簡化的效果為 sinc 波封第一個零點（在 $1/\tau$）在頻率上往上移，以致我們只看到一個波峯，因其變寬，所以 f_s 的諧波都變得有同樣振幅而看來成為平坦的。當然，這要求 τ/T 要非常小，如實際之要求（如在 LM398 中最多只有 $T/10$）。

現在若用此簡化之函數來對一個基頻取樣會發生什麼事？

15.4 取樣分析

取樣的動作為升高之基頻乘上簡化之取樣函數（固定振幅）$s(t)$，即

$$v_s = v_m \cdot s(t)$$
$$= E_m(1+\cos \omega_m t)\frac{\tau}{T}(1+2\cos \omega_s t + 2\cos 2\omega_s t + \cdots)$$
$$= \frac{E_m \tau}{T}(1+\cos \omega_m t + 2\cos \omega_s t + 2\cos \omega_s t \cos \omega_m t + 2\cos 2\omega_s t$$
$$+ 2\cos 2\omega_s t \cos \omega_m t + \cdots)$$
$$= (E_m \tau/T)[1+\cos \omega_m t + \cos (\omega_s - \omega_m)t + 2\cos \omega_s t + \cos (\omega_s + \omega_m)t$$
$$+ \cos(2\omega_s - \omega_m)t + 2\cos 2\omega_s t + \cos (2\omega_s + \omega_m)t + \cdots]$$

為一直流成份加上原始之基頻加上一組 100% 在取樣頻率及其諧波之振幅調變。圖 15.4(a) 所示為此頻譜，而為了使位置更加清楚，實際頻率之**基頻**的相對應頻譜也如圖 15.4(b) 所示。注意，此基頻頻譜的奇怪形狀是沒有特殊意義的。其可分辨的扭曲形狀只是用來允許上、下邊帶的鏡像形狀可以沒有混淆的展示出來。

特別要注意的是原始基頻本身，即它完全沒有失真而可以用一個低通濾波器將所有較高頻率的 a.m. 成份移走而將它分離出來。這解釋了前面所提之"令人驚訝之事實"。但事實並不如此簡單，因為前面所提之條件──**奈奎率條件**即取樣率（f_s）必須至少兩倍於最高基頻頻率（f_m）。亦即

$$f_s \geq 2f_m (=f_N) \qquad \text{奈奎標準}$$

當取樣率正好為 $2f_m$，我們稱它在**奈奎頻率** f_N。此標準命名是為紀念其發明者（在 1928 年）且如圖 15.5 所示。

這個圖說明了奈奎標準的適用性，即除非滿足此標準，否則它是不可能由濾波而還原原始之基頻的。若取樣率太慢，則取樣頻率之下邊帶（$f_s - f_m$）與基頻重疊，而不能復原地毀壞了基頻（圖 15.5(c)）。實際上，以奈奎率取樣造成兩個頻帶正好碰在一起，以致理論上，只有理想的濾波器可以還原基頻。實際上，必須以比 f_N 大許多之取樣率以允許濾波器來過濾，其間隙至少為 $0.2f_N$。圖 15.5(a) 所示即說明此點。

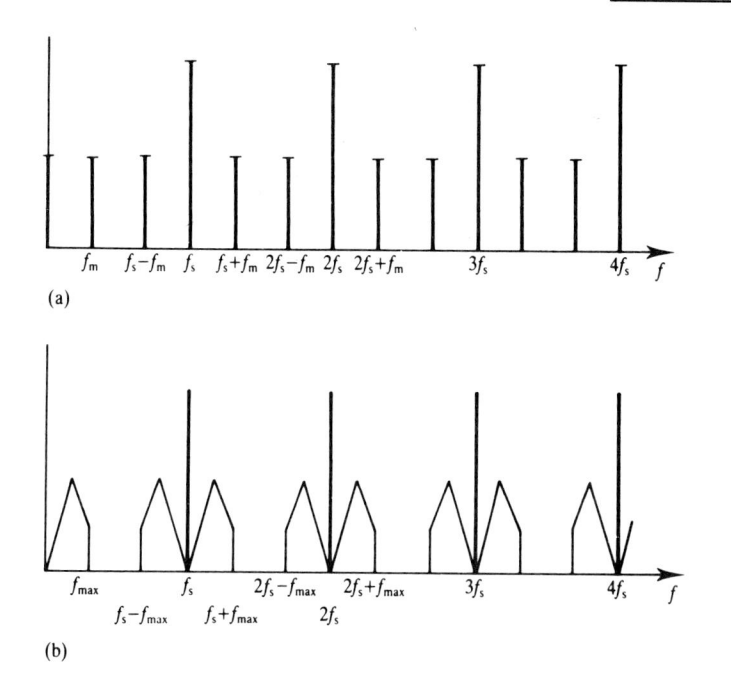

圖 15.4 取樣後之信號的頻譜：(a) 單一頻率基頻（$f_s=3.2f_m=1.6f_N$）；
(b) 信號頻率之頻帶（$(0-f_{max})-f_s=3.2f_{max}=1.6f_N$）

乍看之下，似乎 f_s 愈快愈好，因為它使得濾波間隔變寬。但這並不是一個優點，因為實際的樣本將很靠近，而使得取樣的主要優點喪失，即能夠在樣本間隔內以**時間多工**方式對其他信號取樣。第 19 章對此技術有詳細的描述。一個簡單的方法來定性的看待奈奎標準為若樣本取得太慢，則原始之類比波形的細節將喪失而無法還原了。更糟的結果為還原的基頻信號成為假的信號。這就是疊化問題。

15.5 疊 化

藉由保持奈奎率標準而可避免的一個嚴重問題為**疊化**。f_s 的下邊帶會出現在基頻範圍內而被認為基頻的一部份。它假裝為基頻自己而有**疊化**或假的之名。此現象說明如圖 15.6 所示，基頻以 $1.6f_m$（$0.8f_N$）取樣。

首先來看頻譜。f_s 的下邊帶頻率在 $0.6f_m$（即 $1.6f_m-f_m$），因此很容易被認為是基頻的一部份——或甚至當濾波器的截止頻率夠低的話，被認為它就是基

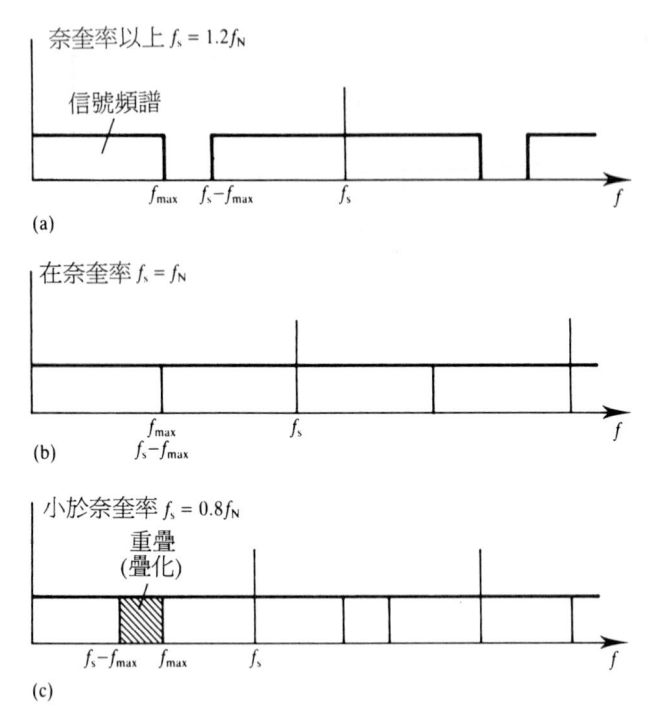

圖 15.5 奈奎標準

頻。不幸啊！

　　現在來看波形並看此錯誤結果如何解釋！較短波長之正弦為原始 f_m 本身，而樣本位在取樣間隔 T_s 從在 $v=0$ 的一個樣本開始。T_s 與基頻週期 T_m 之關係為

$$f_s = 1/T_s = 1.6 f_m = 1.6/T_m$$

因此

$$T_s = T_m/1.6$$

$$\boxed{T_s = \tfrac{5}{8} T_m}$$

但因為樣本發生較不頻繁，它也可能畫另一條較長波長的正弦通過樣本頂端，如圖 15.6 所示。這些樣本也可以是基頻——藉由測量其週期（例如 T_x）你可以看見它的確是不要的 f_s 下邊帶（在 $f_s - f_m$）：

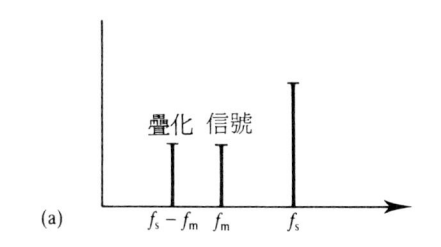

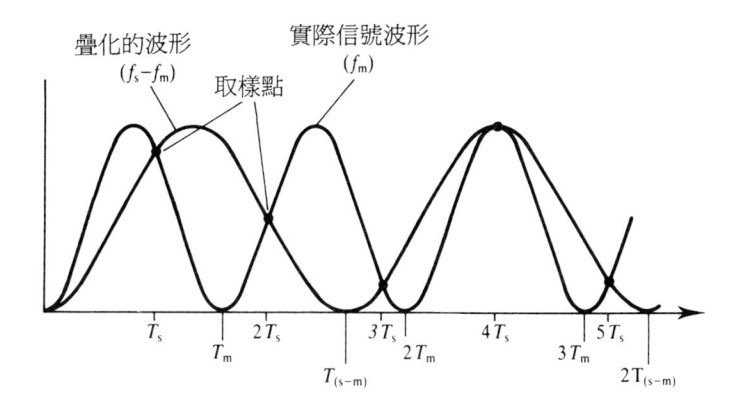

圖 15.6 顯示疊化的波形及頻譜：(a) 取樣率低於 f_N（在 $f_s=0.8f_N$）的信號頻譜；(b)波形顯示 f_m 樣本也適合 f_s-f_m（$T_s=\frac{5}{8}T_m$，$T_{(s-m)}=\frac{5}{3}T_m$）

$$1.5T_x = 2.5T_m$$

因此

$$T_x = \tfrac{5}{3}T_m$$

$$\boxed{f_x = 0.6f_m = f_s - f_m}$$

所以疊化會是一個嚴重的問題，若基頻包含任何高於信號最高頻率的信號（如雜訊）。在還原時它也跑進基頻裏面。要避免這個問題，在實際系統中，基頻總是以低通濾波器來限制其頻帶使其只包括所想要的頻率。此濾波器稱爲**反疊化濾波器**。

15.6 取樣及保持

對於下一章的類比脈波調變,到目前為止分析已足夠。然而,取樣的主要應用為將類比信號轉換成數位信號。為了達成此目的,需要不同形式的取樣——保持信號高度直到下一個樣本進來。這個過程稱為**取樣及保持**;它產生如圖 15.7 所示的階梯波形。固定高度的階梯是需要的以提供數位化的時間。

這個波形由**取樣及保持電路**得到,它的動作是在很短時間 τ 內快速地對電容器充電(τ 為取樣時間),然後保持取樣的電壓,並連到數位化電路的輸入端,直到下一個樣本取代它。這個循環以 T_s 的間隔重複著。圖 15.8 所示為一個 S/H 電路的基本結構。

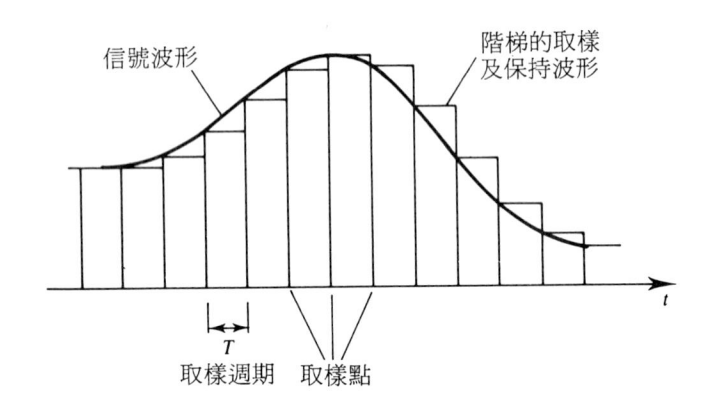

圖 15.7 階梯的取樣及保持波形

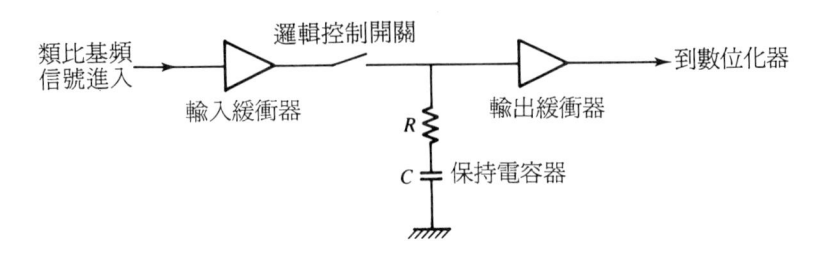

圖 15.8 取樣及保持電路的示意圖

(a) 被 $s_1(t)$ 取樣

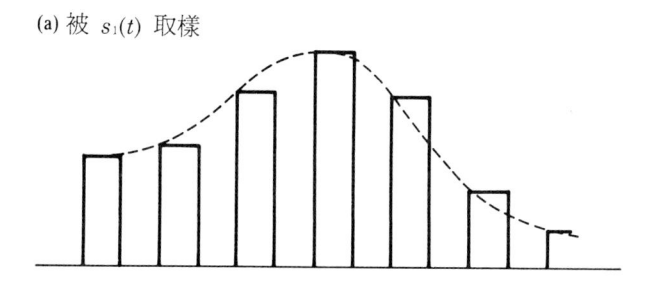

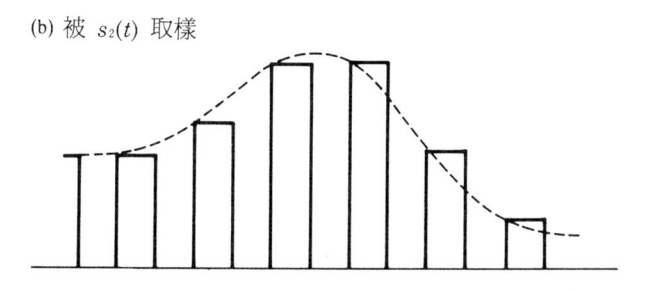

(b) 被 $s_2(t)$ 取樣

圖 15.9　圖 15.7 之 S/H 波形當作中插脈波串列

　　注意類比源如何認為在所需之短時間內被取樣，以及數位化電路認為樣本高度維持整個取樣時間。很精巧，不是嗎？此示意圖是取自 LF398。

　　圖 15.7 所示的階梯波形與圖 15.4 所示的取樣之脈波波形相當不同，但是基頻仍然可以藉由濾波予以還原。這可將階梯波形當成兩個中插的方波串列之和而得到證明；方波之振幅為每一個脈波開始的類比信號的振幅。這可以由圖 15.9 來說明。

　　若兩個脈波串列的未取樣高度為 V，則

$$s_1(t) = \frac{V}{2} + \frac{V}{\pi}(\sin \omega_0 t + \tfrac{1}{3}\sin 3\omega_0 t + \cdots)$$

$$s_2(t) = \frac{V}{2} - \frac{V}{\pi}(\sin \omega_0 t + \tfrac{1}{3}\sin 3\omega_0 t + \cdots)$$

現在分別使 $V = 1 + \cos(n\omega_m T)$ 及 $1 + \cos[(n+\tfrac{1}{2})\omega_m T]$，其中 T 為脈波串重複週期。讀者可自行完成此分析。

15.7 摘　要

　　取樣是在一相當長而規則的間隔下（T）在很短的時間內（τ）對一連續信號取其瞬時之值的過程。τ 為取樣時間，T 為取樣間隔，而 $f_s = 1/T$ 為取樣頻率。

　　取樣函數 $s(t)$ 為等高之脈波串，長波為 τ 而間隔為 T，它限制基頻的**通過**而產生**取樣信號** v_s，其頻譜包含了直流、基頻、及以 f_s 之諧波的全 a.m. 調變。對單一正弦基頻而言，即是（$\tau \ll T$）

$$v_s = (E_m\tau/T)[1 + \cos\omega_m t + \cos(\omega_s - \omega_m)t + 2\cos\omega_s t + \cos(\omega_s + \omega_m)t$$
$$+ \cos(2\omega_s - \omega_m)t + 2\cos 2\omega_s t + \cos(2\omega_s + \omega_m)t + \cdots]$$

明顯的，基頻可由濾波而還原，若**奈奎標準**滿足的話，即是

$$f_s \geq 2f_m \ (= f_N)$$

其中 f_N 為**奈奎頻率**。

　　若 $f_s < f_N$，**疊化**發生且 $f_s - f_m$ 小於 f_m 而破壞了基頻。系統可特意的包括一低通**反疊化濾波器**，以限制基頻頻寬至 B Hz，而避免此問題，其中

$$B \leq f_N/2$$

實際上，取樣為數位化之前置作業，而樣品高度則保持一定，以產生階梯狀之**取樣及保持波形**，階梯長度為 T。這允許足夠的時間使數位化完成。

15.8 結　論

　　下一個問題是如何傳送這些樣品。一個方式是以類比方式直接為之，這在下一章中將介紹。但到目前為止，最重要的方式是將從階梯的 S/H 波形中經由 A/D 轉換器得到之二位元數字傳送出去。這些轉換器的工作本書將不討論，但將討論產生之二元信號。然而首先讓我們來看看脈波類比信號。

15.9 習　題

15.1 $f_m = 1.0$ kHz 之正弦在 $f_s = 4f_m$ 頻率下取樣。最大振幅為 1.0 V，而 $\tau = 0.01\ T$。

（i）畫出取樣後之波形。
（ii）畫出其頻譜並註明何處振幅降為零。

15.2 一類比信號在電話頻道上是受頻帶限制的。
（i）它的最高基頻頻率為何？
（ii）它的奈奎頻率為何？解釋為何如此選擇。
（iii）正常下取樣頻率為何？解釋其理由。
（iv）什麼決定取樣後之信號的頻寬？寫出一可能之值並解釋其從何而來。

15.3 一基頻信號為方波，重複頻率為 10 kHz。它被取樣。
（i）你會使用何種取樣頻率？為什麼？
（ii）若以每秒 25 k 個樣品取樣，則你將還原什麼樣的信號？
（iii）同上但取樣率為每秒 100 k 個樣品。

15.4 習題 15.1 中的被取樣信號以 ASK 傳送。
（i）你建議之頻寬為何，若
   (a) 它是唯一使用之信號。
   (b) 它是時間多工信號中的一個。
（ii）τ 增加至 $\tau=0.1T$。畫出
   (a) 取樣後之波形。
   (b) 頻譜並註明零點。
如（i）指定頻寬大小。

15.5 一電信頻道是正常地以每秒 8.0 k 個樣品取樣。
（i）為何它是足夠快？
（ii）為什麼不以更高頻率取樣而更穩妥？
（iii）若你嘗試降低取樣頻率，你將遇到什麼問題？

15.6 （i）敘述奈奎取樣標準。
（ii）以適當之圖形為輔，若保持在奈奎率，說明一個連續的原始信號可以用以均勻時間間隔取樣的信號予以再生。說明所作之任何假設，並說明事實與理想之差距在那裏。若取樣率太低，小心地解釋會發生何事？
（iii）BBC 已經傳送了數位編碼的低週波頻率的信號許多年了。假設你被要求以下列條件來設計此系統：

$$動態範圍 \leqslant 96 \text{ dB}$$

訊息頻寬　　20 kHz

選擇一適當之取樣率，並解釋為何如此選擇，以及計算最小傳輸頻寬，假設使用基頻數位傳輸及偶級數對等作誤差檢測。〔提示：使用近似之公式求出每一個樣本所需之二元數字之數目。〕

簡短地討論與基頻類比傳輸比較後之優點。

15.7 方波 $v(t)$ 有重複頻率 10 kHz 及振幅 ±1 V，以 1.2 倍之第三諧波的奈奎頻率取樣。它的頻譜為

$$s(t)=\frac{\tau}{T}+\frac{2}{\pi}\left[\sin\left(\frac{\pi\tau}{T}\right)\cos\omega_s t+\frac{1}{2}\sin\left(\frac{2\pi\tau}{T}\right)\cos 2\omega_s t+\cdots\right]$$

其中 $\omega_s=2\pi/T$。

(i) 求出至 $2\omega_s$ 的取樣的信號的完整式子及邊帶頻率。
(ii) 若 τ 遠小於 T，說明你的 (i) 部份的答案如何簡化。
(iii) 畫出 (ii) 之頻譜。說明它如何與取樣後的信號之期望的頻譜有所不同。
(iv) 建議一個合理的 τ 值，並解釋你的選擇。
(v) 解釋如何由取樣後的信號還原出原始的信號。

16 脈波類比調變

16.1 簡 介

一被取樣的信號可以其原來之形式或修正之形式來傳送,但在本質上皆為類比的。這些是**脈波類比調變**,是在第二次世界大戰後為了遙測目的,例如導引飛彈系統而發展的。

此形式的調變有三種類型,是由於要降低雜訊干擾的需要而發展的。其有:

1. 脈波振幅調變　PAM
2. 脈波寬度調變　PWM
3. 脈波位置調變　PPM

PWM 也稱作 PDM 或 PTM,分別表示期間及時間。在每一項中連續變化的(即類比)量用來代表原始樣品高度,如下所示

$$PAM \quad v_{PAM} \propto v_s \text{(即樣品不變)}$$
$$PWM \quad \tau \propto v_s$$
$$PPM \quad t_d \propto v_s$$

其中 v_s 為樣品高度,v_{PAM} 為 PAM 之脈波高度,τ 為 PWM 脈波寬度,而 t_d 為 PPM 脈波延遲時間(從取樣時刻)。圖 16.1 所示說明此三種方法。

如取樣本身所解釋的,編碼信號以及降低雜訊干擾允許在 TDM 中傳輸,如第 19 章中將討論的。

現在就來簡短的描述每一種方法。

16.2 脈波振幅調變(PAM)

除了依比例增減之外,樣品不變地被傳送出去。因此 PAM 頻譜與樣品之

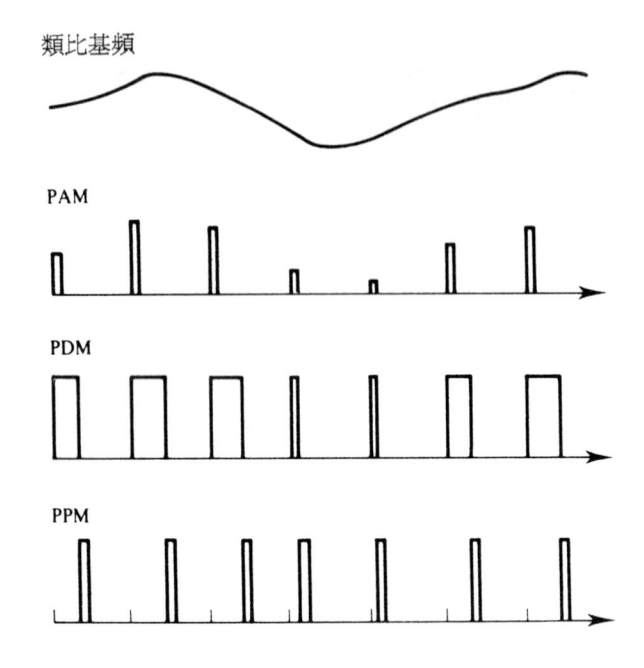

圖 16.1 脈波類比調變波形（取自 Holdsworth and Martin, 1991）

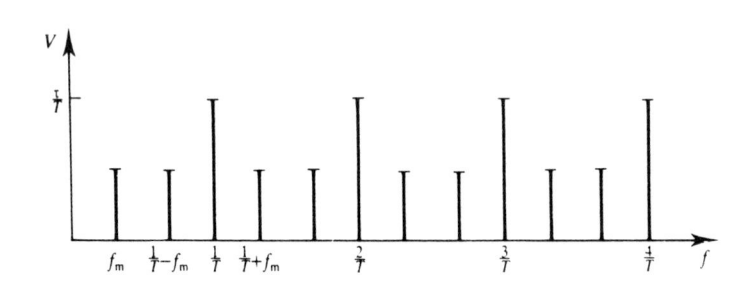

圖 16.2 單一頻率基頻之 PAM 頻譜（$\tau \ll T$）

頻譜一樣，並且假設它們很窄（$\tau \ll T$），它們與在第 15.4 節開始所敍述的一樣，在這裏再重寫一次此單一正弦基頻：

$$v_{PAM} = (\tau/T)[1 + \cos \omega_m t + \cos (\omega_s - \omega_m)t + 2 \cos \omega_s t \\ + \cos (\omega_s + \omega_m)t + \cos (2\omega_s - \omega_m)t + \cdots]$$

這個頻譜與圖 15.4 所示的被取樣的信號之頻譜一樣，這裏再畫在圖 16.2 中。

這個方法是直接了當的，樣品沒有經過任何處理即被送出去，而事實上，可以用遙測開關而被直接切換成一個 r.f. 調變器。因此用到的技術很簡單。很不幸的，一個很嚴重的缺點蓋過了它，即這個窄脈波的高度很容易被不需要之雜訊或干擾所改變，所以進一步的編碼是必須的，以下即為第一個方法。

16.3 脈波寬度調變（PWM）

PWM 也稱作脈波期間（PDM）或脈波時間調變（PTM）。這裏所傳輸的信號脈波有同樣的高度但其寬度隨原始信號的樣本高度而呈比例的變化。即

$$\tau \propto v_s$$

或對一單一正弦基頻

$$\tau = \tau_0(1 + \cos \omega_m t)$$

其頻譜分析非常容易。如 15.3 節中，取窄脈波串列的式子（取樣函數 $s(t)$）且將上式代入整個系統的乘法器內，即

$$v_{PWM} = [\tau_0(1+\cos \omega_m t)/T][1+2\cos \omega_s t + 2\cos 2\omega_s t + \cdots]$$

$$= (\tau_0/T)(1+\cos \omega_m t + 2\cos \omega_s t + 2\cos \omega_m t \cos \omega_s t + 2\cos 2\omega_s t$$

$$+ 2\cos \omega_m t \cos 2\omega_s t + \cdots)$$

或

$$v_{PWM} = (\tau_0/T)[1 + \cos \omega_m t + \cos(\omega_s - \omega_m)t + 2\cos \omega_s t$$

$$+ \cos(\omega_s + \omega_m)t + \cos(2\omega_s - \omega_m)t + \cdots]$$

這個頻譜現在與圖 16.2 所示的 PAM 相同，這只是因為我們利用 $\tau \leqslant T$ 的 $s(t)$ 簡化式子。若 $s(t)$ 的完整式子代入，則需要修正 sinc 函數的係數，因為它們也包括了 τ，

$$v_{PWM} = (\tau_0/T)\left(1 + \cos \omega_m t + \frac{2}{\pi}\sin[\tfrac{1}{2}\omega_s \tau_0(1+\cos \omega_m t)]\cos \omega_s t + \cdots\right)$$

這仍然包括了個別項的原始基頻，很容易被還原。其他項將產生貝索函數的式子，如同 FM，而導致每一個取樣頻率之諧波的邊帶，其將與基頻重疊。但因為 τ 總是比 T 小很多，這些邊帶很快地消失而產生等效的 NBFM，因此不會發

生什麼問題。所以此簡單的分析是適用的。

這個方法降低了雜訊干擾的可能性，因爲名義上固定高度脈波的眞正高度不重要，重要的是其長度。然而，它的確與兩個零點的準確位置有關，而雜訊可以移動這些位置，但影響不若振幅的誤差那樣嚴重。雖然如此，這仍然是不夠的而需要更進一步的發展。

16.4 脈波位置調變（PPM）

在這方法中，脈波有同樣的高度與長度，但由準確的取樣時刻來決定其發生的時間。此延遲時間（t_d）正比於樣品高度（v_s）。即

$$t_d = t_{d0} \cdot v_s$$

或者，對於一般的單一正弦基頻，

$$t_d = t_{d0}(1 + \cos \omega_m t)$$

沒有一個簡單的方式來分析脈波位置會改變這樣的信號。取 $s(t)$ 的簡化式子並修正 T 及 τ，也許可以得到一些概念：

$$t \equiv t + t_d = t + t_{d0}(1 + \cos \omega_m t)$$

以及

$$\begin{aligned} T &\equiv T_s + \delta T \\ &= T_s + dt_d/dt \cdot \delta t \\ &= T_s - \omega_m t_{d0} \sin \omega_m t \cdot T_s \\ &= T_s(1 - \omega_m t_{d0} \sin \omega_m t) \end{aligned}$$

因此

$$v_{\text{PPM}} = (\tau/T_s)(1 - \omega_m t_{d0} \sin \omega_m t)^{-1} \left[1 + 2 \cos \left(\frac{2\pi[t + t_{d0}(1 + \cos \omega_m t)]}{T_s(1 - \omega_m t_{d0} \sin \omega_m t)} \right) + \cdots \right]$$

若假設信號以 TDM 方式傳送，則可以得到進一步的簡化，則

$$\tau \leqslant T_s \text{ 以及 } T_m$$

這使得 $\omega_m t_{d0}$ 很小，所以（$2\pi/T_s = \omega_s$）v_{PPM} 成爲

$$v_{PPM} = (\tau/T_s)(1-\omega_m t_{d0} \sin \omega_m t)\{1+2 \cos \omega_s[(t+t_{d0})+t_{d0} \cos \omega_m t]+\cdots\}$$

ω_s 的項及其諧波將產生窄 f.m. 型式之頻譜（因 $\beta=\omega_s t_{d0}$ 很小），它不應與基頻區域重疊。這表示可進一步簡化

$$v_{PPM} = (\tau/T)(1-\omega_m t_{d0} \sin \omega_m t+\cdots)$$

並且 ω_m 的項可以由濾波還原，並由積分轉換回至基頻。然而，根據分析，一個 PPM 信號不包括獨立項的基頻，因此不能被濾出，所以在接收上通常被轉換成 PWM。

PPM 的主要優點為比 PWM 更不容易受雜訊干擾，因為它只有一個零點有關係——此點定義延遲時間的結束。

16.5 發生及還原

PAM 只是原始的樣本，因此用同樣的方法產生，例如

$$v_{PAM} = s(t)v_m$$

並用低通濾波法還原。圖 16.3 所示說明此二者的工作情形。

PWM 由多諧振盪器的某一型式產生，它使用樣品高度當作控制電壓以產生輸出脈波寬度，如圖 16.4 所示。

PPM 可由任何系統產生，其中脈波的高度及寬度在由取樣時刻延遲一段時間後產生——此延遲時間正比於樣品高度。要產生此波形的一個方法是由 PWM

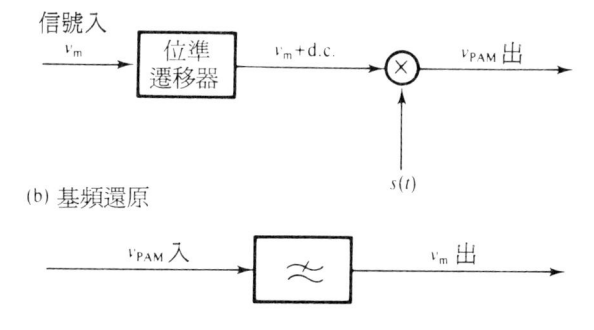

圖 16.3 PAM 的發生及解調的摘要

236　基礎通信理論

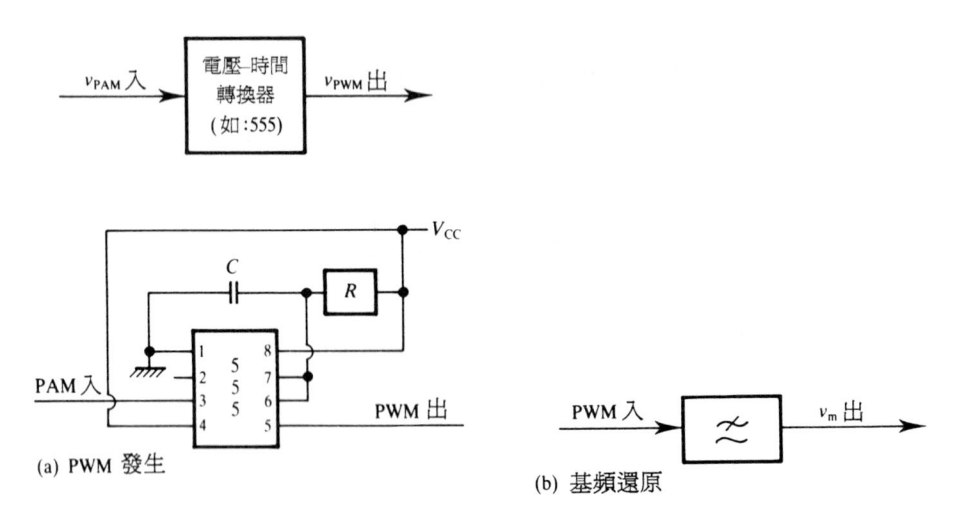

(a) PWM 發生

(b) 基頻還原

圖 16.4　PWM 發生及還原的摘要

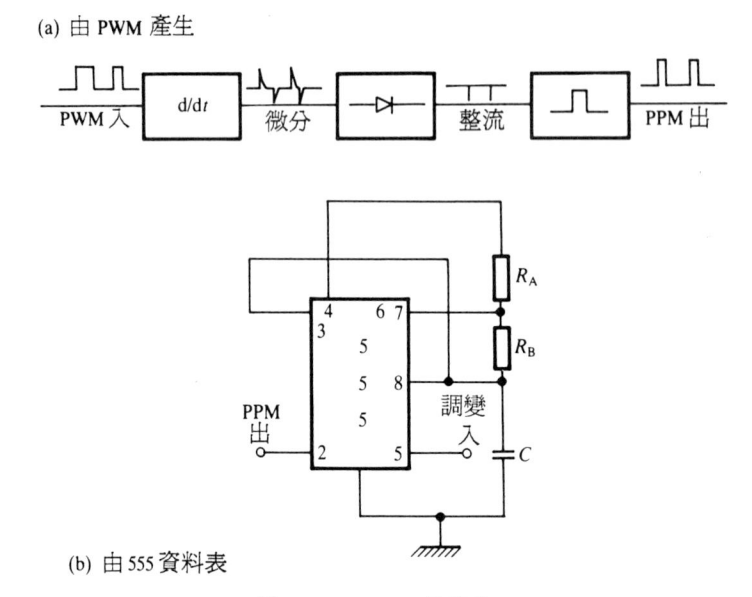

(a) 由 PWM 產生

(b) 由 555 資料表

圖 16.5　PPM 的產生

開始,如圖 16.5(a) 所示。
　　還原可由低通濾波及積分或轉換至 PWM 而完成。PWM 及 PPM 兩者皆可直接由未取樣的基頻得到。一個簡單的方法是用一個 555 的 i.c.,如圖 16.5

(b) 所示。製造商的資料表將解釋其工作原理。還原也可用此方式予以說明。

16.6 摘要及結論

被取樣的信號可用類比的型式送出，不論是直接的（PAM）或編碼的形式（PWM 及 PPM）：

PAM	脈波振幅調變	樣品高度 $\propto v_m$
PWM	脈波寬度調變	樣品寬度 $\propto v_m$
PPM	脈波位置調變	樣品延遲 $\propto v_m$

PAM 容易受干擾但另外兩種較不易，這是它們被發展出來的原因。分析證明 PAM 及 PWM 以看得到的形式包括了基頻以允許在接收時用濾波予以還原，但 PPM 須要先轉換至 PWM。

這三種都可以用買得到的 i.c. 標準電路來產生。

許多令人滿意的工作系統皆以這些方法來設計，使訊息可以 TDM 方式而成功的送出去。但數位化革命之後，一個更好、更容易代表樣品高度的方式隨之而來——PCM。

16.7 習　題

16.1 畫出下列 PAM 信號：
(i) 正弦波
(ii) 方波
(iii) 三角波
每一波形畫出兩種，一種以奈奎率，而另一種在兩倍的奈奎率。

16.2 下列各項的最小取樣頻率為何？
(i) 1 kHz 正弦波
(ii) 1 kHz 方波
(iii) 電報頻道
(iv) 電話頻道
(v) 高傳真無線電
(iv) TV 頻道

16.3 畫出下列波形的 PAM 調變的頻域圖：

(ⅰ) 1 kHz 正弦波

(ⅱ) 1 kHz 方波

(ⅲ) 1 kHz 脈波串，信號高低比為 0.5 及 1

在每一項中，以 1.5 倍之奈奎率取樣。

16.4 接收下列之 PAM 信號（NF＝奈奎率），所需之傳輸頻寬為何：計算至 $2f_s$ 及其邊帶。

(ⅰ) 1 kHz 正弦波在 NF

(ⅱ) 1 kHz 方波在 1.2NF

(ⅲ) 10 kHz 鋸齒波在 2NF

(ⅳ) 1 kHz 脈波串（任務週期 0.1）在 1.4NF

(ⅴ) 1 kHz 正弦波完全 a.m. 至 10 kHz 載波，$m=0.5$

(ⅳ) 在 100 baud 的 BCD 信號

16.5 證明在低的 f_s 諧波時，PDM 頻譜與 PAM 一樣（f_m，T，及 τ 一樣）。〔將 T 代替為 $(\tau_0/2)(1+\cos \omega_m t)$。〕建議另一種得到 PDM 頻譜的方法。

16.6 若 $\tau=0.1T$，在習題 16.5 中有多少 f_s 的諧波在 1% 以內？若 $\tau=0.01T$ 及 $0.001T$ 答案為何？並建議最大實用的 τ 值。

16.7 若信號以 $\tau=0.05T$ 取樣，你期望有多少信號能一起作時間多工？

16.8 定義奈奎率及解釋其意義。

一個遙測連線用來傳遞數據，它使用脈波類比調變方法。描述可以使用的脈波類比信號的主要類型，證明為什麼在傳輸頻道有雜訊之下性能之改進是可以預期的。

原始的數據是由 10 個壓電轉換產生的，每一個皆產生隨時間而連續變化的輸出電壓，而頻率在標準電話頻道以內。計算需要之頻寬，使用你決定它是最不容易受到雜訊干擾的方法。對於其他參數使用最可能的值，並解釋為何你這樣選擇。

17

脈波編碼調變

17.1 簡　介

　　脈波編碼調變（或 PCM）字面意義，為藉由轉換信號或**脈波**再將其**編碼**而來**調變**一個信號。然而，實際上，它有一更特定的意思，即對一連續的電話頻道信號以奈奎率（8 kHz）取樣（脈波），並以 8 位元之二元數字來表示此取樣後的電壓（編碼）。在這裏調變表示改變基頻的本質，如在第 6.3 節所定義的。

　　許多類比信號以不同的取樣率被數位化，且比它們產生更近似於 PCM 的信號。但在一般用法上，PCM 本身是用來表示在特定條件下數位化。因此 PCM 在電信方面已成為世界上標準的方法，且現今可能是在通訊方面最重要的技術。因此對它有一詳細的了解是非常重要的。

17.2 為何數位化？

　　為何要這樣麻煩的將一個完美而明確的有限頻寬（4 kHz）信號轉換成一個沒有形式的位元串，且佔據較大的頻寬（64 kHz）？這個答案部份是因為取樣的一般優點即可允許信號作分時多工，因此可有效利用傳輸線路。但為何還是要數位化？

　　部份原因為一般性的，即位元串不容易受到雜訊及干擾的衰減。更明確一點，樣品高度可以更準確地傳輸，在某些條件下，比使用第 16 章中任一類比取樣方法還好。

　　但現在只有一個一般性的優點出現了，即是數位信號非常容易地以便宜而標準的技術來處理。這使得複雜的大眾傳播系統，例如電話網路，更容易地實行並且允許使用新的技術——例如光纖。

　　因此**優點**為

1. TDM 是可能的
2. 較不易惡化
3. 容易處理

這三個優點大大的蓋過其主要的一般性**缺點**，即 PCM 比原始基頻佔有更大的頻寬，並且，當誤差真的發生時，結果比單一位元誤差有更大的變動。亦即

4. 較大頻寬
5. 不是緩慢地衰減

在特定應用上還有一些較不一般性的缺點：例如，電話的雙絞線、量化雜訊、低信號大小的再生不良等等。

17.3 得到一個 PCM 信號

原始的基頻首先被前一章所敘述的取樣及保持方法取樣。這個"被保持"的信號送至類比-數位轉換電路（A/D 或 ADC）將樣品高度轉換成最靠近的序列的二位元數字，由**量化**及**編碼**兩個過程完成。經過傳輸之後，這些編碼的信號由解碼器或數位-類比轉換器（D/A 或 DAC）轉換再通過一低通濾波器，而得回原始基頻。這些過程都如圖 17.1 的方塊圖電路所示。並列進──串列出（PISO）

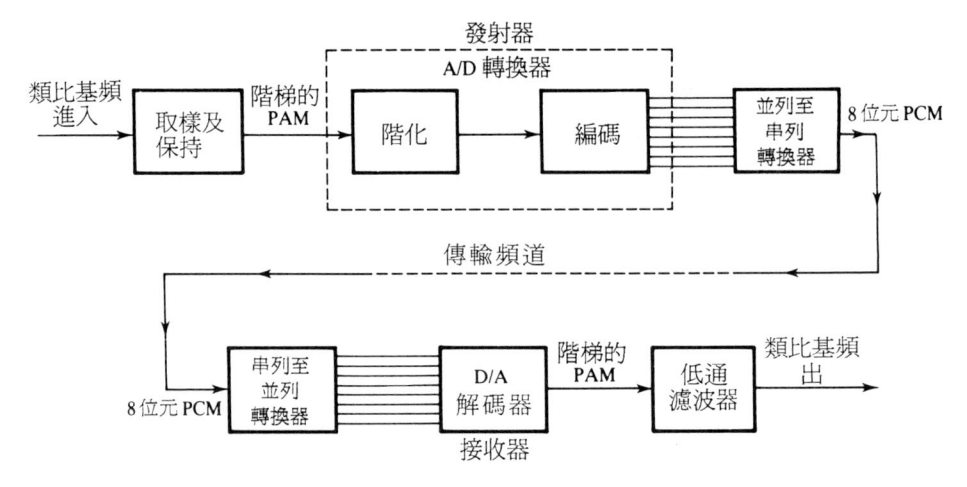

圖 17.1 使用 PCM 的傳輸系統

及串列進──並列出（SIPO）位移暫存器是必須的，因為大部份的 A/D 及所有的 D/A 電路有全部八個二位元數字的瞬時輸出。

量化是指定每一個實際的樣品高度為其最靠近的數字的位準過程。樣品高度（0～10 V，一般）整個可能的範圍分成許多小而相等的電壓步階（**量化間隔**），而頂端及底部只有步階的一半。**編碼**是指定一個號碼給每個步階位準，由最低位準的零開始循序漸進，然後以二位元形式的 n 個數字表示此號碼。

以如此方法完成的量化總是有 2^n 個位準，以致所有可能的 n 個數字都用到。例如，8 位元數字表示 256 個位準，而 3 位元表示 8 個位準，如圖 17.2

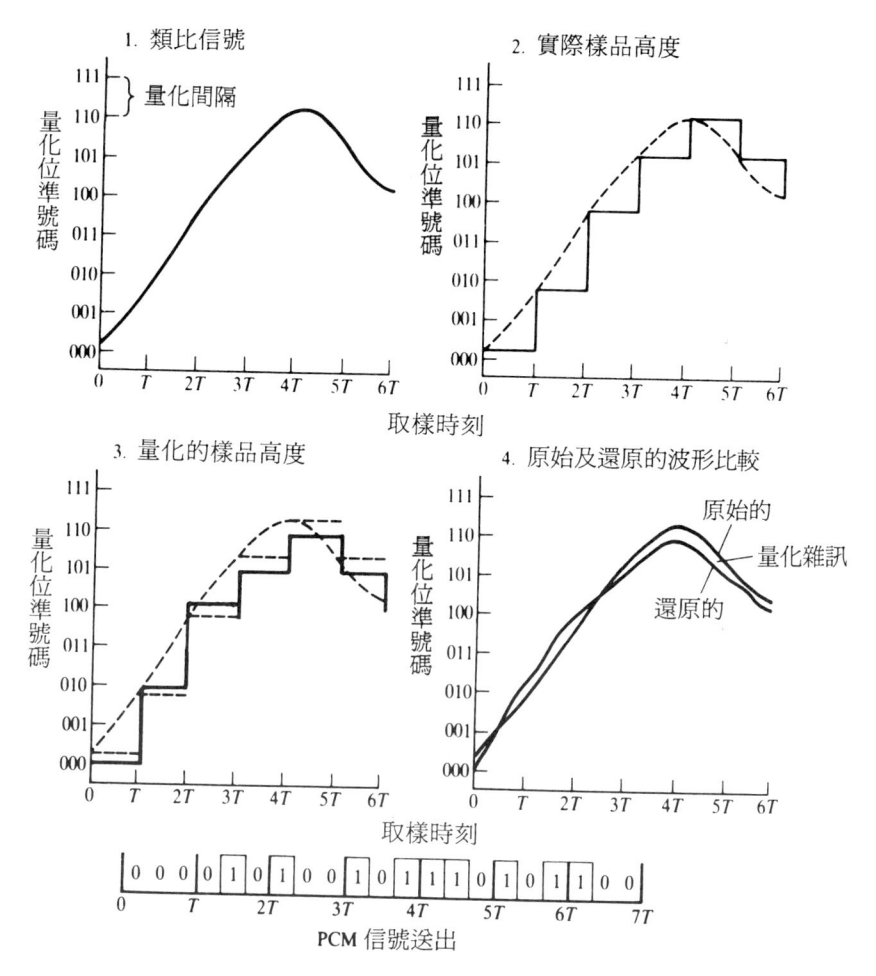

圖 17.2 量化及編碼一個類比信號（取自 Holdsworth and Martin, 1991）

所示。此圖說明了整個過程。

如上所述這兩個過程一起完成。

17.4 PCM 頻寬

一個 PCM 信號的頻寬比原始基頻的大了許多，也比相對應的 PAM 信號大。這可由如下之分析說明：

最大基頻頻率（即頻寬）　　　f_{max}
奈奎率　　　　　　　　　　　$f_N = 2f_{max}$
最小取樣頻率　　　　　　　　$f_s = f_N = 2f_{max}$
位元率（每個樣品 n 位元）　$f_b = nf_s = 2nf_{max}$
PCM 傳輸頻寬（＝位元率）　　$B = f_b = 2nf_{max}$

因此

$$B = 2nf_{max}$$

例如，在標準的電話通話中，$f_m = 4$ kHz，$n = 8$，則 $B = 2 \cdot 8 \cdot 4 = 64$ kHz；與基頻比較 B/W＝4 kHz。個別位元的頻寬取與位元率相同，這是許多數位信號傳輸的標準條件，其理由將在下面解釋。

乍看之下，你會認為頻寬增為 16 倍是不能接受的；畢竟，頻寬對我們是珍貴的資源，必須盡可能的作最佳利用。所以為什麼 PCM 受到如此廣泛的應用？答案在二位元數位信號的雜訊免疫力，它比上章中任一種類比取樣信號為佳。位元形狀不重要，我們只需知道它是否在那裏，也會有大量的雜訊/干擾使它產生誤差──實際上，一個 1 被認為 0 或反過來，這表示雜訊電壓至少有信號電壓的一半大。因此 PCM 的雜訊免疫力是值得以更多的頻寬來換取。

二位元信號的使用還有更多的優點，當我們考慮到其數位本質信號處理的容易性。多工、位址、再生及各種 d.s.p. 動作都可由標準的方法而實現。

17.5 量化雜訊

PCM 的一個缺點為信號準確性會衰減，因為樣本現已量化。這是因為還原信號的高度在誤差上可能只有量化間隔的一半，如圖 17.2 所示。

此樣本高度的不確定性看起來就好像有一個額外的雜訊信號加到還原基頻上，並且造成大小為 2^{2n} 的信號一對一雜訊的功率比，如下面的分析所示。

對一個在 $+V$ 到 $-V$ 伏範圍的量化信號

最大信號電壓為 V 伏

最大信號功率為 $S_Q = V^2$ 瓦

對每樣本 n 位元而言，量化間隔為 $2V/2^n$（V）。因此

在任何還原的樣本高度的最大可能誤差為 $V/2^n$ 伏，所以等效的最大雜訊功率 $N_Q = V^2/2^{2n}$ 瓦

所以最佳額外的信號-雜訊比 $= S_Q/N_Q = V^2/(V^2/2^{2n}) = 2^{2n}$。即

$$(S/N)_Q = 2^{2n}$$

例如，若 $n=8$，$(S/N)_Q = 2^{16} = 6.6 \times 10^4$（在圖 17.2 中 $n=3$，$(S/N)_Q = 64$）。由此，很容易知道每樣本的位元數的合理且一般性的選擇為 $n=8$，但注意，這是可得到最好的 S/N 值。然而，信號功率只會變小，而雜訊功率總是一定，所以 S/N 只會更差。對非常小信號位準而言，這是特別糟的，這也是下節將討論的一個問題。

17.6 壓擴法

　　誤差的其他來源來自量化過程，即非常小的信號在大小上變得與量化間隔一樣。這將造成在還原上的誤差，而成為一個嚴重的問題。降低此效應的一個方法就是由增加 n 來增加位準數目，這也是使用至少 8 位元編碼的一個理由。但即使如此，問題仍然存在。

　　壓擴法為一合成的名字，來自增加這些小信號位準的傳輸準確性。實際上它相當簡單。類比信號以一受控制的方式予以扭曲，方法是量化前先**壓縮**它最大的值，然後在接收端還原後**擴增**它們。產生的效果是提供更多靠得更近的量化位準（對大信號則減少位準量），同時在 A/D 轉換器的實際的量化器部份保持量化間隔不變。這些過程在圖 17.3 中以簡化的形式加以說明。

　　實際的壓縮動作由一個非線性的放大器來完成，其特性是已知的，而在接收端有一個正好相反的特性的放大器予以擴展。**壓擴器**的特性相當複雜。設計的基

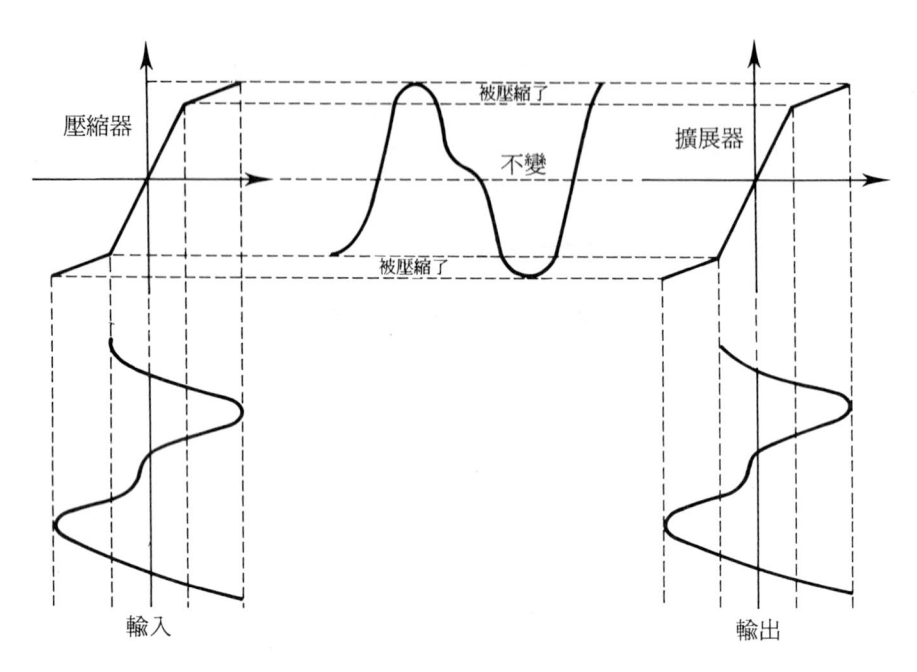

圖 17.3　壓擴法的步驟（取自 Holdsworth and Martin, 1991）

礎是保持 $(S/N)_Q$。在所有信號位準約略相等，但要準確的作到這點需要連續變化的對數曲線，其中有二種較一般性，但不幸的是它們分別在美國及歐洲被發展出來。它們是

$$A \text{ 法則} \qquad 在歐洲$$
$$\mu \text{ 法則} \qquad 在美國$$

兩者皆以數學表示如下，並以圖形法圖示於圖 17.4：

$$y = \frac{1+\log(Ax)}{1+\log(A)} \qquad x \text{ 介於 } 1/A \text{ 及 } 1 \text{ 之間}$$

$$= \frac{Ax}{1+\log(A)} \qquad x \text{ 介於 } 0 \text{ 及 } 1/A \text{ 之間}$$

$$y = \frac{\log(1+\mu x)}{\log(1+\mu)} \qquad x = v_{\text{IN}}/v_{\text{IN}(最大)}$$
$$\qquad\qquad\qquad\qquad y = v_{\text{OUT}}/v_{\text{OUT}(最大)}$$

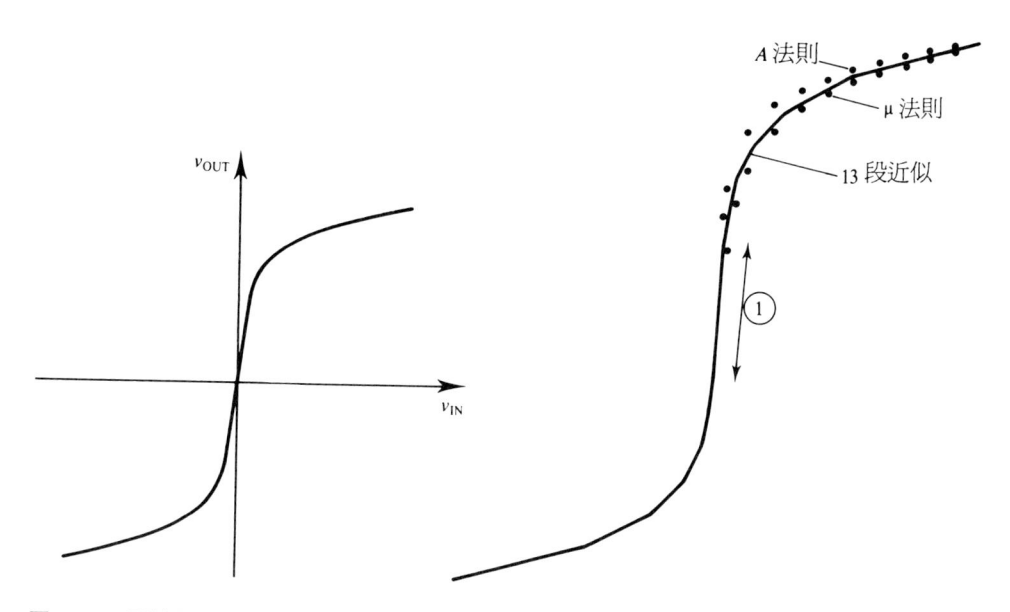

圖 17.4　壓擴器特性曲線
（取自 Holdsworth and Martin, 1991）

圖 17.5　13 段片段式線性壓擴器特性曲線

最常用的常數值為 $A=87.6$（CCITT）及 $\mu=100$（美國/日本）。（詳情見 Coates' book）

　　實際上，這些連續曲線是以片段式線性近似來完成，通常有 13 段（1 通過零，其他每邊六個互相對稱），如圖 17.5 所示，其中它簡潔地介於 A 及 μ 值之間。現今壓擴法慢慢地在類比信號數位化之後才完成。此法稱為**接近瞬時的壓擴法**。此技術的基礎為將其數位化成 12，13 或 14 位元樣品，並且在控制之下丟掉其中四個而壓縮信號（見表 17.1）。產生的特性曲線並不像類比的壓擴法一樣接近對數的理想曲線（保持 $(S/N)_Q$ 常數），但卻是可接受的並容易做到的。（見 Coates' book）

　　此應用的範例為數位化的聲音現已被加入 UK TV 廣播——由它的畫面長度及重複率而稱為 NICAM728。它使用了 14 位元的取樣，重複編碼為 10 位元加上一個對偶位元而成為 11 位元的壓擴樣本。其中 64 是作時間多工，再加上 14 個位元，使畫面正好有 1 ms 的長度。它包含了 728 位元速率為 728 kb/s。這個安排是可能的，因為取樣率為 32 k 樣本/s，因此兩個低週波頻率頻道可以同時傳送而使畫面有立體聲。低週波頻率之頻寬為約 14.5 kHz。壓擴的信號

表 17.1 接近瞬時的壓擴法

段	12 位碼字 I'_{11} I'_{10} I'_9 I'_8 I'_7 I'_6 I'_5 I'_4 I'_3 I'_2 I'_1 I'_0	8 位碼字 I_7 I_6 I_5 I_4 I_3 I_2 I_1 I_0
HI	1 1 K L M N – – – – – – –	1 1 1 1 K L M N
GH	1 0 1 K L M N – – – – – –	1 1 1 0 K L M N
FG	1 0 0 1 K L M N – – – – –	1 1 0 1 K L M N
EF	1 0 0 0 1 K L M N – – – –	1 1 0 0 K L M N
DE	1 0 0 0 0 1 K L M N – – –	1 0 1 1 K L M N
CD	1 0 0 0 0 0 1 K L M N – –	1 0 1 0 K L M N
BC	1 0 0 0 0 0 0 1 K L M N –	1 0 0 1 K L M N
AB	1 0 0 0 0 0 0 0 K L M N	1 0 0 0 K L M N
B'A	0 0 0 0 0 0 0 0 K L M N	0 0 0 0 K L M N

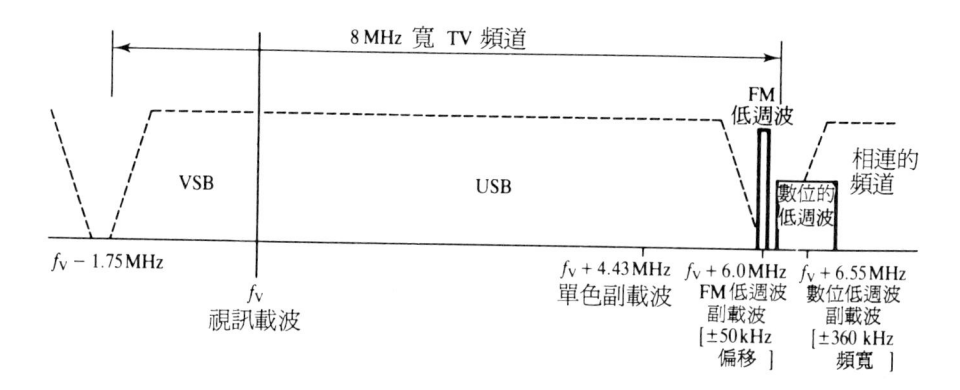

圖 17.6 UK 625 條線 TV 頻帶顯示數位成低週波頻率

以 QPSK 調變至副載波 6.552 MHz 上而傳送出去，它是在頻寬為 720 Hz 的視訊載波之上，使得正好在 f.m. 聲音之上（在 6.0 MHz，±50 kHz 偏移）。兩個聲音信號在振幅上皆予以降低（數位 20 dB，類比 3 dB）以避免與視訊干擾。圖 17.6 說明這一點。

17.7 差異調變

另一類技術的目的在於降低頻寬，但仍然保持數位傳輸，稱為**差異調變**（DM 或 ΔM）。這裏類比基頻被取樣及量化，如 PCM，但速率遠高於奈奎率。這個樣本沒有被數位化，但數位信號被傳送出去，這說明不論下一個樣本小於或大於前一個，只有樣本之**差**被傳送。事實上，這些方法不會減少太多頻寬。因為需要快速取樣使量化步階足夠小。但它們的確有較大的優點，即它們可以容易地用 i.c. 形式來實現其電路，如便宜的 **CODECs**（編碼/解碼）。

基本的差異調變本身很容易了解。類比輸入之後就是數位輸出，一次上升或下降一個量化位準。如圖 17.7 所示說明此過程，它是類似一個追蹤 A/D 轉換器。

在這個圖中，有三個特點需要注意：

A. 單一步階位準的改變只能在上升的輸入電壓時。
B. 輸出必須像穿索環一樣來跟上定值輸入電壓。
C. 單一步階位準的改變無法跟上快速變化的輸入電壓。

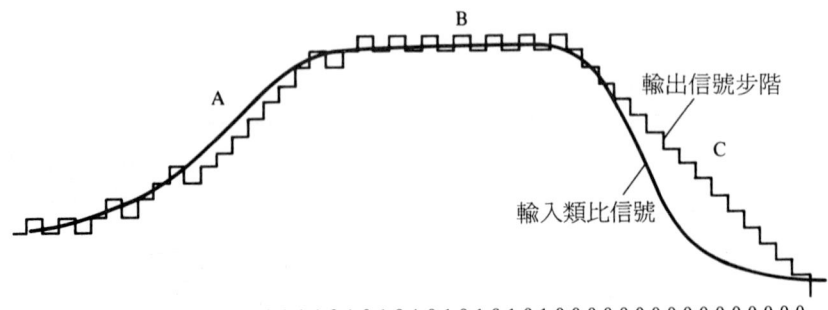

圖 17.7　基本的差異調變

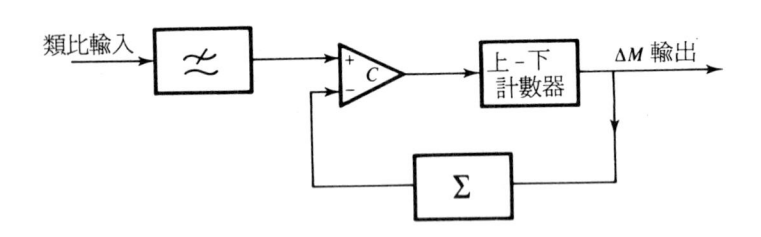

圖 17.8　基本的差異調變器

實際的發送出去之數位信號將包括一系列的二位元數字，其中 1 及 0 表示

  1 往上走一個量化間隔（或步階）
  0 往下走一個量化間隔（或步階）

　　差異調變器由一個上、下計數器組成，其輸出由一個積分器回饋回去，並與輸入信號作比較。若積分的輸出位準比輸入大則下一個輸出數字為 1，若較小則為零。一個適當電路的方塊圖如圖 17.8 所示。
　　雖然它很簡單，這個基本的方法由於下面三個原因仍然有嚴重的缺點：（兩個已提過了）

1. 快速取樣需要較大之數位頻寬。
2. 輸出無法跟上輸入位準快速的變化。

3. 只有增加的電壓位準才送出去。

第一個缺點意謂著在同樣的類比信號頻寬之下，此簡單的 Δ 方法實際上需要比 PCM 更大的頻寬。（如 4 kHz 電話頻道需要 10 倍頻寬；見 Coates, p. 222）

第二個缺點是第一個的原因（小的步階需要快速取樣），並且可由稍後描述的應變式方法予以克服。這個效果是限制輸出的扭轉率，如圖 17.7 所示的 C 點。若足夠快以允許單一步階輸出跟得上快速的輸入變化，輸出位元率為取樣率，所以需要較大的傳輸頻寬。同時，在較高的輸入頻率及功率位準時，扭轉率問題將更糟，所以某種型式的速率必須使用並可能遠大於標準的 PCM 的 64 kbps。

第三個缺點表示包含直流位準及非常低頻的信號無法成功地送出去（如 TV 信號）。例如，標準的語音頻率電話頻道藉由限制它的最小傳輸頻率到 300 Hz 來避開直流的問題，而扭轉率問題則限制最高頻率到 3400 Hz。這也意謂著若絕對值是偶而送出去的話，則誤差才可被修正。

不同型式的**應變式差異調變**（ADPM）已被發展出來以克服扭轉率之限制。最直接的方法就是當需要時增加步階大小。若三個相同的數字被送出去，它是假設輸出正嘗試去跟上一個變化很快的輸入信號。然後步階大小加倍，以此類推。此為如圖 17.9 所說明的。

注意此加倍如何發生在兩個地方（在 D 點），在那裏，輸出又開始被扭轉

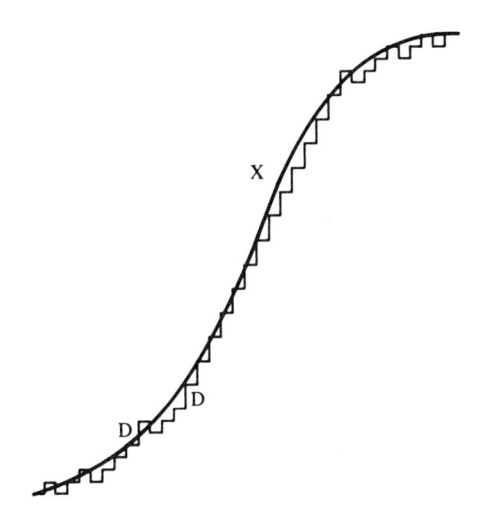

圖 17.9　在 ADPM 中步階加倍

率限制住（在 X 點）。要克服此問題，它可以安排將位準再一次加倍。像這樣一個系統需要每樣本 3 個位元以搭載所有訊息。

另一個方法稱為**連續變化斜率差異調變**（CVSDM），它只以正比於輸入信號功率方式增加步階大小。其假定較大的功率有較快的信號位準的變化。它是壓擴法的一種型式，並且 CODECs 利用它可以 PCM 一半或更少的位元率工作（見 Coates, p. 225）。

圖 17.7 中所示的基本差異調變方法的一種用法是，提供在非標準的位元率下得到 PCM 的方法，如上述的 NICAM。

17.8 摘　要

PCM 有三個優點（與類比方法相比）：

1. 可能的分時多工。
2. 樣品值更不容易受到衰減。
3. 信號容易處理。

有一個主要缺點：

4. 頻寬遠大於原始基頻頻寬。

PCM 由下面方法得到

$$S/H+A/D+P/S$$

而還原由下列的方法得到

$$S/P+D/A+LPF$$

其中

    S/H 表示取樣及保持
    A/D 表示類比到數位的轉換
    P/S 表示並列到串列的轉換
    S/P 表示串列到並列的轉換
    D/A 表示數位到類比轉換
    LPF 表示低通濾波器

A/D 由兩個步驟組成——量化及編碼。對於**量化**方面，樣本高度的範圍細分為許多等電壓間隔，由 M 個量化位準分開，號碼由零開始往上加，其中 M 總是為 2 的冪數。實際的樣本高度被指定給最近的位準。

在**編碼**方面，每一個位準號碼以 n 位元二位元數字表示，其中

$$M=2^n$$

（標準的 PCM，$n=8$，因此，$M=256$，頻寬為 B/W$=2nB$，其中 B 為基頻頻寬）。

量化產生**量化雜訊**，導致額外的 S/N 值

$$(S/N)_Q = 2^{2n}$$

要限制由低位準信號造成之誤差，使用了壓擴法，不論是**類比**

$$\begin{aligned} A \text{ 法則（歐洲）} \quad y &= \frac{1+\log(Ax)}{1+\log A} \quad 1/A < x < 1 \\ &= \frac{Ax}{1+\log A} \quad 0 < x < 1/A \\ \mu \text{ 法則（美國）} \quad y &= \frac{\log(1+\mu x)}{\log(1+\mu)} \end{aligned}$$

其中

$$x = v_{IN}/v_{IN(最大)} \quad 及 \quad y = v_{OUT}/v_{OUT(最大)}$$

或是**數位**，每一樣本以 12 位元（或更多）編碼（如 NICAM728）。

某些頻寬降低及較簡單的實作可由**差異調變**達成，它是用一位元信號來表示下一個樣本是否比上一個大或小。它已發展出好幾種型式。

17.9 結 論

PCM 現已是一個發展完善的過程。並在世界上廣泛使用，特別是在電訊方面，它在其他基頻編碼有更大的優點，不只是它能很容易的以分時多工方式組合許多不同的信號，如將在第 19 章中討論的。

但首先在下一章中，我們將來看數位信號中造成衰減的兩個主要方面——雜訊及 ISI。

17.10 習 題

17.1 一類比信號振幅限制在 0～5 V：
(i) 當以每樣本 4，6 及 8 位元數位化時，計算量化間隔。
(ii) 畫出 4 位元量化的量化位準位置圖。
(iii) 畫出數位信號的最大及最小信號電壓的形式，以及中間值 2.5 V 在 6 位元量化。
(iv) 下列數位樣本代表何種電壓值：10000000，01000000，00000001，01000000，00100000，00011010，01111111，11100101，等等？
(v) 一個 6 kHz 基頻的頻寬，計算 8 及 12 位元量化所需之最小 PCM 頻寬。

17.2 一個類比信號振幅限制於 ±5 V，被轉換成有 n 位元/樣本的 PCM 信號。當 $n=3$，5 及 7 時，計算量化間隔。

17.3 一類比信號被限制在標準聲音頻率（電話）頻道內，以一般速率取樣並編成 8 位元樣本。
(i) 有多少個樣本高度位準？
(ii) 在 10 V 範圍內量化間隔為何？
(iii) 負數值的信號該如何考慮？（兩種方式）
(iv) 編碼後的樣本所需之頻寬為何？
解釋你如何得到這些答案。
(v) 一般認為最好是傳送 PCM 信號而不只是一個取樣的信號（PAM）。為什麼？
(vi) 為什麼每個樣本不使用少一點位元？或多一些位元？

17.4 一信號限制在 B Hz 以內，以每樣本 n 位元及 k 倍奈奎率取樣。最小頻寬為何？在本題中，使用一個實際的數值並計算可能的頻寬。

17.5 UK TV 需要至少 6.5 MHz 基頻頻寬。若以每樣本 8 位元取樣，需要多少頻寬？通訊衛星利用 TV 異頻雷達收發器 41 MHz 寬。試試看你是否可解釋這是如何達成的（FM）而 PCM 是如何做成。

17.6 畫一方塊圖說明各級以達成轉換類比信號成為一個串列 PCM。
延伸此圖以說明利用 ASK 的傳輸以及稍後的解調，將其轉換回原始基頻。

17.7 直接的 PCM 及 PCM－TDM 系統需要修正以改進
(a) 真實性，對小基頻信號位準

(b) 使用之頻寬
(c) 許多用戶自衛星的接收

下面的簡寫與上面所改進的範圍有關。求出（或查出）其意思，並求出其如何應用於上列各項：

(i) 壓擴法──A 法則及 μ 法則
(ii) DPCM 及 ADPCM（有時為 ΔPCM）
(iii) QPSK 及 8-PSK
(iv) 16-QAM 及 64-QAM
(v) 9-QPRS（較難）
(vi) TDMA（及 FDMA）
(vii) CDM（即展延頻譜）
(viii) M-階 PSK

17.8 解釋一個類比信號如何以編碼成二位元數字串列（PCM）而傳輸。

討論以此法對類比信號編碼的優點，它是在調變至 r.f. 載波之前而非直接調變至載波。

決定使用取樣間隔為 50 μs 的 PCM 系統來傳送的最高基頻頻率。

17.9 一個 PCM 通訊系統以時間多工 30 個低週波頻道及兩個控制頻道。每一頻道的資訊率為 64 kbps。低週波頻道包括 256-位準量化器的信號及每畫面送出一個樣本/頻道。

(i) 計算總位元率及位元長度。
(ii) 計算每畫面位元數。
(iii) 畫出畫面結構，指定控制頻道的適當位置。
(iv) 寫出傳送之最高低週波頻率及建議使用之基頻信號形式。
(v) 畫出一個頻道內最大的 40% 及 70% 的兩個樣本的位元順序。
(vi) 畫出可以得到多工信號的系統的方塊圖。

解釋你的答案中所有的步驟。

17.10 解釋為何一個類比信號需要較大之傳輸頻寬，一旦它已被二元脈碼調變。

描述上面的 BPCM 所需之步驟，特別說明決定系統時鐘頻率的因素。估計一個標準電話頻道內產生 8 位元 PCM 所需之時鐘頻率。

簡單描述以較小頻寬但類似還原信號品質的數位調變方法。

17.11 定義一個 PCM 信號的名詞：量化間隔。

當脈碼調變一個低週波基頻，它有最大峯對峯值振幅 $\pm V$ 及限制於 B Hz 內，

使用 n 位元取樣時，解釋所需之步驟。若信號之 $B=4$ kHz，$V=5$（V）及 $n=3$，說明你的解釋。清楚地說明造成信號衰減的原因，並求出 PCM 頻寬的式子。

參看習題 19.12 及習題 19.14。

18

PCM 傳輸的誤差

18.1 簡 介

在前一章所描述的 PCM 發展中,有兩個重點——**壓擴法**為在低信號位準時克服量化雜訊誤差的方式,而**差異調變**則降低頻寬並允許 i.c. 形式的實現。這二者皆是在通訊系統發送端所引進之技術。

現在我們要來看在傳輸信號及接收端時會衰減信號的兩個效果——**雜訊**及 **ISI**。系統需要設計以減少這些效果,而所使用的所有技術的完整描述,則超出本書的範圍。這裏我們只看基本的概念以能了解這些技術。

18.2 數位信號傳輸中的誤差

數位信號傳輸中,其目標是在接收端正確的還原每一位元,但不可避免的,有些位元在偵測上將出現錯誤(1 當作零或反過來)。顯然的,不正確的位元將發生在任一時刻,且可能一陣一陣的出現而非散開來。因此,對一特定的系統,不可能知道某一位元將出錯,但可能知道誤差的發生率為何。這就是**位元誤差率**(**BER**)。有時稱為誤差機率(p_e)或機率誤差,並且被引用為期望每個位元誤差的平均數。例如

    品質良好的低頻 $BER > 10^{-6}$ 至少
    正常電話 $BER > 10^{-3}$ 是足夠的

這些數字有時以其倒數來使用(如 $< 10^6$)。這表示,平均上,在一個誤差將發生之前信號將送出 10^6 位元。它與 $BER = 10^{-6}$ 的意思完全一樣。

是什麼造成這些誤差?有兩個主要原因:雜訊及符號間干擾(ISI)。圖 18.1 所示為其如何造成檢測的數字上的誤差。

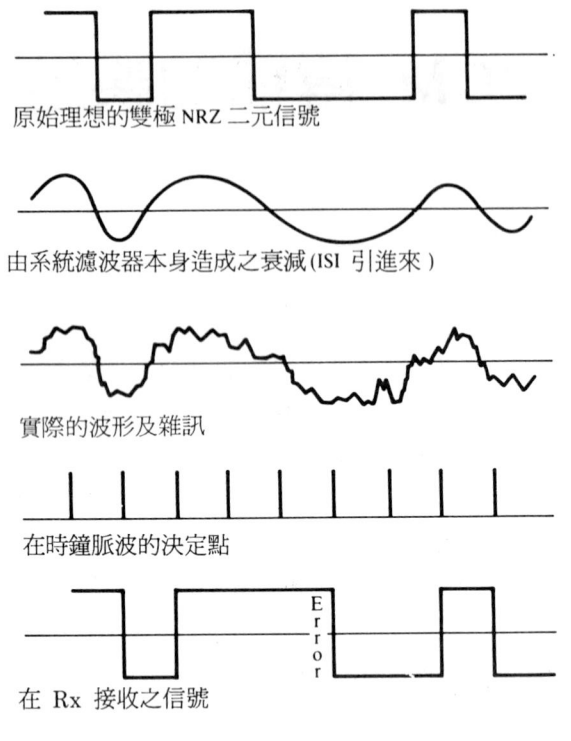

圖 18.1 由於"衰減"（ISI）及雜訊造成之信號退化

18.3 雜訊 "語言"

　　雜訊主要是在傳輸通道中（如無線電之於大氣層）被加至信號內，以及在接收端的前級中，其時信號是很小的。對任一系統，接收檢測電路需要有最小的信號雜訊比於接收器前級上（如 10 dB），亦即要求一最小的接收信號功率。

　　在通訊系統中的雜訊通常是由熱產生的形式，而稱為**加成性白色高斯雜訊**（AWGN），它有快速且隨意變化的雜訊電壓，且有與溫度有關而與頻率無關的均方值。這些雜訊電壓（n 或 v_n）有**高斯**的振幅機率分佈，如圖 18.2 所示。
　　這個曲線的表示式為

$$p(n) = \frac{1}{\sqrt{2\pi\sigma^2}} \exp\left(\frac{-n^2}{2\sigma^2}\right)$$

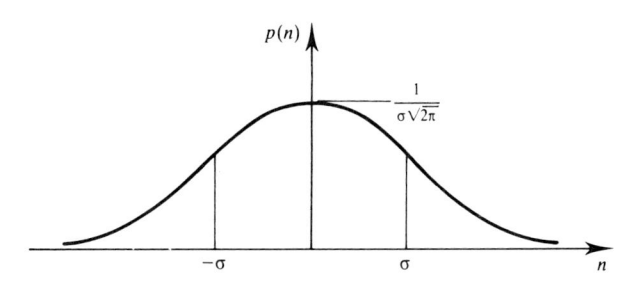

圖 18.2 高斯的雜訊電壓機率分佈

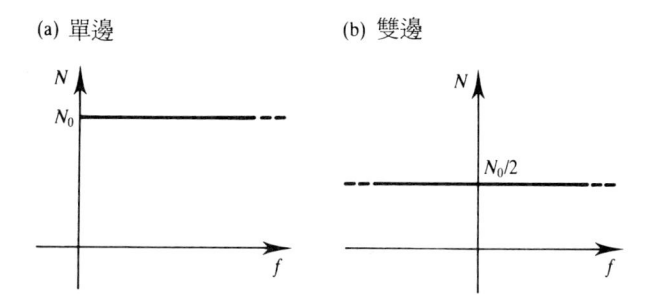

(a) 單邊　　　　　(b) 雙邊

圖 18.3 正規化的"白色"雜訊功率頻譜

其中 σ 為均方值（標準差或變方的均方根值），通常稱為"平均"雜訊電壓。

這些電壓產生雜訊功率至負載中，其頻譜密度與頻率無關，如圖 18.3 所示——因此稱"白色"類比於白光。

N_0 為正規化功率頻譜密度（即在 1 Ω 上），並且總功率為

$$N = \sigma^2 = N_0 B$$

（在 1 Ω 負載而已）。這些功率是**加成性**的，因為，由於隨機產生，其電壓線性加在一起。

由電阻 R（Ω）產生之**熱雜訊**，在絕對溫度之下，T（K），及頻寬之內，B（Hz），有均方電壓值，為

$$\overline{v_n^2} = 4kTBR$$

其中 k 為波茲曼常數，其值為 1.38×10^{-23} J/K。而雜訊功率輸出為

$$N = kTB \text{ watts}$$

（注意此值與 R 無關）。這裏 v_n 造成電流 i_n，其中

(a) 戴維寧　　　　　　(b) 諾頓

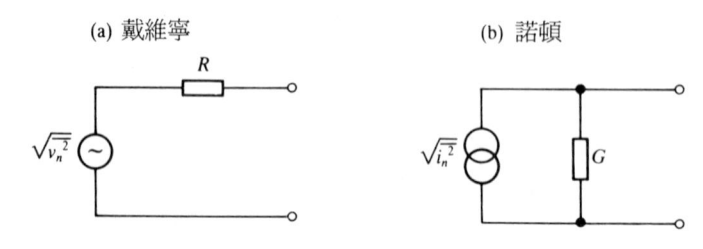

圖 18.4　雜訊源等效電路

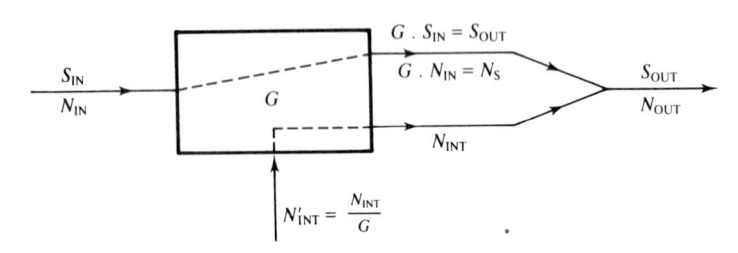

圖 18.5　網路的雜訊及信號符號

$$\overline{i_n^2} = 4kTBG \qquad (G = 1/R)$$

並且 v_n 及 i_n 兩者可用圖 18.4 中的雜訊等效電路來表示。

一個源的**雜訊溫度**爲它實際產生的雜訊功率的外觀溫度。通常這是實際的溫度，特別是 290 K（T_0）的標準"室"溫，它可應用到一個被動元件，但可能只是一個外觀的"等效的"雜訊溫度（T_e），它產生實際接收到的雜訊功率。例如，**天線溫度**（T_{AE}）：一個天線接收雜訊的功率頻譜密度就好像它來自一個溫度爲 T_{AE} 的源。

系統或網路的**雜訊指數**爲通訊中非常重要的參數。它是加至網路本身額外的雜訊功率的量的量測。它用圖 18.5 所示的量來分析及定義。

網路的增益爲 G（它可以是損耗），信號功率爲 S，及雜訊功率爲 N。則 F 定義爲

$$F = \frac{可得到之雜訊功率輸出}{G（可得到之雜訊功率輸入）}$$

"可得到的"表示匹配的，即對於 S_{IN} 及 N_{IN}，$Z_{IN} = Z_S^*$，而對於輸出功率，$Z_L = Z_{OUT}^*$。G 爲當以此方式匹配時之增益。通常它是假設，雖然有時不知所以，

一個網路是匹配的,則我們可以用信號雜訊比(S/N)來表示 F,如下所示:

$$F = N_{OUT}/N_S$$
$$= N_{OUT}/G \cdot N_{IN}$$
$$= N_{OUT}/G \cdot S_{IN} \cdot S_{IN}/N_{IN}$$
$$= N_{OUT}/S_{OUT} \cdot S_{IN}/N_{IN}$$

即

$$\boxed{F = \frac{(S/N)_{IN}}{(S/N)_{OUT}}}$$

這是定義及使用 F 的一般方式,但記住它隱藏的假設即上述的匹配條件。F 可用比例或分貝表示(功率的比例)。對一個理想的完全無雜訊的網路,因爲兩個比例將相等,它的值爲 1(0 dB)。一些有用的值有

$$F = 2 \equiv 3 \text{ dB}$$
$$F = 10 \equiv 10 \text{ dB}$$

將雜訊以網路 N_{INT} 以及輸入等效值 N'_{INT}($= N_{INT}/G$)實際產生的雜訊來表示 F 也是相當有用的。亦即

$$F = \frac{N_{OUT}}{N_S}$$
$$= \frac{N_S + N_{INT}}{GN_{IN}}$$
$$= 1 + \frac{N_{INT}}{GkT_0B}$$

或

$$\boxed{F = 1 + \frac{N'_{INT}}{kT_0B}}$$

藉由假設 N'_{INT} 來自等效雜訊溫度爲 T_e 的源,F 也可以用雜訊等效溫度 T_e

來表示，以致

$$N'_{INT} = kT_e B$$

因此

$$F = 1 + T_e/T_0$$

或

$$\boxed{T_e = (F-1)T_0}$$

當系統以並排方式連接時，如同在無線電接收器中的不同單元，每一個單元有一增益 G_n（"可用的"增益），及雜訊指數 F_n。則問題是：完整系統的整體雜訊指數為何？這可用 Friis 方程式計算如下：

$$F = F_1 + \frac{F_2-1}{G_1} + \frac{F_3-1}{G_1 G_2} + \cdots + \frac{F_n-1}{G_1 G_2 \cdots G_n}$$

注意整體的雜訊指數如何與第一級增益及雜訊指數，G_1 及 F_1，有密切的關係。若 G_1 很大，則 $F \simeq F_1$，第二及隨後各級就不太重要了。此想法的應用的實際例子為將無線電接收器的高增益低雜訊前級盡可能靠近天線位置。

對於窄頻帶信號，如發生在高頻無線電連線（如微波）上，雜訊可被視為它是完全在載波頻率上產生而處理，此載波產生相位及振幅隨機變動的電壓。這就是**窄頻帶雜訊**，可表示為

$$n(t) = x(t) \cos \omega_c t - y(t) \sin \omega_c t$$
$$= r(t) \cos [\omega_c t + \theta(t)]$$

產生正規化雜訊功率（在 1 Ω）

$$N = \overline{n^2} = \overline{x^2} = \overline{y^2} = \overline{r^2}/2$$

實際上，在一窄頻帶內，雜訊在密度上通常不是均勻的，而是在中間有峯值而在邊緣遞減至零。在這樣定義不清楚的情況下，為了容易計算起見，功率的分佈以長方形分佈來處理，在實際分佈的峯值以及在長方形頻帶限制內，即**雜訊等效頻寬**，將產生同樣的總雜訊功率。這全部如圖 18.6 所說明。

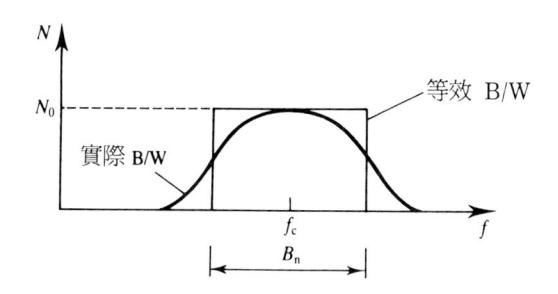

圖 18.6 雜訊等效頻寬 $N = N_0 B_n$

18.4 符號間干擾

符號間的干擾是由下面不可避免的事實所造成,即沒有一個通訊系統有無限的頻寬——它必須以某種定義不清的帶通濾波器的形式工作。此濾波器將影響數位頻寬,就好像它被通過了一個低通濾波器。在信號內的位元上的效果為在時間上將它們擴展開來,以致它們不是以原有的方形被接收到,之後它們的形狀被污損。這意謂著某些位元能量發生在被其他相鄰的位元佔據的時槽上,因此改變了它們外觀的電壓值。若這些不要的額外電壓足夠大的話,這些位元將以誤差形式而被檢測出。此"污損"過程如圖 18.7 所示。

很幸運的,藉由下面兩個設計因素,我們可以完全避免由 ISI 造成的誤差:

1. 位元的"決定"檢測使用。
2. 加入一個"反-ISI"濾波器特性。

決定檢測正常使用在數位通訊系統中。在其原來的乾淨而清楚的正方形形狀下不需要去還原任何的信號位元,因為它只需要知道一個特定的位元是否為 1 或 0。每一個接收到的位元電壓在波形上的單一點被取樣,在那裏它是最可能正確的——通常在中點。接收器必須作一**決定**,此位元是 1 或是 0,因此必須使用某種形式的判別電路,可能是一個**閾值檢測器**。此技術以方塊圖說明於圖 18.8 中。

閾值檢測器是**史密特觸發器**的某種型式。對於雙極輸入位元,閾值被設在 0 V,以致若大於 0 V,則輸入將觸發一個 1 在輸出端,並且若小於 0,則觸發

圖 18.7　由於 ISI 的位元誤差

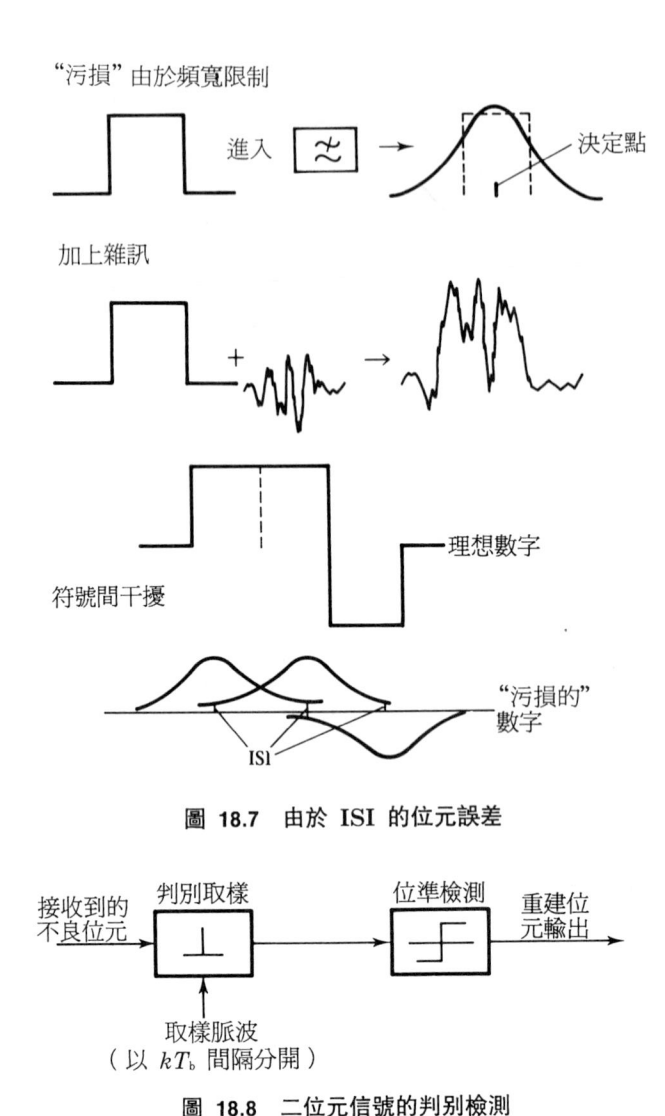

圖 18.8　二位元信號的判別檢測

一個 0。在觸發上的內在遲滯將避免不需要的額外輸出位元被在輸入的小雜訊脈衝所觸發。

　　藉由如下的安排，ISI 可被避免：由系統濾波器造成的位元污損發生的方式使其污損的波形在相鄰位元的判別點上電壓總是零。這可由特意地在系統上加上一個濾波器而作成，其頻譜特性將產生形狀有零值通過於需要的時間間隔的輸出

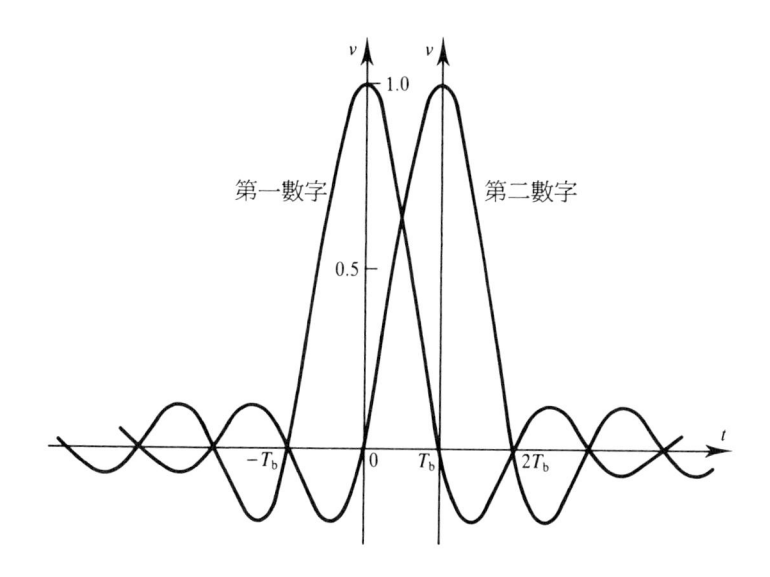

圖 18.9　濾波器控制的輸出脈波形狀以避免 ISI

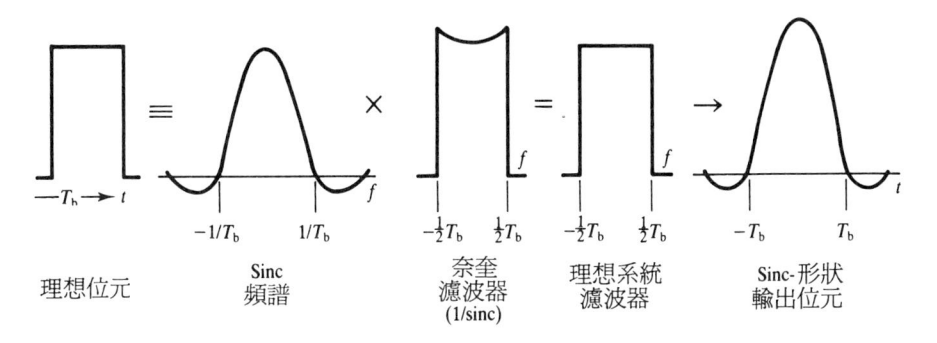

圖 18.10　奈奎濾波器的動作

位元。像這樣的濾波器稱為**反-ISI 濾波器**，且通常包含兩個完全相等的濾波器（$H_T = H_R$）；一個在發射器，一個在端收器，其頻譜乘積產生所需的整體濾波器轉移特性曲線。這就是 H_S（S 表系統），其中

$$H_T \cdot H_R = H_S$$

反-ISI 濾波器通常記為 α，所以 H_T 及 H_R 記為 $\sqrt{\alpha}$，其原因稍後將更清楚：

$$H_R = H_T \equiv \sqrt{\alpha}$$

當輸入長方形位元，H_S 產生在間隔 T_b（位元長度）的零值的輸出脈波形狀，如圖 18.9 所示。

這些輸出脈波的理想形狀為 sinc 函數，發生在當其頻譜為理想的長方形磚塊形狀。產生此波形的理想系統濾波器（H_S）有時稱為**奈奎濾波器**，如圖 18.10 所示。原始的長方形脈波形狀有 sinc 的頻譜，且若中間峯值乘上奈奎濾波器，則將產生所需之輸出頻譜形狀。

$$= 1$$
直至 $f = \frac{1}{2T_b}(1-\alpha) = (1-\alpha)f_N \frac{f_b}{2}$

$$= \tfrac{1}{2}\left[1 + \cos\frac{2\pi}{\alpha}\left(f - \frac{1-\alpha}{2T_b}\right)T_b\right]$$
由 $(1-\alpha)f_b$ 至 $(1+\alpha)f_b$

$$= 0$$
在 $f = \frac{1}{2T_b}(1+\alpha) = (1+\alpha)f_b$ 以上

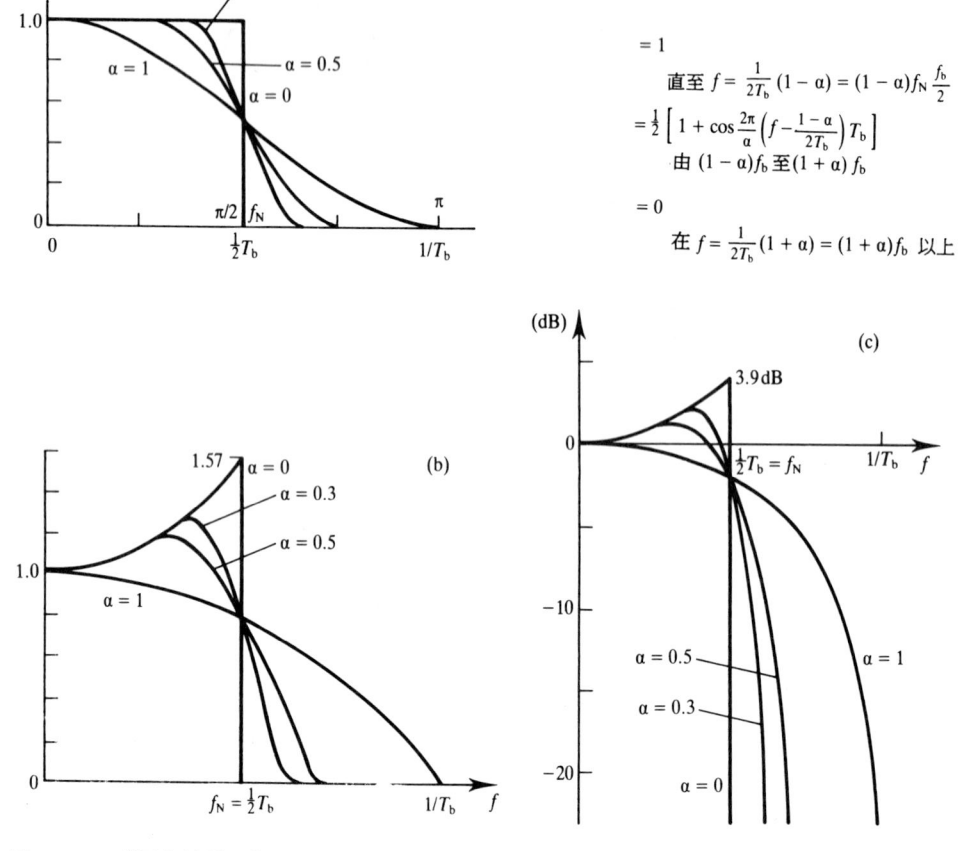

圖 18.11　"昇高的餘弦" 反-ISI 濾波器特性：(a) 昇高的餘弦（$\tfrac{1}{2}(1+\cos\theta) = \cos^2\theta/2$）；(b) 各種昇高的餘弦而轉角平緩化的奈奎濾波器（線性度量）；(c) 同 (b) 但用對數度量

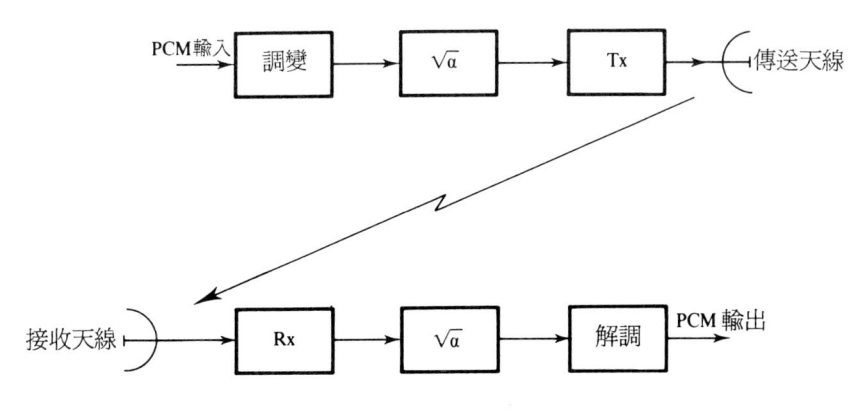

圖 18.12　有反-ISI 濾波器的通訊系統

　　當然，實務上，因為其陡峭的截止特性，所以無法作出奈奎濾波器。但若此濾波器乘上一個昇高的餘弦濾波器（或其他任何對稱濾波器形狀），輸出的波形仍然有間隔 T_b 的零值，且整個濾波器組合之動作像一個反-ISI 濾波器。在實務上它也可以作成。如圖 18.11 所示。

　　上述引入之昇高餘弦濾波器形狀的 α 是一個常數，如圖 18.11 所示。它的效果是增加系統之頻寬為理想奈奎濾波器（$1/T_b$）的（$1+\alpha$）倍。在**基頻**，奈奎及昇高的餘弦濾波器動作像一個**低通濾波器**，其頻寬如圖 18.10 及圖 18.11 所示

$$\text{理想（奈奎）B/W} = f_N = 1/2T_b = \tfrac{1}{2}\text{（位元率）}$$
$$\text{實際（昇高餘弦）B/W} = f_N(1+\alpha) = (1+\alpha)\text{（位元率）}$$

當以 PSK 調變而**傳輸**至一個副載波時，這些頻寬加倍（PSK 為 DSBSC 的一個型式）而產生

$$\text{理想 B/W} = f_b = \text{位元率}$$
$$\text{實際 B/W} = f_b(1+\alpha)$$

因此得到簡單的工作原理，即

$$\text{頻寬} = \text{位元率}$$

當然，在真實系統中需要某些額外的頻寬，然而，小的 α（可能是 <0.3）是為

了可實現的反-ISI 濾波動作。因此避免信號衰減的代價是增加頻寬。

一個完整的無線電通訊系統將使其 $\sqrt{\alpha}$ 濾波器在基頻或電路的 i.f. 部份。圖 18.12 所示即為以文字說明的方塊圖。

因此雜訊成為一個數位通訊系統性能的主要限制。

18.5 結　論

本章我們看了在數位信號接收上造成誤差的基本概念。在數位系統的設計上仍然有很大的空間來使雜訊降至最小——同時也考慮其他主要設計考量，如頻寬及功率的有效使用。讀者可見本書後面參考書籍中一些較專門的教科書以更清楚的了解。

下一章是本書最後一章且實際上是第 7 及 17 章的延續而非本章。它將探討信號傳輸的多工系統。

19 多工系統

19.1 簡　介

由於經濟上明顯的理由，通常必須能夠同時在同一個通訊系統中傳送許多信號。在這樣系統中結合信號的過程稱為**多工**。其方法將視信號的形式及傳輸介質而定。主要有兩個方法：

1. 分頻多工 FDM
2. 分時多工 TDM

其他讀者可能遇到的方法有分碼多工（CDM）使用在展頻傳輸技術，以及分波多工（WDM）使用在光纖傳輸。

19.2 分頻多工

基本上這是一種類比方法，其中每一個信號在系統的整個傳輸頻寬內有它自己的頻率槽。在接收端藉由濾波作用將信號再分開。原理的說明最恰當的方式是以標準電話群的形成，它是由 12 個標準的電話頻道以 FDM 組成，如圖 19.1 所示。

每一個電話頻道開始於名義上的基頻頻寬，0～4 kHz，然後以 SSB（LSB）調變至副載波序列中的一個，間隔 4 kHz，傳輸頻寬由 60 至 108 kHz。這些副載波將位於 64 kHz，68 kHz，等等直至 104 kHz，以及最後 108 kHz。實際的過程如圖 19.2 所示。

所有這些現在都已是標準技術，主要的問題是在濾波要求上，它是相當嚴格且需要高階晶體濾波器來達成。這些電話頻道提供 900 Hz 的空的"防護帶"於其間，其中足夠的濾波作用必須達到在形成群（移走另一邊帶），及在接收端從

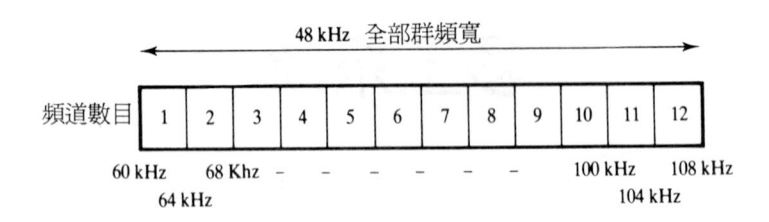

圖 19.1　CCITT FDM 電話群結構

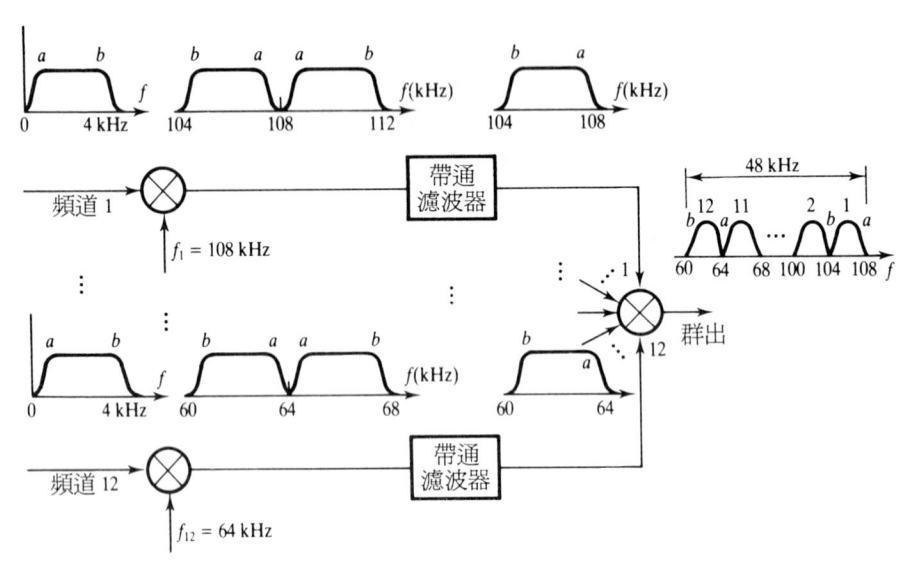

圖 19.2　FDM 電話群之形成（取自 Schwartz, 1990）。McGraw-Hill, Inc 同意複製此圖

許多信號中分出其中一個出來的要求。幸運的是在整個電話系統中需要上百萬個這樣的濾波器，因此每一個的成本可以降下來。

在 FDM 中幾個信號的總傳輸頻寬很顯然地為個別信號頻寬之和，特別是，若 N 個信號有相同的基頻頻寬 B Hz，則總頻寬為

$$\text{FDM B/W} = NB \text{ Hz}$$

但是注意，一般而言，FDM 頻寬不會從零開始而是會以調變方式，在多工過程中被遷移至較高頻帶。因此，它包含了範圍從 60～108 kHz 的 48 kHz 群頻寬。

電話使用之 FDM 是大量的，並且雖然其中大部份已被 TDM 取代，它仍

然是很重要而必須知道的，不管是基本的觀念或稍後的體系方式。

19.3 分時多工

基本上這是數位技術以 PCM 形式應用到取樣的信號上，雖然也可以與 PAM 信號一起使用。對於此二者，基本的概念是在每個樣本之間有一成比例的長間隙，而其他樣本可以擺進去。圖 19.3 說明 PAM 及 PCM 應用的原理。

對於 PCM，同一信號的兩個樣本之間的間隔不變，正好是取樣間隔 T_s，125 μs（1/(8 kHz)）。改變的是位元長度，其中 8 個將佔有原來整個取樣間隔。現在每一個位元必須縮短，以允許其他信號的位元進入。縮短的量正好反比於多工的信號數目。每一個位元開始有 15.6 μs 長（125/8），所以兩個信號則表示位元為 7.8 μs 長（15.6/2）以此類推——所有的都在同一 125 μs 的框內，如同它現在被稱呼的一樣。

似乎對於信號的數目沒有明顯的限制，而實際上此限制之設定是以頻寬的考量及通話量的方便性而定的。由於部份為主觀上的決定，因此有兩個不同的標準是不令人意外的。在北美，每框內 24 個頻道的 AT&T 標準被使用，而在歐洲則使用 32 個頻道。二者皆如圖 19.4 所示。

注意，24 個頻道框有一額外位元塞入尾端而 32 頻道框則使用其中兩個頻道（16 及 32）當作信號的目的。雖然兩者的框必須有同樣的長度（125 μs 取

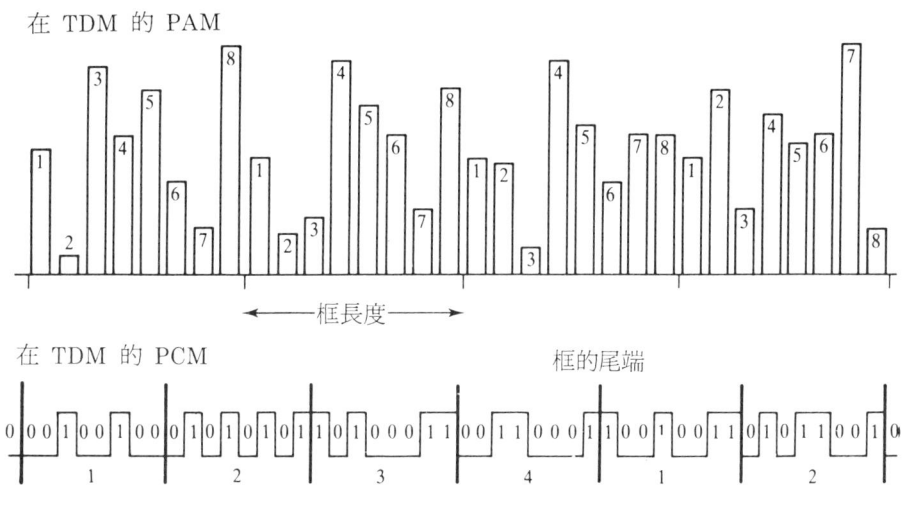

圖 19.3　PAM 及 PCM 的 TDM

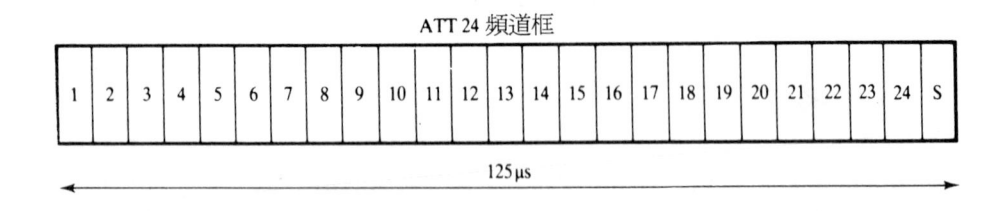

```
        ATT 24 頻道框
┌─┬─┬─┬─┬─┬─┬─┬─┬─┬─┬─┬─┬─┬─┬─┬─┬─┬─┬─┬─┬─┬─┬─┬─┬─┐
│1│2│3│4│5│6│7│8│9│10│11│12│13│14│15│16│17│18│19│20│21│22│23│24│S│
└─┴─┴─┴─┴─┴─┴─┴─┴─┴─┴─┴─┴─┴─┴─┴─┴─┴─┴─┴─┴─┴─┴─┴─┴─┘
                   125 μs

        CEPT 30 + 2 頻道框
│C1│1│2│3│4│5│6│7│8│9│10│11│12│13│14│15│C2│16│17│18│19│20│21│22│23│24│25│26│27│28│29│30│

           TDM 125 μs 框結構
```

圖 19.4 CCITT PCM TDM 框結構（取自 Holdsworth and Martin, 1991）

樣間隔），它們不需要佔有同樣的頻寬。一般而言，原來基頻頻寬 B Hz 的 N 個相同的類比信號，以奈奎率取樣及用每樣本 n 位元數位化後，每框的位元數將為

$$位元/框 = 2NnB$$

但在 24 頻道框中有額外之一個位元加入。框所佔有之頻寬則將等於位元率：

$$TDM\ B/W = 位元率 = 2NnB$$

對於兩種框形式，將有

24 頻道：193 位元；每一個 0.648 μs 長；1.544 MHz 框頻寬
32 頻道：256 位元；每一個 0.488 μs 長；2.048 MHz 框頻寬

32 頻道框通常簡稱為 2 Meg 框，因其數值足以正確的描述它。24 頻道框則簡稱為 D2 框，因為其創始者 AT&T 如此標示它（D 為數位的，版本為 2）。

19.4 多工體系

如圖 19.5 之標題所示，FDM 群及兩個 TDM 框結構是由國際協定所設定的。這是由 CCITT 所推薦的標準經由 ITU 之約定而達成的。後者所推薦的

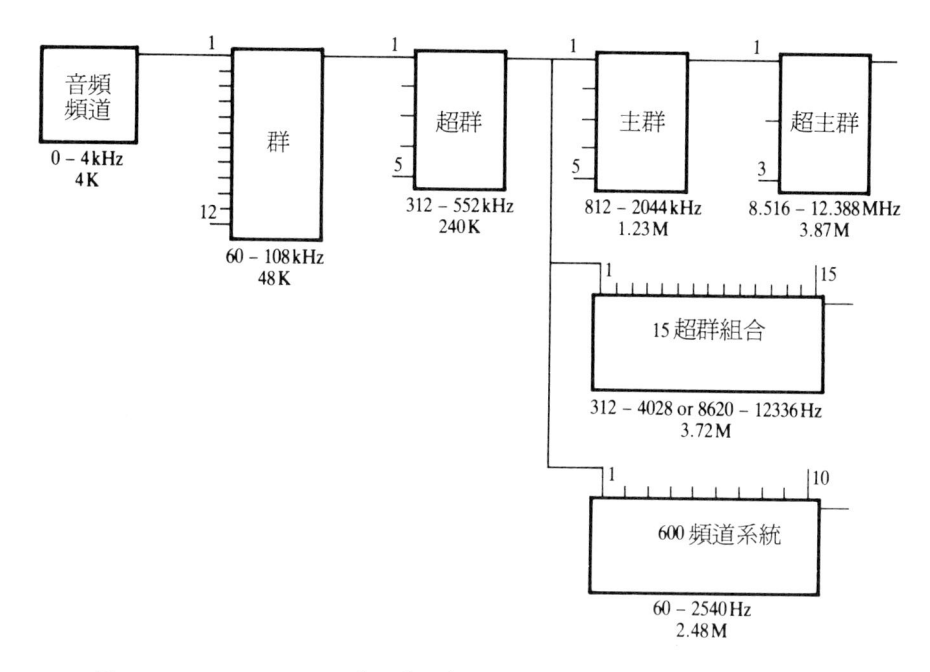

圖 19.5　CCITT FDM 體系（取自 Holdsworth and Martin, 1991）

基本框如前所述，但仍然有許多其他形式，因為需要將更多的頻道多工以使線路承載較大之通訊負載──將群聚集成越群；框成超框；以此類推。圖 19.5 及圖 19.6 簡明地說明整個系統。

TDM 有兩個標準體系，因為大西洋的兩邊分別發展出兩個系統──如同上述基本的框結構一樣。在這些體系中某些步驟有特殊的用途。例如，在 FDM 超主群的頻寬 3.9 MHz 很巧妙地適合兩個標準的同軸電纜頻寬 4 及 12 MHz。當有更多頻率被調變時，它可合適於衛星的異頻雷達收發器的 36（或 72）MHz 頻寬，產生標準的 900 個頻道容量。

在 TDM，載有幾乎為 1000 個雙向通訊的 140 MHz 頻道為一般的數位無線電傳輸標準，其中名義上的 565 MHz 頻道為標準的光纖容量。

19.5　TDM 發展

上述的體系在 1970 年代及 1980 年早期非常地成功。特別是 TDM 體系，當在電話網路上用來取代 FDM 時特別地好，其中網路要求的正確性及

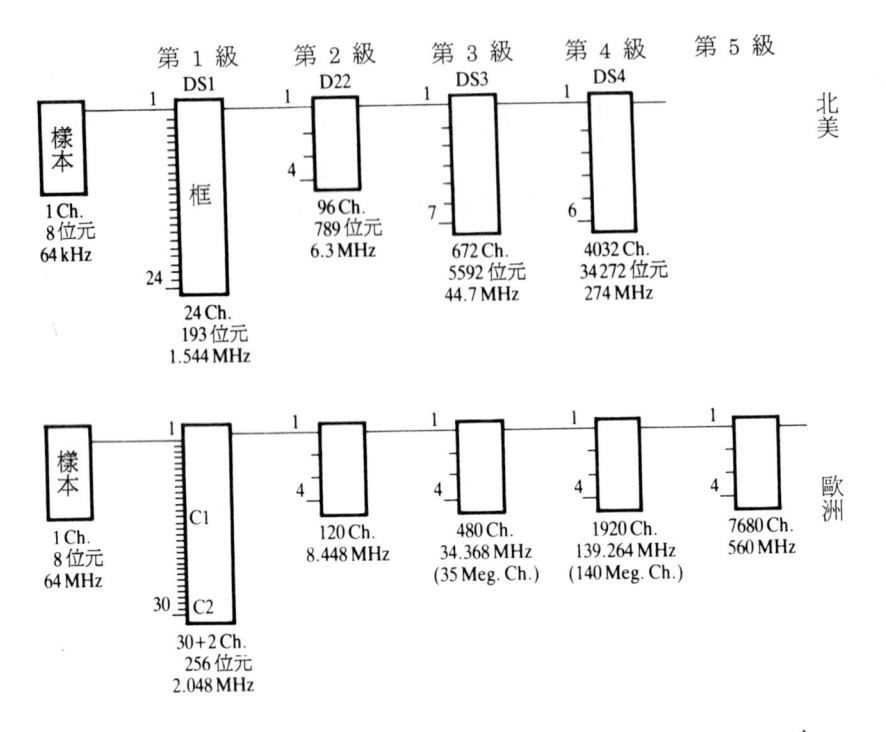

圖 19.6　CCITT TDM 體系（取自 Holdsworth and Martin, 1991）

適應性是不過份的且成長率相當慢（如每年 5%）。

不幸地（或者幸運地），轉換至數位傳輸的快速變化創造了一個新系統，其中傳輸的信號有同樣的形式，不論其源頭為何（只是一個位元串）。這使得處理很容易（如數位交換）並且更重要的，對非電話通信量如數據、FAX、影音、行動電話等等似乎沒有限制。所有這些對商業使用者變得非常有吸引力，特別是數位傳輸的成功使它非常便宜。因此大量的非電話的使用於為開始並繼續進行著。

這聽起來是不可思議的，但問題也很快地出現，因為這些新的應用對於正確性、適應性及方便性的要求是電話所不需要的。接著當光纖以其自己的標準而成為一般應用時，更新的問題接踵而至。

所有這些可歸納成三方面的困難點：

1. 同步
2. 介面
3. 管理

第十九章　多工系統

　　同步在電話的 TDM 使用上已是一個問題，因為不同信號源被允許有不同的時鐘速率──不多（百萬分之 ±50）但很明顯。這相當容易克服，只要在多工過程中放入額外之位元使所有時鐘率相同，然後在超過 2Meg 框時以一個位元一個位元方式多工即可（而不是一個樣本接一個樣本）。這種稍為新而"幾乎"同步的體系，成為 plesiochronous* **數位體系**（PDH）。衛星 TDMA 為以此技術克服此特殊問題的很好實例。

　　介面在 TDM 一開始時也成為明顯的問題，因為 CCITT 被迫同意兩個國際標準的體系。當只有兩個且使用於電話時，並沒有實際的問題，但從及介於光纖系統來的介面以及商業上的使用者要求沒有限制的取得此新形式的服務（如行動電話基地台）使得必須有一急迫性的解決方案。問題是，在原來的體系中，克服介面及取得的唯一方法為解調成基頻然後再調變一次──這是非常昂貴的方法且使服務品質降低，當如此做時。經由這個世界的整個系統的完全同步是一個顯而易見的想法，但並不實際。其解答明顯的是一個新的系統，這樣的決定是由於第三個困難所加速而催生出來的。

　　經由控制頻道的**管理**在 TDM 中基於必需性是被允許的。而問題是新的非電話的應用要求的更多遠超過所允許的空間能調入的量。電話的要求不多，因為它們可以有很大的誤差率而人們並不在乎，並且當只有公共電話接線生在時，4 kHz 頻道很容易佈線及監控。一旦商業上的應用擴展開來，系統的性能要求則變得較嚴格。較大的零誤差傳輸保證伴隨著較大的連線可靠度而來。容易取得及連線的彈性也變得很重要。毫無疑問的，當他們需要時，用戶必須有其付費而應有的便利性──如同任何使用過 FAX 的人將了解，這是無理的要求。附加的壓力隨之而來，因為商業的應用在一個與日競爭的環境中正快速地增加，並且是非常有利益的。然而更多的壓力也來了，因為個別的操作者正在使用他們自己的解決辦法，因此立即的國際行動變得很緊迫，以避免永久性的困擾。這結果由 CCITT 在研究，而導致在整個新的數位體系上的國際協定，**同步數位體系**（或 SDH）。

　　SDH 也使用 125 μs 框結構（如在舊的系統），但現在它包含 2430 個 8 位元以 9 排 270 列排列──全部有 155.52 Mbps 之位元率。所有輸入皆同步（如同 PDH），然後被多工而產生一內建之操作彈性而能克服任何數位通信量的形式，不論其要求為何，現在或可預見的未來。自然地這使得它較為複雜，所以在這裏我們並不嘗試多予描述，讀者可參考由 Matthews 及 Newcombe 在 *IEE Review*，1991 年 5 月及 6 月所著的兩篇優秀的文章。但毫無疑問的，它

---

* 指兩個信號的重要時刻同速率但不同相。譯者註。

是未來的系統。

19.6 其他方法

　　分碼多工（CDM）的方法是允許許多信號在同一大頻寬內被傳送。這是將每一個信號在發射器上標上獨特的碼而作成，所以只有符合相同的碼的信號才可以在接收器上被還原。最簡單的方法，就是以較高速率的隨機位元串列來調變數位信號，而位元串列須在接收器可以再生。原始信號位元因此被截成許多段落而稱作**零碎片**。

　　這種處理方法的一個效果是將信號在較大頻寬內展開來（頻寬由碎片率設定），其頻譜功率密度甚至將比雜訊位準還低。因此它稱作**展散頻譜**，並且是一種秘密的通訊方法而有軍事上的重要性。它也允許許多信號使用此相同的大頻寬，每一個有不同的編碼，這可產生可用頻譜有效率的使用（例如，也許在 TV 信號上載有聲音頻道）。

　　分波多工超出本書之範圍，但為求完整性而將它納入。它表示使用多個光波波長（顏色）在同一條光纖內，所以一次可以載有多個訊息——每個波長一個。

19.7 摘　要

　　多工表示在同一通訊頻道上同時傳送超過一個（通常多個）的個別信號。

　　在**分頻多工**中（FDM），每一個信號在可使用的傳輸頻譜內有自己被指定的部份 (如在電話群中範圍 60～108 kHz 內有 4 kHz)。

　　在**分時多工**（TDM）中，每一個信號被取樣及（通常）數位編碼。然後每一個信號的一個樣本在一個取樣間隔內順序被送出去，一次一個（如在 CCITT 框內，在 125 μs 的 32 個 8 位元樣本）。

19.8 結　論

　　兩個主要的多工方法使得大量的不同信號，可以在同樣的通訊頻道上以高密度的佈線同時傳送出去。在所有通信量密度中，它們使得信號群以一個單元而更容易的被傳送，因此促進了複雜系統的操作，例如全國的及國際的電話系統。數位多工的重要性與日俱增而新的同步方法代表了在 1991 年最新的發展——一個適當的點來結束本書。

19.9 習　題

19.1 對於下列各項 PAM-TDM 信號，畫出時間及頻率的圖。假設所有樣品脈波有同樣高度且佔有一半的時槽。
(i) 等振幅頻率為 f_0，$2f_0$ 及 $3f_0$ 的正弦波。
(ii) 同 (i) 但振幅比為 1，0.5 及 0.3。
(iii) 在基本頻率為 f_0，$2f_0$ 及 $3f_0$ 的等振幅方波。
(iv) 同樣 f_0 及振幅的正弦及方波。

19.2 對於 CCITT 音頻頻道 FDM 體系，回答下列問題：
(i) 為何使用 SSB？
(ii) 為何第一組開始於 60 kHz？
(iii) 同軸電纜頻寬如何影響由體系中不同位準設定的頻寬？
(iv) 為什麼在體系中第一級乘上 12 這樣大的數？
(v) 在一組中頻道之間未使用（防護帶）頻寬是多少？估計需要的濾波器級數以分開組中的頻道。
(vi) 若可以，估計並評斷你的電話的實際有用的頻寬。
(vii) 檢視此體系，並找出何處有額外的防護帶。為什麼要這樣作？

19.3 a.m. 無線電台使用 6 kHz 的頻寬。計算下列各項：
(i) 基頻頻寬。
(ii) 可以頻率多工到一個標準的電話群頻寬內的基頻數目。
(iii) 若個別頻道以 12 位元 PCM 編碼且頻率多工，則像這樣的群所需之頻寬為何？
　　將節目從一個電台傳至一個電台，(iii) 是一個好方法嗎？若不是，你建議使用什麼方法？

19.4 N 個二元編碼的信號，每一個有 n 個數字/樣本，以時間方式多工在一起。在下列條件下計算整個信號的頻寬。
(i) $n=8$，$N=12$，全部電話頻道。
(ii) $n=6$，$N=400$，全部電話頻道。
(iii) $n=8$，框長波 125 μs，電話頻道 B/W=1.54 kHz。求 N。
(iv) baud 率為 100，300，2400，及 9600。

(ⅴ) $n=8$, $N=24$, 全部電話頻道。

(ⅵ) 位元長度為 125, 16 及 104 μs。

(ⅶ) UK 625 條線之 TV, 8 位元量化。

19.5 一個 36 MHz 寬的衛星異頻雷達傳送器載有 400 個雙向電話通訊, 使用 FM/FDM。計算最小的調變指數值 (β)。

若這些音頻信號被轉換成標準的 PCM 及 QPSK, 調變至相同的 FDM 頻道寬度, 現在有多少通訊量可被傳送？

對於 PCM 信號, 72 MHz 傳送器較好, 最簡單的原因為何？

19.6 N 個信號, 每一個編成 8 位元的 PCM, 以時間多工至一個頻道內。

(ⅰ) 解釋什麼是 TDM？

(ⅱ) 當 $N=24$ 及 32 的標準音頻頻道時, 所需之最小傳輸頻寬為何。

(ⅲ) 若每個信號有 B Hz 寬且以 k 倍奈奎率取樣, 寫出對於任何 N 值的最小頻寬的通式。在 (ⅱ) 之 k 值為何？

(ⅳ) 在 32 頻道 PCM 框內, 為何你只傳送 30 個信號？

(ⅴ) 在北美 24 頻道 TDM 框是標準的, 而歐洲使用 32 頻道框。試解釋其原因為何？同時, 想想此差別將造成什麼問題及應如何克服。

19.7 在通信衛星上 Intelsat IV-A, 標準的異頻雷達傳送器頻寬為 36 MHz。

(ⅰ) 找出何為異頻雷達傳送器。

(ⅱ) 多少個頻道可被多工, 若使用

(a) SSB FDM？

(b) 8 位元 PCM TDM？

(ⅲ) 若整個頻道被一個頻率調變的 TV 信號使用, 在下列情形下, 估計最大信號頻率的 β 值。

(a) NTSC 的 525 條, 60 Hz TV, 如在 USA。

(b) PAL 的 625 條, 50 Hz TV, 使用於 UK。

(ⅳ) 傳送 UK625 條 TV, 使用 8 位元 PCM 需要多少頻寬？

(ⅴ) 最近的測試（1986）顯示可接受的數位 TV 信號可經由 36 MHz 傳送器傳送。這是如何做到的？試試看在不翻閱參考資料下你能否獨立找出答案來。

19.8 證明標準的 CCITT 32 頻道 TDM 框需要 2.048 MHz 頻寬。24 頻道框需要多少頻寬？回想一下, 它須要（填入）一個額外位元。

19.9 (a) 簡短地解釋分時多工及分頻多工的過程。

第十九章　多工系統　277

(b) 同軸傳輸線通過的頻率為 0～50 MHz。決定語音頻道的最大數目，其中每一個頻寬限制在 4.0 kHz 以內，而經由下列方法在傳輸線上傳送：
  (i) 分時多工的 PCM 系統。假設：取樣率為奈奎率的 1.2 倍；6 位元 PCM 字碼。
  (ii) 分頻多工系統使用單邊帶抑制載波技術。假設相鄰頻道之間有 1.0 kHz 之防護帶存在。
在計算中解釋每一步驟。

19.10 解釋在傳輸之前對類比信號取樣的理由。證明取樣率最少必須是信號最高頻率的兩倍並討論修正此標準的實際考量。

六個不同且緩慢變化的連續測量的量的遙測傳輸需要一個 PAM－TDM 系統。其中兩個量值是其餘四個量值需要量的兩倍，而每 0.1 秒要此四個量之值。描述一適合的信號組合形式並計算脈衝重複頻率。

19.11 說明在通訊系統中使用最普通的多工形式。詳細解釋每一種方法的工作原理並舉一現今常用的實例。

有 60 個電話頻道以此二種方法多工。計算所需之傳輸頻寬，請清楚地註明你如何得到這些數值。

在說明你的頻寬數值及其他考量時，請討論使用其中一個或另一個多工方法的優點。

19.12 有 24 個不同的類比類號，每一個頻寬為 5 kHz，使用 7 位元 PCM 予以數位化，並以一個連續的時間多工二元信號傳送。回答下列問題：
(i) 每一個信號的最小取樣率為何？
(ii) 若此取樣速率被使用，則下面情形之位元率為何：
  (a) 一個信號
  (b) 分時多工輸出
(iii) 在 ii(b) 中的位元率為何？
(iv) 框長度為何？
(v) 時間多工輸出的最小頻寬為何？
(vi) 量化的取樣位準有多少？
(vii) 在本問題中使用的數字是標準用法嗎？若不是，則標準的數值為何？
(viii) 取樣所引起的量化訊號雜訊比為何？
(ix) 在接收時，你將如何改變格式來幫助處理信號？
(x) 說明在 (i) 中為何以最小速率來取樣是足夠的。

19.13 90 個信號，每一個頻帶限制在電話頻道內，使用 8 位元樣本來作脈碼調變，然後以 FDM 頻率調變至一個 36 MHz 的 i.f. 載波，使用最大偏移。

計算所需之最小調變指數，解釋你如何求出的。

畫產生此調變之電路方塊圖，清楚註明每一方塊的目的。

討論可使用的 r.f. 頻寬如何使其更有效率的使用。

19.14 一個低週波基頻限制在名義上的頻率範圍 0～6 kHz 內。它以最高信號頻率的奈奎率取樣後編成 8 位元 PCM 碼。然後將其他 24 個信號作分時多工，同樣限制在此低週波範圍內，而組成一 TDM 框。然後以 PSK 調變至 9.6 MHz 的 i.f. 副載波。回答下列問題：

（ i ）取樣頻率為何？
（ ii ）在 PCM 編碼後，一個頻道的位元長度為何？
（ iii ）框長度為何？
（ iv ）畫出框之組成。
（ v ）PSK 調變器接收到的位元率為何？
（ vi ）畫出調變器要求之位元的形式。
（ vii ）畫出調變後這些位元的形式。
（ viii ）調變的副載波所需的最小頻寬為何？
（ ix ）若原始低週波基頻已經被調變給中波廣播使用，試與 (viii) 中的頻寬作一比較。
（ x ）在本應用中，PSK 調變比 FSK 調變的主要優點為何？
（ xi ）當 PSK 信號在接收器上從副載波被解調時，為何需要一個載波還原電路？

參考習題 14.9 及習題 17.9。

參考書籍

作者使用了下面大部份的書籍，有些是較早的版本，在這大約 13 年間他一直在教授通訊。他們是以內容相似性及或編排方式按照順序大致的排列，列在本書的後面以提供較廣及一般性的通訊相關的題目。當然，還有比這些列在此處更為有用的參考書並且所有這些將包括某些可以幫助讀者了解本書的材料。更多研讀許多參考書是得到某一主題的重要的內容的初步概念及找到一開始並不是那麼清楚的這些令人發狂的細節的關鍵性解釋的好方法。在這方面，較早的書籍通常特別有用。

1. F. R. Connor (1982) *Modulation*, 2nd edn, Edward Arnold: London.
2. F. R. Connor (1982) *Signals*, 2nd edn, Edward Arnold: London.
3. F. R. Connor (1982) *Noise*, 2nd edn, Edward Arnold: London.
4. F. R. Connor (1982) *Networks*, 2nd edn, Edward Arnold: London.
5. F. G. Stremler (1990) *Introduction to Communication Systems*, 3rd edn, Addison-Wesley: Reading, MA.
6. K. S. Shanmugam (1985) *Digital and Analog Communication Systems*, 2nd edn, Wiley: Chichester.
7. M. Schwartz (1990) *Information Transmission, Modulation & Noise*, 3rd edn, McGraw-Hill: New York.
8. B. Rorabaugh (1990) *Communications Formulas and Algorithms*, McGraw-Hill: New York.
9. J. A. Betts (1970) *Signal Processing, Modulation & Noise*, Hodder & Stoughton: London.
10. R. F. W. Coates (1982) *Modern Communication Systems*, 2nd edn, Macmillan: London.
11. J. J. O'Reilly (1989) *Telecommunication Principles*, 2nd edn, Van Nostrand Reinhold: Wokingham.
12. R. L. Freeman (1981) *Telecommunication Transmission Handbook*, Wiley: Chichester.
13. J. K. Hardy (1986) *Electronic Communications Technology*, Prentice Hall: Englewood Cliffs, NJ.
14. M. S. Roden (1991) *Analog and Digital Communication Systems*, 3rd edn, Prentice Hall: Englewood Cliffs, NJ.

15. J. Dunlop and D. G. Smith (1989) *Telecommunications Engineering*, 2nd edn, Van Nostrand Reinhold: London.
16. J. Brown and E. V. D. Glazier (1964) *Telecommunications*, Chapman & Hall: London.
17. R. E. Ziemer, W. H. Tranter and D. R. Fannin (1989) *Principles of Communications*, 2nd edn, Macmillan: New York.
18. P. H. Young (1990) *Electronic Communication Techniques*, 2nd edn, Merrill: Columbus, OH.
19. H. Stark, F. B. Tuteur and J. B. Anderson (1989) *Modern Electrical Communications*, 2nd edn, Prentice Hall: Englewood Cliffs, NJ.
20. D. Roddy and J. Coole (1984) *Electronic Communications*, 3rd edn, Prentice Hall: Englewood Cliffs, NJ.
21. S. Haykin (1989) *Analog and Digital Communications*, Wiley: Chichester.
22. R. J. Schoenbeck (1988) *Electronic Communications*, Merrill: Columbus, OH.
23. G. Kennedy (1985) *Electronic Communication Systems*, McGraw-Hill: New York.
24. B. Holdsworth and G. R. Martin (1991) *Digital Systems Reference Book*, Butterworths: Oxford.

索 引

A

Accuracy, factor in communications system design　正確性，通訊系統設計因素　6

Additive white Gaussian noise (AWGN)　加成性白色高斯雜訊（AWGN）　256

Aerial temperature　天線溫度　258

Aliasing　疊化　223

Amplitude demodulation　振幅解調　123
　basic types　基本型式　123
　coherent demodulation　同調解調　129
　　basic principle　基本原理　129
　　for DSBSC, basic theory　DSBSC，基本理論　129
　　for SSB, basic theory; effect of non-coherence　SSB，基本理論　130；非同調效果　130
　envelope detection　波封檢波器　123
　　basic circuit　基本的電路　123
　　CR value in terms of m; approximate value　以 m 表示之 CR 值　126；近似值　123, 127
　　operation described　敘述性的操作　123
　　operation, theory　操作，理論　125
　　selecting component values　選擇元件值　127
　square law demodulators　平方律解調器　127
　　operation, theory　操作，理論　128
　　principal disadvantage　主要缺點　128
　　use in microwaves　使用於微波　129
　summary　摘要　131

Amplitude modulation　振幅調變
　distinction between full AM and DSBSC waveforms　全 AM 及 DSBSC 波形之區別　99
　DSBSC
　　bandwidth　頻寬　100
　　phase change at nodes　節點的相位改變　99, 100
　　theory　理論　98
　　waveforms and spectra　波形及頻譜　99, 101
　full Am　全 AM
　　bandwidth　頻寬　97
　　modulation factor, definition　調變因子，定義　94
　　spectra　頻譜　96
　　stationary phasors　靜止的相量　98
　　theory　理論　93
　　waveforms　波形　94
　general theory　一般理論　94
　SSB
　　bandwidth　頻寬　102
　　spectra　頻譜　101
　　theory　理論　100
　　waveforms　波形　102
　summary　摘要　102
　types defined　定義的形式　93

Amplitude modulators　振幅調變器
　balanced modulators　平衡調變器　107, 109
　　double balanced　雙平衡的　110
　　as multiplier　當作乘法器　110
　　as product modulator　當作乘積調變器　110
　　single balanced, basic theory　單一平衡的，基本理論　110

using to produce all AM modulations
用來產生全部 AM 調變 117
general non-linear basis 一般非線性基礎 107
independent sideband modulation (ISI)
獨立單邊帶調變 (ISI) 118
piecewise linear (rectifying) modulators
片段式線性(整流)調變器 110
  chopper modulators 截波調變器 111
  Cowan modulator Cowan 調變器
    111
  general principles 一般原理 110
  Ring modulator Ring 調變器 111
power modulators for full AM 爲全
  AM 的功率調變器 119
sqaure-law modulators 平方律調變器
  107
  simple circuit 簡單電路 107
  simplified theory 簡化的理論 108
SSB modulators SSB 調變器 116
  by filtering 由濾波 116
  by synthesis; phase shift method;
    third (Weaver and Barber) method
    由合成 117；相位改變法 117；第
    三(Weaver 及 Barber)法 118
variable transconductance modulators
  可變超電導調變器 112
  analysis of 1496 chip 1496 晶片分析
    115
  basic long-tailed pair multiplier 基本
    的長尾巴對乘法器 113
vestigial sideband modulation (VSB)
  殘邊帶調變 (VSB) 118
Amplitude shift keying (ASK) 鍵控幅移
  (ASK) 204 (參看 Binary modulation
  二元調變)
Amplitude spectra, basic ideas 振幅頻
  譜，基本概念 11
Analogue modulation, general basis 類比

調變，一般基礎 88
Analogue signal, definition 類比信號，定義 79
Analogue-to-digital conversion (in PCM)
  類比到數位轉換(在 PCM 中) 240
Angle modulation, meaning of 角調變，意義 88, 135
Anti-aliasing filter 反疊化濾波器 225
Anti-ISI filtering 反 ISI 濾波器 263
Aperiodic signals 非週期信號
  defined 定義的 23
  energy spectra of 能量頻譜 56
Armstrong method for FM generation
  FM 產生之阿姆斯壯法 166
Attenuation factor, definition 衰減因子，定義 69
Average, value of a_0 in Fourier series 平均，在傅立葉級數中 a_0 之值 24
AWGN 256

B

Balanced modulators 平衡調變器 109
  (參看 Amplitude modulation 振幅調變)
Bandwidth 頻寬
  baseband 基頻 82
  factor in communications system design
    通訊系統設計中的因素 5
  general definition of 一般定義 81
Bandwidth expressions 頻寬式子
  ASK 205
  DSBSC 100
  FDM 268
  FSK 209
  full a.m. 全 a.m. 97
  NBFM 141
  NBPM 194
  PCM 242

索 引 *283*

  PSK（BPSK） 212
  SSB 102
  TDM 270
  WBFM 149
  WBPM 196
Bandwidth calculations 頻寬計算
  telegraphy 電報 82
  telephony 電話 82
  TV 電視 84
Baseband 基頻
  definition of 定義 81
  types and bandwidth values 形式及頻寬值 81
Baud rate (for telegraphy) 鮑率（電報） 82
Besel function 貝索函數
  graphs 圖形 142
  in PWM and PPM 在 PWM 及 PPM 233
  in WBFM 在 WBFM 141
  in WBPM 在 WBPM 196
  tables 表格 143
Binary (keying) modulation 二元（鍵控）調變 201
  ASK（OOK） 204
    bandwidth 頻寬 205
    spectrum formation 頻譜形成 206
    theoretical expressions 理論的式子 205
    waveform formation 波形的形成 204
  baseband expressions 基頻表示式 201
    bipolar, $s_3(t)$ 雙極，$s_3(t)$ 202
    complementary unipolar, $s_2(t)$ 互補單極，$s_2(t)$ 211
    unipolar, $s_1(t)$ 單極，$s_1(t)$ 202
  FSK 206
    bandwidth 頻寬 209
    spectrum formation 頻譜形成 207
    theoretical expression 理論的式子 208
    treating as FM 以 FM 處理 209
    usage; at AF (CCITT channels); at RF (RTTY) 用法 210；在 AF（CCITT 頻道） 210；在 RF（RTTY） 210
    waveform formation 波形的形成 208
  PSK 211
    bandwidth 頻寬 212, 214
    multilevel (QPSK, 16-QAM) 多階（QPSK，16-QAM） 214
    phase diagram (constellation) 相量圖（星座） 212
    spectrum formation 頻譜形成 213
    theoretical expression (for BPSK) 理論的式子（BPSK） 212
    usage (at AF and microwave) 用法（在 AF 及微波） 212, 213
    waveform formation 波形的形成 211
  summary 摘要 216
  summary of methods 方法摘要 202
  summary of waveforms 波形摘要 203
Bode plots (frequency domain spectra) 波德圖（頻域頻譜） 71

C

Carson bandwidth (FM) 卡爾森頻寬（FM） 149
CCIR 82
CCITT 82, 270
CCITT standards CCITT 標準 270
  FDM
    group structure 群結構 268
    hierarchies 體系的 271
  TDM
    hierarchies 體系的 272
    structure of frames 畫面的結構 270
Channel, of communications system 頻

道，通訊系統 2
Chopper modulators 截波調變器 111
Coding 編碼
　　advantages of using 使用的優點 88
　　basic purpose 基本的目的 2
　　part of communications system 通訊系統的部份 2
Coherent demodulation 同調解調 129
　　effect of non-coherence 非同調效果 130
Communication systems 通訊系統
　　basic features 基本特點 2
　　general introduction 一般介紹 1
Companding (in PCM) 壓擴法（在 PCM 中）243
Complex exponential representation of sinusoids 正弦之複指數表示法 15
Convenience, factor in communications system design 便利性，通訊系統設計的因素 6
Convolution 迴旋 75
Cost, factor in communications system design 成本，通訊系統設計的因素 5
Cowan modulator Cowan 調變器 111

D

Decision (threshold) detection 判別（閥值）檢測 262
Decoder, part of communications system 解碼，通訊系統的部份 2
de Friis equation de Friis 方程式 260
Delta function (unit impulse) Delta 函數（單位脈衝）48
Delta modulation 差異調變 247
Demodulation sensitivity (FM) 解調靈敏度 (FM) 173
Design considerations in communications system design 通訊系統設計的設計考量 4

Deviation $(\Delta\omega, \Delta f)$ in FM　FM 的偏移 $(\Delta\omega, \Delta f)$ 138
　　values for VHF radio　VHF 無線電的值 150
Deviation $(\Delta\phi)$ in PM　PM 的偏移 $(\Delta\phi)$ 194
Differentiating 微分
　　in Fourier transforms 在傅立葉轉換 50
　　in inverse Fourier transforms 在反傅立葉轉換 52
Differentiating circuits (for FM demodulation) 微分電路（FM 解調）176
Digital modulation, general basis by sampling 數位調變，由取樣的一般基礎 89
Digital signals, definition of 數位信號，定義 79
Digital-to-analogue conversion (in PCM) 數位-類比轉換（在 PCM 中）240
Digitizing, reasons for 數位化，原因 239
Dirac delta function, unit impulse Dirac delta 函數，單位脈衝 48
Discriminators 鑑別器 174
　　for FM demodulation　FM 解調 174
　　part of communications system 通訊系統的部份 2
Double-sided form of Fourier series 傅立葉級數的雙邊形式 24
Double-sided spectra, basic ideas 雙邊頻譜，基本概念 17
Down-converter (in FM modulation) 向下轉換器（在 FM 調變中）166
DSBSC modulation　DSBSC 調變 98（參看 Amplitude modulation 振幅調變）
　　in PSK signal 在 PSK 信號 212
DSBWC (full AM) modulation　DSBWC（全 AM）調變 93（參看 Full amplitude modulation 全振幅調變）
Duality 雙重性

索　引　285

in Fourier transforms　在傅立葉轉換　55
in inverse Fourier transforms　在反傅立葉轉換　54

E

"Ears" on WBFM spectral envelopes　在 WBFM 頻譜波封的"耳朵"　148
Encoder, part of communications system　編碼器，通訊系統的部份　2
Encoding (in PCM)　編碼（在 PCM 中）　241
Energy spectra of aperiodic signals　非週期信號之能量頻譜　56
Envelope detectors　波封檢波器　123（參看 Amplitude demodulation　振幅解調）
Envelope (AM) modulation　波封（AM）調變　93
Equivalent noise circuits　等效雜訊電路　258
Equivalent noise temperature (T_e)　等效雜訊溫度（T_e）　258, 260
Errors in PCM transmission　PCM 傳輸中的誤差　255
　intersymbol interference (ISI)　符號間干擾（ISI）　261
　noise　雜訊　256
Even symmetry　偶對稱
　in Fourier series　傅立葉級數　25
　in Fourier transforms　傅立葉轉換　46
Exponential representation of sinusoids　正弦之指數表示法　13
　complex form　複數形式　15

F

Factors affecting communications system design　影響通訊系統設計因素　4
Family tree of modulation methods　調變法之家譜圖　87
FDM hierarchies　FDM 體系　270
Filter transfer functions　濾波器轉移函數　73, 74
Filtering　濾波
　to recover sampled signal　還原取樣的信號　222, 235
　in conversion to PCM　轉換至 PCM　240
FM-AM conversion (in FM demodulation)　FM-AM 轉換（在 FM 解調中）　174
FM from PM　從 PM 的 FM　197
Forward Fourier transform stated　敍述之向前傅立葉轉換　40
Fourier coefficients　傅立葉係數　23
　integrals for　積分　24
Fourier power and energy spectra　傅立葉功率及能量頻譜　56
Fourier series　傅立葉級數　21
　coefficients, equations for deriving　係數，推導方程式　24
　double-sided, general form　雙邊，一般形式　24
　from differential of signal　從信號的微分　35
　power spectrum of　功率頻譜　59
　single-sided, general forms　單邊，一般形式　23
　summary of expressions　式子總結　35
　use of symmetry to simplify integrals　使用對稱性來簡化積分　25
　worked examples　實例　27
Fourier transforms　傅立葉轉換　39
　distinction from series　與級數之分別　39
　Fourier integrals　傅立葉積分　41
　　single-sided sinusoid forms　單邊正弦形式　46
　inverse transform　反轉換　54

286 基礎通信理論

using duality to simplify 使用雙重性來簡化 54
modulated pulses (ASK) 調變的脈波 (ASK) 47
of unit impulse 單位脈衝 47
simplification of integrals 積分簡化 45
   by superposition 重疊原理 52
   using differential of signal 使用信號的微分 50
   using symmetry 使用對稱性 44
   using time shift ($\exp(-t_d)$) 使用時間偏移 (e^{-t_d}) 47
sinc function ($\sin x/x$) sinc 函數 ($\sin x/x$) 42
summary of expressions 式子總結 61
Frequency (FM) demodulation 頻率解調 (FM) 173
   circuits containing discriminators 包含鑑別器之電路 176
      using phase shift in tuned circuit; quadrature detector; ratio detector 在可調電路中使用相位編移 178；直角檢波器 184；比例檢波器 180
      using tuned circuit slopes 使用可調電路斜率 177
      with differentiating circuits 與微分電路 176
   demodulation sensitivity (k) 解調靈敏度 (k) 173
   discriminator principle 鑑別器原理 173
      simple realization 簡單的實作 176
   list of methods 方法條列 174
   performance requirements for 性能要求 173
   phase-locked loop 鎖相迴路 186
   principle and definitions 原理及定義 173
   summary 摘要 189

zero crossing detector 穿越零值檢波器 186
Frequency deviation ($\Delta\omega$ and Δf) 頻率偏移 ($\Delta\omega$ 及 Δf) 138
Frequency division multiplexing (FDM) 分頻多工 (FDM) 267
   CCITT hierarchies CCITT 體系 271
Frequency domain (spectra) representation of signals, basics 信號之頻域（頻譜）表示法，基礎 11
Frequency modulation 頻率調變 135
   as form of angle modulation 當作角調變形式 135
   basic general theory 基本之一般理論 135
   basic ideas 基本概念 135
   comparison with phase modulation 與相位調變比較 135, 136, 194
   deviation, definition of 偏移，定義 138
   general expression 一般式 137
   modulation by single sinusoid 單一正弦調變 137
   modulation index (β) 調變指數 (β)
      definition 定義 138
      measurement 量測 139, 148, 149
   modulation sensitivity (K), definition 調變靈敏度 (K)，定義 136
   NBFM
      bandwidth 頻寬 141
      spectrum, compared to full AM 頻譜，與全 AM 比較 139
      stationary phasor representation 靜止的相量表示 141
      theory 理論 139
      waveform, compared to full AM 波形，與全 AM 比較 140
   side frequency zeros 邊帶頻率零值 148
   single sinusoid baseband 單一正弦基頻

142
    general expression 一般式 146
    spectra for various β values 不同 β 值之頻譜 146, 147
    spectral envelopes, various waveforms 頻譜包封，各種波形 148
    summary of expressions 式子總結 150
    values in VHF radio 在 VHF 無線之值 150
    WBFM
        bandwidths 頻寬 149
        Carson 卡爾森 149
        nominal 名義上的 149
        one per cent 百分之一 149
    with baseband band 以基頻頻帶 150
Frequency modulators 頻率調變器 157
    methods 方法 157
    summary 摘要 168
    synthesis (Armstrong) methods 合成（阿姆斯壯）法 167
    tuned circuit methods, basic theory 可調電路法，基本定理 157
    varactor characteristics 變容器特性 159
    varactor circuits 變容器電路
        basic theory 基本定理 160
        modulation sensitivity 調變靈敏度 160
    VCO methods VCO 法
        basic description 基本描述 160
        discrete multivibrator operation 分立多諧振盪器操作 161
    IC 566 operation IC 566 操作 163
Frequency shift keyint (FSK) 鍵控頻移（FSK） 206
Frequency translation 頻率遷移
    advantages of using 使用優點 87
    definition 定義 86
    in ASK signal 在 ASK 的信號 205

de Friis equation de Friis 方程式 260
Full amplitude modulation 全振幅調變 93
    in sampled signal 在取樣的信號 222

G

Gaussian noise distribution 高斯雜訊分佈 257

H

Half sine pulse train power spectrum 半正弦脈波串功率頻譜 60
Historical diversions 歷史的分支發展 3, 202
Hidden symmetry, in Fourier series 隱藏的對稱性，在傅立葉級數中 25

I

Impulse function, definition 脈衝函數，定義 48
Impulse response 脈衝響應 50
    as voltage transfer function 當作電壓轉移函數 72
Independent sideband (ISB) modulation 獨立單邊帶調變（ISB） 118
Information conveyance, purpose of communications system 資訊傳送，通訊系統的目的 2
Integration by parts 部份積分
    in Fourier series 在傅立葉級數 33
    in Fourier transforms 在傅立葉轉換 50
Interfacing problems in TDM TDM 的介面問題 273
Intersymbol interference (ISI) 符號間干擾（ISI） 261
    anti-ISI filtering 反 ISI 濾波 263

$\sqrt{\alpha}$ filters $\sqrt{\alpha}$ 濾波器 263
action 動作 262
Nyquist filters 奈奎濾波器 264
raised cosine filtering; increase of bandwidth 昇高的餘弦濾波 264；頻寬增加 265
system layout using these 使用這些的系統佈局 265
decision (threshold) detection 判別（閾值）檢測 261
　　by Schmitt trigger 藉由史密特觸發器 261
　　description 敘述 261
Inverse Fourier transform 反傳立葉轉換 40, 54
　　worked example 實例 56
ITU 270

K

Keying (binary) modulations 鍵控（二元）調變 201（參看 Binary modulation 二元調變）
　　summary 摘要 216

L

Linearity requirement (in FM demodulation) 彈性要求（在 FM 解調中）173
Lower sideband, SSB 下邊帶，SSB 101
Low-pass filter 低通濾波器
　　in PAM recovery 在 PAM 還原中 222, 235
　　in PCM decoding 在 PCM 解碼中 240

M

Management problems in TDM TDM 的管理問題 273
Marconi 3
Message, purpose of communications system 信息，通訊系統的目的 2
Modulated pulse (ASK), Fourier transform of 調變的脈波（ASK），傅立葉轉換 47
Modulation, general basis 調變，一般基礎
　　analogue 類比 88
　　digital 數位 89
Modulation 調變
　　advantages 優點 87
　　classes 分類 86
　　classification of methods 分類法 87
　　dictionary definition of 字典的定義 86
　　reasons for doing 原因 85
Modulation factor (m) 調變因子（m）
　　definition 定義 94
　　measurement on spectrum 在頻譜上量測 97
　　measurement on waveform 在波形上量測 95
Modulation index, FM (β) 調變指數，FM (β)
　　definition 定義 138
　　measurement from bandwidth 由頻寬量測 149
　　measurement from side frequency zeros 由邊帶頻率零點量測 148
Modulation index, PM (β_p) 調變指數，PM (β_p) 194
Modulation sensitivity (K) 調變靈敏度 (K)
　　general 一般性 136
　　with varactors 有變容器 160
Modulators 調變器（參看 relevant modulation type 相關的調變形式）
Morse code 摩斯碼 3, 203

索　引　289

Multi-level PSK　多階 PSK　214
Multiplexing hierarchies　多工體系　270
　CCITT FDM hierarchies　CCITT FDM 體系　271
　CCITT TDM hierarchies　CCITT TDM 體系　272
　PDH　273
　SDH　273
Multiplexing methods　多工方法　267
　FDM　267
　　bandwidth　頻寬　268
　　CCITT group　CCITT 群　268
　TDM　269
　　bandwidth　頻寬　270
　　CCITT standard (125 μs) frames　CCITT 標準 (125 μs) 畫面　270
　　developments　發展　271
　　of PAM　PAM 的　269
　　of PCM　PCM 的　270
　summary　摘要　274
Multiplier modulator (for AM)　乘法調變器 (AM)　110
Multipliers (in FM modulation)　乘法器（在 FM 調變中）　166

N

Narrow-band frequency modulation (NBFM)　窄頻帶頻率調變 (NBFM)　139
Narrow-band phase modulation (NBPM)　窄頻帶相位調變 (NBPM)　194
NBFM　139
　in PWM　在 PWM　233
　in PPM　在 PPM　234
NBPM　194
Negative frequency　負頻率　16
NICAM 728　247
Node, phase change, DSBSC waveform 節點，相位改變，DSBSC 波形　100
Noise　雜訊
　additive white Gaussian noise (AWGN) 加成性白色高斯雜訊 (AWGN)　256
　aerial temperature　天線溫度　258
　"average" noise voltage　"平均" 雜訊電壓　257
　basic ideas　基本概念　256
　de Friis equation　de Friis 方程式　260
　equivalent noise temperature　等效雜訊溫度　258, 260
　Gaussian noise voltage distribution　高斯雜訊電壓分佈　257
　language　語言　256
　narrow-band noise　窄頻帶雜訊　260
　noise equivalent bandwidth　雜訊等效頻寬　260
　noise equivalent circuits　雜訊等效電路　258
　noise figure　雜訊指數　258
　noise symbols　雜訊符號　258
　noise temperature　雜訊溫度　258
　normalized noise power (N)　正規化雜訊功率 (N)　257
　normalized noise power spectral density (N_0)　正規化雜訊功率頻譜密度 (N_0)　257
　thermal noise current (i_n)　熱雜訊電流 (i_n)　258
　thermal noise power (N)　熱雜訊功率 (N)　258
　thermal noise voltage (v_n)　熱雜訊電壓 (v_n)　257
Nominal bandwidth (WBFM)　名義的頻寬 (WBFM)　149
Nyquist criterion　奈奎標準　222, 224
Nyquist filter　奈奎濾波器　263
Nyquist frequency　奈奎頻率　222

O

Odd symmetry 奇對稱
　in Fourier series 在傅立葉級數 25
　in Fourier transform 在傅立葉轉換 44
On-off keying (OOK) 開關鍵控 (OOK) 205
One per cent bandwidth (FM) 百分之一頻寬 (FM) 149

P

PAM 215
Parallel-to-serial conversion (in PCM) 並列到串列轉換 (在 PCM) 240
Periodic signal 週期信號
　definition 定義 21
　power spectra of 功率頻譜 57
Phase comparator (in PLL) 相位比較器 (在 PLL) 188
Phase deviation ($\Delta\phi$) 相位偏移 ($\Delta\phi$) 194
Phase factor in transfer function (ϕ) 在轉移函數中的相位因子 (ϕ) 69
Phase-locked loop FM demodulator 鎖相迴路 FM 解調器 186
Phase modulation 相位調變 193
　analysis 分析 193
　　general expression for PM PM 之一般式 194
　　comparison to FM 與 FM 比較 136, 194
　　obtaining FM from PM 由 PM 得出 FM 196
　definition 定義 193
　NBPM 194
　　spectra 頻譜 195
　　stationary phasor 靜止相量 195
　theory for single sinusoid 單一正弦理論 194
　phase deviation ($\Delta\phi$) 相位偏移 ($\Delta\phi$) 194
　phase modulation index (β_p) 相位調變指數 (β_p) 194
　simple phase modulator 簡單相位調變器 198
　summary 摘要 199
　uses 使用 197
　WBPM 195
Phase modulation index (β_p) 相位調變指數 (β_p) 194
Phase shift in tuned circuits (FM demodulation) 可調電路之相位偏移 (FM 解調) 178
Phase shift keying (PSK) 鍵控相移 (PSK) 211 (參看 Binary modulation 二元調變)
Phase shift SSB generation 相位偏移之 SSB 產生 117
Phase spectra, basic ideas 相位頻譜，基本概念 11
Phasor representation 相位表示法
　general 一般 12
　full AM 全 AM 98, 140
　NBFM 140
　NBPM 195
Pixels 像素 84
Plesiochronous digital hierarchy (PDH) Plesiochronous 數位體系 (PDH) 273
Positive frequency 正頻率 16
Power, as factor in communications system design 功率，通訊系統設計之因素 5
Power spectra of periodic signals 週期信號之功率頻譜 56
Power spectrum from Fourier series 由傅立葉級數得出之功率頻譜 56
Product modulators 乘積調變器 110

索　引　*291*

Product modulator IC（1496）　乘積調變器 IC（1496）　115
Pulse, name for aperiodic signal　脈波，非週期信號之名稱　23
Pulse amplitude modulation（PAM）　脈波振幅調變（PAM）　231
Pulse analogue modulations　脈波類比調變　231
　generation　產生　235
　pulse amplitude modulation（PAM）　脈波振幅調變（PAM）　231
　　expression　表示式　232
　　spectrum　頻譜　232
　pulse width modulation（PWM）　脈波寬度調變（PWM）　233
　　expressions　表示式　233
　　other names（PDM, PTM）　其他名字（PDM，PTM）　233
　pulse position modulation（PPM）　脈波位置調變（PPM）　234
　　expressions　表示式　235
　recovery of baseband　基頻還原　222, 235
　summary　摘要　237
　types　形式　231
　waveforms　波形　232
Pulse code modulation（PCM）　脈碼調變（PCM）　239
　bandwidth　頻寬　242
　brief explanation　簡要的解釋　239
　companding　壓擴法　243
　　analogue; A-law; μ-law　類比，A 法則 244，μ 法則　244
　　digital; NICAM 728; TV sound　數位 245，NICAM 728　245，TV 聲音 245
　　compander characteristics　壓擴器特性曲線　245
　delta modulation　差異調變　247

　　adaptive Δm　應變式 Δm　249
　　CVSDM　250
　　errors in generation　產生時之誤差　243
　　errors in PCM transmission　在 PCM 傳輸時之誤差　255
　　obtaining PCM signal　得到 PCM 信號　240
　　encoding　編碼　241
　　quantizing　量化　241
　　quantization noise　量化雜訊　242
　　reasons for doing　理由　240
　　summary　摘要　250
　　transmission system, block diagram　傳輸系統，方塊圖　240
Pulse position modulation（PPM）　脈波位置調變（PPM）　234
Pulse train　脈波串列
　Fourier Series of　傅立葉級數　31
　power spectrum of　功率頻譜　59
Pulse width modulation（PWM）　脈波位置調變（PWM）　233

$$\boxed{Q}$$

QAM　215
QPSK　214
Quad differential amplifier（as AM modulator）　直角差動放大器（當作 AM 調變器）　114
Quadrature detector（FM demodulation）　直角檢波器（FM 解調）　184
　LM 2111 chip　LM 2111 晶片　185
Quality, design consideration in communications system design　品質，通訊系統設計之設計考量　6
Quantization noise（in PCM）　量化雜訊（在 PCM）　242
Quantizing（in PCM）　量化（在 PCM）　241

R

Radio teletype (RTTY), use of FSK 無線電電傳打字 (RTTY), FSK 應用 211
Raised cosine filtering (anti-ISI) 昇高的餘弦濾波 (反-ISI) 264
Range, factor in communications system design 範圍, 通訊系統設計之因素 4
Range requirement (in FM demodulation) 範圍要求 (在 FM 解調) 173
Ratio detector (FM demodulation) 比例檢波器 (FM 解調) 180
Receiver (Rx) in communications system 在通訊系統之接收器 (Rx) 2
Receiving end, of communications system 接收端, 通訊系統的 1
Reliability, factor in communications system design 可靠性, 通訊系統設計的因素 6
Ring modulator (FM) Ring 調變器 (FM) 111
Rotating phasor, basic form 旋轉相量, 基本形式 14
Round–Travis (FM demodulation) Round–Travis (FM 解調) 178

S

Sample-and-hold 取樣及保持 226, 240
Sampling 取樣 219
  action described 動作描述 219, 222
  advantages of using 使用之優點 87
  aliasing 疊化 223
    anti-aliasing filter 反疊化濾波器 225
  definition 定義 86
  filtering to recover signal 濾波以還原信號 222, 235
  full analysis 完整分析 222

Nyquist criterion 奈奎標準 222, 224
Nyquist frequency (f_N) 奈奎頻率 (f_N) 222
sample-and-hold 取樣及保持 226
  circuit schematic 電路示意圖 226
  waveforms 波形 226, 227
sampling frequency (f_s) 取樣頻率 (f_s) 219
sampling function 取樣函數 220
  full expression 完整式子 220
  simplified expression ($\tau_s \ll T_s$) 簡化式子 ($\tau_s \ll T_s$) 221
  spectra 頻譜 221
sampling interval (T_s) 取樣間隔 (T_s) 219
sampling time (τ_s) 取樣時間 (τ_s) 219
summary 摘要 228
S-characteristic (of discriminator) S 特性曲線 (鑑別器的) 175
Schmitt trigger (in decision detector) 史密特觸發器 (在判別檢測器中) 261
Sending end, of communications system 發送端, 通訊系統的 1
Sensitivity requirement (in FM demodulation) 靈敏度要求 (在 FM 解調中) 173
Serial-to-parallel conversion (in PCM) 串列到並列轉換 (在 PCM 中) 240
Sidebands (of frequencies) 邊帶 (頻率的)
  in DSBSC 在 DSBSC 99
  in full AM 在全 AM 96
  in NBFM 在 NBFM 141
  in NBPM 在 NBPM 195
  in WBFM 在 WBFM 146
Signals 信號
  classes of 分類 79
  table of common types 一般形式的表列 81

Sinc function (sin x/x) Sinc 函數 (sin x/x)
   definition 定義 42
   graphs 圖形 44
   tables 表格 43
Sinc^2 function Sinc^2 函數 43
Sinc-shaped pulse Sinc 形狀的脈波 56
Single-sided forms of Fourier series 傅立葉級數的單邊帶形式 23
Single-sided spectrum, basic diagram 單邊頻譜，基本圖形 12
Sinusoidal equations, how represented 正弦方程式，如何代表 9
Sinusoids 正弦曲線
   mathematical representation of 的數學表示法 9
   summary of forms 形式的總結 17
Skew symmetry, in Fourier series 扭曲對稱，在傅立葉級數 27
Spectra 頻譜
   basic diagrams 基本圖形 11, 17
   ways to present 表示方式 11
Spectral density distribution 頻譜密度分佈 23, 39
Spectral envelopes (FM) for various baseband waveforms 不同基頻波形的頻譜包封 (FM) 148
Speech, as simple communications system 語言，當作簡單的通訊系統 1
Speed, factor in communications system design 速率，通訊系統設計之因素 6
Square law demodulation (of full AM) 平方律解調（全 AM 的）127
Square pulse train, power spectrum of 方形脈波串，功率頻譜的 59
Square wave, Fourier series of 方波，傅立葉級數的 29
SSB demodulation SSB 解調 130
SSB modulation SSB 調變 100（參看 Amplitude modulation 振幅調變）
Standard deviation noise voltage (σ_0) 標準偏差雜訊電壓 (σ_0) 257
Stationary phasor representation 靜止相量表示法
   general 一般 14
   full AM 全 AM 98, 140
   NBFM 141
   NBPM 195
Summaries 摘要（參看相關章節的結尾）
Superposition, simplifying Fourier transforms 重疊，簡化傅立葉轉換 52
Symmetry to simplify integrals 對稱性來簡化積分
   in Fourier series 在傅立葉級數 24
   in Fourier transforms 在傅立葉轉換 44
Synchronization problems in TDM TDM 中的同步問題 272
Synchronous digital hierarchy (SDH) 同步的數位體系 (SDH) 273
Synthesis 合成
   (Armstrong) frequency modulation （阿姆斯壯）頻率調變 166
   methods of FM generation FM 產生之方法 166
   SSB modulation SSB 調變 166

T

TDM hierarchies TDM 體系 272
Telecommunications, brief history 電信，簡史 3
Telephone, invention of 電話，發明 3
Teleprinter 電傳打字機
   bandwidth calculation 頻寬計算 82
   binary modulation for 二元調變 203
Teletype binary modulation 電傳打字二元調變 204, 210
Time domain representation (graph) of

signal 信號的時域表示法（圖形） 10
Time shift, Fourier transforms 時間位移，傅立葉轉換 47
Thermal noise voltages and currents 熱雜訊電壓及電流 257
"Third"（Weaver and Barber）method of SSB modulation "第三"（Weaver 及 Barber）方法，SSB 調變 118
Threshold detection 閾值檢測器 261
Time division multiplexing（TDM） 分時多工（TDM） 269
  of PAM　PAM 的 269
  of PCM　PCM 的 270
Total spectrum, basic idea 總頻譜，基本概念 11
Transducers, producing electrical signals 壓電轉換器，產生電的信號 79
Transfer functions 轉移函數 67（參看 Voltage transfer functions 電壓轉移函數）
Transmission channel, of communications system 傳輸通道，通訊系統的 2
Transmitter（Tx）in communications system 通訊系統的發射器（Tx） 2
Triangular wave, Fourier series of 三角波，傅立葉級數 35
Tuned circuits 可調電路
  in FM demodulation 在 FM 解調中 177
  in FM modulation 在 FM 調變中 157
TV spectrum　TV 頻譜
  showing digital sound 顯示數位聲音 245
  showing VSB 顯示 VSB 118
Two-port network, general representation 雙埠網路，一般表示法 68

U

Unit impulse 單位脈衝
  defined 定義的 48
  spectrum of 頻譜 49
Upper sideband, in SSB 上邊帶，在 SSB 101
URSI 82

V

Varactor characteristics 變容器特性曲線 159
Varactor diode modulators 變容器二極體調變器 157
  modulation sensitivity 調變靈敏度 160
Variable transconductance modulators（AM） 可變超電導調變器（AM） 112
Vestigial sideband modulation（VSB）in AM 在 AM 的殘邊帶調變（VSB） 118
Voice frequency（telephone）channel 聲音頻率（電話）頻道 82
Voltage-controlled oscillators（FM generation） 壓控振盪器（FM 產生） 160
  discrete multivibrators 分立多諧振盪器 161
  i.c.（566）chip　i.c.（566）晶片 163
Voltage transfer functions 電壓轉移函數 67
  as impulse response 當作脈衝響應 72
  attenuation factor 衰減因子 69
  definition 定義 67
  different meanings 不同意義 75
    as Bode plot（frequency domain） 當作波德圖（頻域） 71
    as expression in ω 當作 ω 的式子 68

as symbol H or $H(\omega)$ 當作符號 H 或 $H(\omega)$ 72
frequency (Bode) plots, linear; log (dB); piecewise linear approximate sketches 頻率（波德）圖，線性 71；log (dB) 71；片段式線性近似畫圖 72
in time domain (convolution) 在時域（迴旋） 75
phase factor 相位因子 69
summary 摘要 76

W

Weaver and Barber method (SSB generation) Weaver 及 Barber 方法（SSB 產生） 118

Wide band frequency modulation (WBFM) 寬頻帶頻率調變（WBFM） 141
Wide band phase modulation (WBPM) 寬頻帶相位調變（WBPM） 195
Wireless communications, basics 無線通訊，基本 3
Worked examples 實例
  Fourier series 傅立葉級數 27
  Fourier transforms 傅立葉轉換 41, 52, 53

Z

Zero crossing detector 穿越零值檢波器 186